高等院校计算机应用系列教材

网页设计与网站建设实例教程

（第2版）（微课视频版）

方其桂　主　编
唐小华　王　军　副主编

清华大学出版社
北　京

内 容 简 介

本书通过精选案例引导读者深入学习,以简明生动的语言和实例式教学方式,由浅入深地介绍了网页制作的过程,详细讲解了实践中的经验和技巧,并系统地介绍了网站建设的相关知识及应用方法。本书从实用的角度出发,图文并茂,将理论与实践相结合,每个实例都提供了详细的步骤,便于读者学习。

配套资源中包含了本书所用的课件范例源文件及素材。为了便于读者自主学习并提高实践能力,本书提供了配套微课视频,视频涵盖教材的全部内容和实例,并配有全程语音讲解与真实操作演示。

本书可作为高等院校计算机、多媒体、电子商务等专业的教材,也可作为信息技术培训机构的培训用书,还可作为网页设计与制作人员、网站建设与开发人员、多媒体设计与开发人员的参考书。

本书封面贴有清华大学出版社防伪标签,无标签者不得销售。

版权所有,侵权必究。举报:010-62782989,beiqinquan@tup.tsinghua.edu.cn。

图书在版编目(CIP)数据

网页设计与网站建设实例教程:微课视频版 /
方其桂主编. --2 版. -- 北京:清华大学出版社,2025.7.
(高等院校计算机应用系列教材). -- ISBN 978-7-302-69591-2

Ⅰ. TP393.092

中国国家版本馆 CIP 数据核字第 2025631GU4 号

责任编辑:刘金喜
封面设计:高娟妮
版式设计:恒复文化
责任校对:成凤进
责任印制:刘海龙

出版发行:清华大学出版社
网　　址:https://www.tup.com.cn,https://www.wqxuetang.com
地　　址:北京清华大学学研大厦 A 座　　　邮　编:100084
社 总 机:010-83470000　　　　　　　　　邮　购:010-62786544
投稿与读者服务:010-62776969,c-service@tup.tsinghua.edu.cn
质 量 反 馈:010-62772015,zhiliang@tup.tsinghua.edu.cn
印 装 者:三河市铭诚印务有限公司
经　　销:全国新华书店
开　　本:185mm×260mm　　印　张:19.5　　字　数:463 千字
版　　次:2021 年 1 月第 1 版　　2025 年 7 月第 2 版　　印　次:2025 年 7 月第 1 次印刷
定　　价:69.00 元

产品编号:109395-01

前 言

一、学习网站制作的意义

随着互联网的发展，不论是学习、娱乐还是购物，人们的生活越来越离不开网络，而网站是互联网上一个重要的"沟通工具"，人们可以通过网站发布信息或获取所需服务等。网站的常用功能如下。

1. 企业宣传

网站可以帮助企业介绍自身品牌、展示产品种类、整合相关案例等，从而提升客户体验和品牌影响力。

2. 电子商务

在线购物网站可以展示和提供丰富的商品，便于用户轻松购买，并享受便捷的配送服务；电子支付平台能实现安全、快捷的在线支付，方便交易。

3. 网络资讯

搜索引擎类网站，可以帮助用户快速查找各种信息资源；新闻媒体类网站和客户端，可以提供及时的新闻报道、时事评论、专题分析等；个人或团体通过博客、公众号等平台发布文章、观点和经验分享，有助于形成多元化的信息传播渠道。

4. 网络社交

通过网络社交互动平台，人们可以分享生活点滴、观点见解、照片视频等，拓展社交圈子，了解时事动态。

5. 在线娱乐

在线视频网站，可以提供电影、电视剧、综艺节目、短视频等丰富的视频内容；音乐流媒体，可以使用户随时随地收听各种音乐；网页游戏、客户端游戏、手机游戏等，可以满足不同用户的娱乐需求。

6. 在线教育

远程教育平台提供了各类课程资源，用户可以在线学习知识和技能；在线辅导平台可进行一对一或小班辅导，帮助学生提升学习效果；教育资源共享平台推动了网上教学资料、作业、考试等资源的分享，促进了教育公平。

如今，网页设计与制作已经成为众多高校计算机专业及越来越多的非计算机专业学生必须掌握的基本技能之一。为适应社会需求，各高校纷纷开设了网页设计及网站制作的相关课程。

二、本书修订

《网页设计与网站建设实例教程》出版后，受到了读者的肯定，已重印多次。这次，我们组织优秀教师对此书进行了修订，修订时主要进行了以下几方面的改进。

- 更新软件：将所涉及的软件更新到最新版本，注重新技术的应用。
- 调整实例：更换了部分实例，使之更贴近教学实践。
- 精选内容：优化文字叙述，使知识讲解更科学、清晰；补充了实用性、技巧性强的内容，做到知识、能力与素养的融合。
- 优化体系：进一步修改、完善了内容结构，使知识点分布详略得当、科学合理。
- 完善资源：开发了更加专业的微视频课程，涵盖教材的全部内容；制作了配套课件、教学大纲和教学设计。

三、本书结构

《网页设计与网站建设实例教程》(第2版)(微课视频版)是专门为一线教师、师范院校的学生和专门从事网页设计与制作的人员编写的教材，为便于学习，特设计了如下栏目。

- 实例介绍：通过真实的情景引出实例，并对实例进行分析。
- 实例制作：每个实例都可以通过此栏目轻松掌握，其中包括多个"阶段框"，将任务进一步细分成若干更小的任务，以降低学习难度。
- 知识库：介绍涉及的基本概念和理论知识，以便学生深入理解相关知识。
- 小结与习题：对全章内容进行归纳、总结，并通过习题来检测学生的学习效果。

四、本书特色

本书打破了传统的写作方式，各章节均以实例入手，逐步深入介绍网页设计与制作、网站建设与制作的方法和技巧。本书有以下特点。

- 内容实用：本书所有实例均选自网页主要应用领域，内容编排结构合理。
- 图文并茂：本书在介绍具体操作步骤的过程中，语言简洁，基本上每个步骤都配有对应的插图，用图文来分解复杂的步骤。路径式图示引导，便于读者一边翻阅图书，一边上机操作。
- 提示技巧：本书针对读者在学习过程中可能会遇到的问题以"提示"和"知识库"的形式进行了说明，以免读者在学习过程中走弯路。
- 便于上手：本书以实例为线索，将网页设计与制作技术及网站建设技术串联起来，书中的实例都非常典型、实用。

五、本书作者

参与本书修订编写的有省级教研人员、一线信息技术教师，他们不仅长期从事信息技术教学，而且都有较为丰富的计算机图书编写经验。

本书由方其桂主编并统稿，唐小华、王军担任副主编。唐小华负责编写第1章和第2章，王斌负责编写第3章和第4章，刘斌负责编写第5章和第6章，王军负责编写第7章和第8章，王元生负责编写第9章和第10章，并完成了配套资源的制作。参与本书编写的还有赵青松、殷小庆、李东亚、周逸、黄金华等。

虽然我们有着十多年撰写计算机图书(累计已编写、出版一百余种)的经验，并对本书尽力认真构思验证和反复审核修改，但书中难免有一些瑕疵。我们深知一本图书的好坏需要广大读者去检验评说，在这里，我们衷心希望您对本书提出宝贵的意见和建议。如果您在学习、使用本书的过程中，对于同样实例的制作有更好的方法，或者对书中某些实例的制作方法的科学性和实用性存在质疑，敬请批评指正。

服务电子邮箱：476371891@qq.com。

方其桂
2025年1月

配套资源使用说明

感谢您选用《网页设计与网站建设实例教程》(第2版)(微课视频版)。为便于学习，本书配有以下教学资源。

1. 实例文件

实例文件包括书中所介绍的实例及相关素材(扫描右侧二维码即可获取)，供读者在阅读本书时边学边练，使其可以在实践中学习知识、理解概念；教师只需将这些实例稍加修改就可以直接应用于教学。

实例文件

2. 教学课件

为便于教学、降低教师的备课难度，本书提供了教学大纲、PPT课件等资源，可扫描右侧二维码获取。

3. 微课视频

作者精心制作了与本书配套的微课视频，内容涵盖所有章节中的重点、难点知识与实例。微课视频以二维码的形式呈现在书中，既方便读者自主学习，也便于教师课堂教学。

教学课件

4. 习题

本书每章后面都附有与章节内容配套的习题，包括选择、填空、操作、设计等题型，习题配有参考答案(扫描右侧二维码获取)，便于教师检验学生的学习效果或进行教学评价。

习题答案

目录

第1章　网站与网页基础　1

1.1　了解网站　1
- 1.1.1　网站的基本概念　1
- 1.1.2　网站的访问方式　3
- 1.1.3　网站的工作过程　4
- 1.1.4　常见的网站分类　5
- 1.1.5　网站的基本架构　9

1.2　认识网页　10
- 1.2.1　网页的页面结构　10
- 1.2.2　网页中的主要元素　13
- 1.2.3　网页的结构类型　16

1.3　网页开发工具　17
- 1.3.1　网页设计语言　17
- 1.3.2　网页制作工具　20
- 1.3.3　网页美化工具　21
- 1.3.4　网页调试工具　22

1.4　小结和习题　23
- 1.4.1　本章小结　23
- 1.4.2　本章练习　24

第2章　网站规划设计　25

2.1　网站的初步规划　25
- 2.1.1　网站的建设流程　25
- 2.1.2　网站的设计原则　28
- 2.1.3　网站的设计技术　29

2.2　网站配色与布局　29
- 2.2.1　网站的配色设计　30
- 2.2.2　网站的布局设计　33

2.3　网站的内容设计　34
- 2.3.1　网站的主题定位　34
- 2.3.2　网站的风格确定　35
- 2.3.3　网站的结构设计　36
- 2.3.4　网站的形象设计　36
- 2.3.5　网站的导航设计　37

2.4　小结和习题　38
- 2.4.1　本章小结　38
- 2.4.2　本章练习　39

第3章　初识网页制作软件　40

3.1　Dreamweaver工作环境　40
- 3.1.1　操作界面　40
- 3.1.2　浮动面板　42
- 3.1.3　视图模式　43

3.2　站点的创建与管理　45
- 3.2.1　站点的规划　45
- 3.2.2　站点的创建　45
- 3.2.3　站点的管理　48

3.3　网页的基本操作　52
- 3.3.1　新建网页　52
- 3.3.2　预览网页　53
- 3.3.3　设置网页属性　55

3.4　小结和习题　57
- 3.4.1　本章小结　57
- 3.4.2　本章练习　57

第4章　制作网页内容　59

4.1　输入文本　59
- 4.1.1　添加文本　59
- 4.1.2　编辑网页文本　63
- 4.1.3　插入列表　65
- 4.1.4　插入表格　67
- 4.1.5　插入特殊元素　70

4.2　插入图像　72
- 4.2.1　添加图像　72
- 4.2.2　编辑图像　74
- 4.2.3　设置图像背景　76
- 4.2.4　设置图像特效　78

4.3　插入多媒体元素　80
- 4.3.1　插入动画　80
- 4.3.2　插入视频　81
- 4.3.3　插入音频　83

4.4　使用超链接　85
- 4.4.1　创建超链接　85
- 4.4.2　添加锚链接　87

4.5　使用模板快速制作网页　89

	4.5.1	创建模板文件	90
	4.5.2	使用模板文件	93
	4.5.3	管理模板文件	95
4.6	设计移动端网页		97
	4.6.1	创建移动端网页页面	97
	4.6.2	插入布局网格	98
	4.6.3	插入可折叠区块	100
	4.6.4	插入列表视图	101
4.7	小结和习题		102
	4.7.1	本章小结	102
	4.7.2	本章练习	103

第5章 使用CSS样式美化网页 105

5.1	了解CSS基础知识		105
	5.1.1	初识CSS样式	105
	5.1.2	编写CSS样式	107
	5.1.3	引用外部CSS	111
5.2	编写CSS样式代码		114
	5.2.1	解读CSS常用选择器	114
	5.2.2	分析CSS常用属性	120
5.3	使用CSS样式美化文本		124
	5.3.1	设置字体属性	124
	5.3.2	设置段落属性	129
5.4	使用CSS样式修饰页面		135
	5.4.1	设置图片样式	135
	5.4.2	设置背景与边框	140
5.5	小结和习题		144
	5.5.1	本章小结	144
	5.5.2	本章练习	144

第6章 制作网页表单 147

6.1	初识表单		147
	6.1.1	认识表单对象	147
	6.1.2	创建表单	149
6.2	添加表单对象		152
	6.2.1	用文本域和密码域输入数据	152
	6.2.2	用文本区域输入多行文本	154
	6.2.3	用列表/菜单选择数据	156
	6.2.4	用单选按钮选择数据	158
	6.2.5	用复选框选择数据	159
	6.2.6	用按钮提交数据	161
	6.2.7	配置HTML5表单对象	164
6.3	小结与习题		167

	6.3.1	本章小结	167
	6.3.2	本章练习	167

第7章 规划布局网页 169

7.1	网页布局基础知识		169
	7.1.1	网页布局类型	170
	7.1.2	网页布局途径	173
	7.1.3	网页布局方式	174
7.2	表格布局		176
	7.2.1	插入编辑表格	176
	7.2.2	美化设置表格	179
	7.2.3	制作表格网页	184
7.3	DIV+CSS布局		190
	7.3.1	两列结构布局	190
	7.3.2	多列结构布局	193
7.4	自适应布局		197
	7.4.1	流式布局	197
	7.4.2	弹性盒子布局	199
	7.4.3	媒体查询布局	201
7.5	小结和习题		203
	7.5.1	本章小结	203
	7.5.2	本章练习	204

第8章 添加网页特效 206

8.1	使用CSS设计动画特效		206
	8.1.1	设计变换动画特效	207
	8.1.2	设计关键帧动画特效	208
	8.1.3	设计过渡动画特效	211
8.2	使用行为添加网页特效		213
	8.2.1	交换图像	213
	8.2.2	弹出信息	215
	8.2.3	打开浏览器窗口	216
	8.2.4	其他效果	217
8.3	使用HTML5添加动画特效		219
	8.3.1	制作HTML5梦幻动画特效	219
	8.3.2	利用HTML5 Canvas绘制图形特效	221
	8.3.3	制作HTML5 SVG矢量图形动画	223
8.4	小结和习题		226
	8.4.1	本章小结	226
	8.4.2	本章练习	226

第9章 制作动态网站 227

9.1	安装与配置动态网站环境		227

9.1.1	安装IIS环境………………	227
9.1.2	配置PHP环境………………	229

9.2 建立网站数据库…………………235
| 9.2.1 | 安装MySQL数据库………… | 235 |
| 9.2.2 | 设计MySQL数据库………… | 238 |

9.3 开发动态网页……………………242
| 9.3.1 | 使用PHP连接数据库……… | 242 |
| 9.3.2 | 实现增删改查功能………… | 245 |

9.4 制作职业学院网站………………257
9.4.1	分析网站需求………………	258
9.4.2	设计网站数据库……………	260
9.4.3	制作网站首页………………	262
9.4.4	制作列表页面………………	265
9.4.5	制作内容页面………………	267
9.4.6	制作管理页面………………	268

9.5 小结和习题………………………272
| 9.5.1 | 本章小结…………………… | 272 |
| 9.5.2 | 本章练习…………………… | 272 |

第10章 网站建设与发布 273

10.1 准备网站基础设施………………273
| 10.1.1 | 选择与购买云服务器……… | 274 |
| 10.1.2 | 注册与管理域名…………… | 277 |

10.2 配置网站运行环境………………282
10.2.1	安装网络操作系统…………	282
10.2.2	部署网站管理平台…………	285
10.2.3	创建网站和数据库…………	287

10.3 测试与上传网站内容……………289
| 10.3.1 | 综合测试网站……………… | 289 |
| 10.3.2 | 上传网站内容……………… | 290 |

10.4 发布和维护网站…………………294
| 10.4.1 | 正式上线网站……………… | 294 |
| 10.4.2 | 初期维护与监控…………… | 296 |

10.5 优化与推广网站…………………297
| 10.5.1 | 优化网站与内容推广……… | 297 |
| 10.5.2 | 提升网站流量与品牌影响力 | 298 |

10.6 小结和习题………………………299
| 10.6.1 | 本章小结…………………… | 299 |
| 10.6.2 | 本章练习…………………… | 299 |

参考文献 301

第1章

网站与网页基础

随着计算机软硬件的飞速发展，互联网已经与人们的生活紧密相关，网页与网站已经成为人们生活的一部分。网站是在软硬件基础设施的支持下，由一系列网页、资源和后台数据库等构成的，其具有多种网络功能，能够实现广告宣传、经销代理、金融服务、信息流通等商务应用。互联网上丰富的信息和互联网的强大功能，就是由网站提供和实现的。

网站规划与网页制作是一项综合性非常强的工作，需要设计者具备一定的互联网基础知识，理解Web的工作原理，对网页的类型风格和网页制作软件有所认识，才能更好地开展开发设计工作。

通过对本章的学习，我们可以理解网站与网页的基本概念，了解网站建设的基本原理和流程，初步了解网页设计语言及常用的制作工具。

本章内容：
- 了解网站
- 认识网页
- 网页开发工具

1.1 了解网站

网站是指在互联网上向全世界发布信息的站点。网站是一种沟通工具，人们可以通过网页浏览器访问网站，以获取自己需要的资讯或享受网络服务。

了解网站

1.1.1 网站的基本概念

网站由网页组成，如果每个网页是一片"树叶"，那么网站就是那棵"树"，Internet就是"地球"。

1. 网站与网页的关系

"网站"的英文是 Website，是由一个个网页组成的。以新浪站点为例，其门户网站包含了大量的新闻、娱乐等资讯。一般用户访问这个网站是为了浏览该网站提供的页面，因此可以说网站与网页的关系是一对多的关系。网页是网站的主要呈现方式，可以将其看作一个应用程序的用户界面。以用户浏览新浪网站为例，网页和其组成的网站的关系如图1-1所示。

图1-1　网页和其组成的网站的关系示意图

网站就是建立在互联网上的Web站点，面向公众提供互联网内容服务。网站是网页的宿主，由于网站要确保网页在网站服务器上良好运行，并使得客户可以访问网页，因此网站需要提供在Internet上的访问域名、存放网页的空间，并进行网站的安全性管理。网站的组成相对网页要复杂得多。一句话概括，网站就是"网页的集合地"。

2. 网站的组成结构

网站是网页的存放位置，用来维系网页的正常运作，以使互联网用户能够正常地浏览和操作网页的内容。用户通过浏览器访问网站，网站将用户请求的一个个网页解析为浏览器可以理解的格式后，通过HTTP协议发送给用户端的浏览器。一个网站主要由以下3个部分组成。

- 域名：是指网站服务器所在的地址。例如，新浪网站的域名是www.sina.com，用户可以通过这个域名进入网页进行浏览。域名就像家庭住址一样，用来定位网站的位置。
- 空间：可以将其视为一块磁盘空间，用来存储网站提供的内容信息，如网站的网页、音频、视频及下载的软件等。网站的空间可以是由空间服务商提供的虚拟主机或虚拟空间，也可以是网站建设人员自己架设的网站的信息。
- 程序：是指用来解析网页的服务器程序。例如，ASP.NET需要IIS服务器程序，而PHP程序则需要Apache这样的服务器程序来解析，以便将网页程序代码转换为浏览器可以识别的格式。

以访问新浪网页为例，用户通过网站域名www.sina.com请求访问新浪网站，新浪网站从空间中抓取网页内容，经过网站程序解析为浏览器可以识别的格式，通过HTTP协议发送给用户，整个过程如图1-2所示。

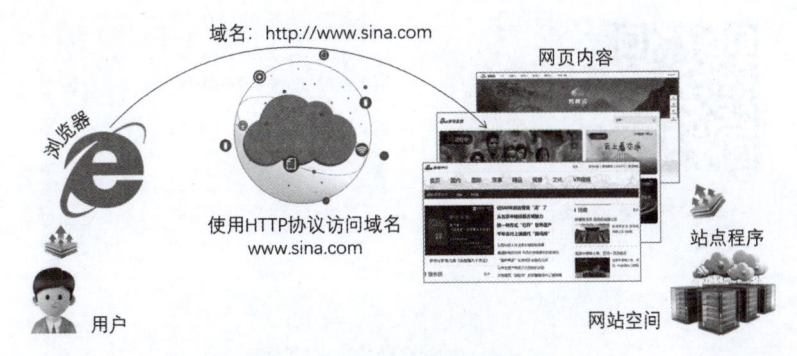

图 1-2　用户访问网站的过程示意图

1.1.2　网站的访问方式

随着移动互联网技术的发展，网站的访问方式也由传统的浏览器网址访问转变为扫描二维码分享访问等多种访问方式。

1. 域名访问

域名，是由一串用点分隔的名字组成的互联网上某一台计算机或计算机组的名称，用于在数据传输时标识计算机的电子方位。每个网站都有一个固定的域名。例如，可以在浏览器地址栏中输入百度地图的域名"map.baidu.com"来访问网站。

2. IP地址访问

IP地址，即互联网协议(Internet Protocol)地址。域名和IP地址是一一对应的，每个网站都有一个IP地址，访问网站其实就是访问网站所在的IP地址。如图1-3所示，可以在浏览器地址栏中输入当前百度网站的IP地址"39.156.69.79"来访问网站。

图 1-3　通过 IP 地址访问网站

3. 二维码访问

二维码又称为二维条码，是近几年移动设备上非常流行的一种编码方式，相比于传统的条形码，它能储存更多的信息，也能表示更多的数据类型。如图1-4所示，可以使用移动设备扫描二维码访问问卷星调查网站。

手机扫描二维码答题

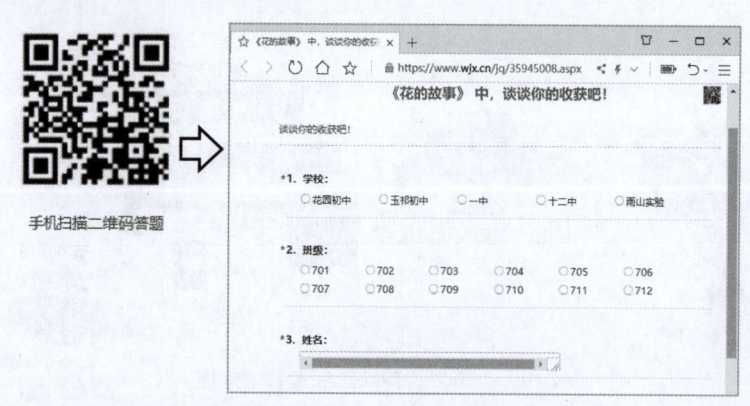

图 1-4 通过二维码访问网站

1.1.3 网站的工作过程

打开一个Web浏览器，输入某个网站的地址，然后转到该网址，即可在浏览器中得到该网址的页面，如图1-5所示。从这个场景中可以抽象出几个基本对象，即用户、Web浏览器(客户端)和发送页面的地方(服务端)，这些对象就是整个Web工作流程中的重要组成部分。

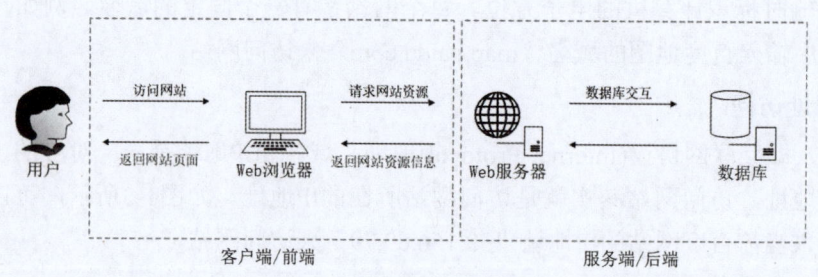

图 1-5 Web 的基本工作流程

1. HTTP

HTTP(hypertext transfer protocol，超文本传输协议)，是用于从Web服务器传输超文本到本地浏览器的传输协议，是互联网中的"多媒体信使"。它不仅能保证计算机正确、快速地传输超文本文档，还能确定传输文档中的哪一部分内容首先显示(如文本先于图形)等。

HTTP 使用的是可靠的数据传输协议，即使是来自地球另一端的数据，它也可以确保数据在传输过程中不会丢失和损坏，保证了用户在访问信息时的完整性。HTTP 是互联网上应用最为广泛的一种协议。互联网常用协议及说明如表1-1所示。

表1-1 互联网常用协议及说明

协议	说明
HTTP	超文本传输协议
FTP	文件传输协议
E-mail	电子邮件
telnet	远程登录
DNS	域名系统
TCP/IP	网络通信协议

2. 客户端

最常见的Web客户端就是Web浏览器，浏览器是应用于互联网的客户端浏览程序。浏览器的工作流程如图1-6所示。客户端用于向互联网上的服务器发送各种请求，并对从服务器发来的超文本信息及各种多媒体数据格式进行解释、显示和播放。常见的浏览器包括Internet Explorer、360安全浏览器、搜狗浏览器、QQ浏览器等。

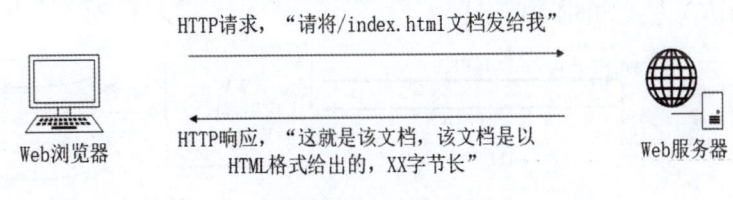

图 1-6　浏览器的工作流程

3. 服务器

服务器专指具有固定IP地址，能够通过网络对外提供服务和信息的某些高性能计算机。如图1-7所示，用户通过服务器才能获得丰富的网络共享资源。

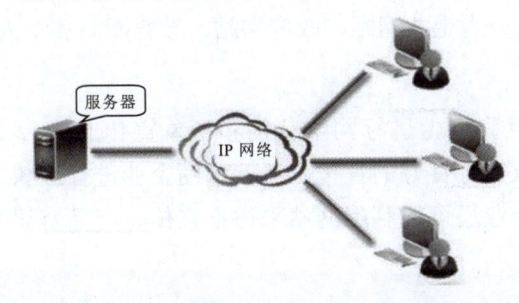

图 1-7　服务器

服务器可以分为Web服务器、E-mail服务器、FTP服务器等多种类型。同时，也可以只用一台计算机来兼顾实现Web服务器、E-mail服务器、FTP服务器等多种服务器的功能。相对于普通计算机来说，服务器在稳定性、安全性、性能和硬件配置等方面都有更高的要求。

1.1.4　常见的网站分类

网站有很多不同的分类方法，根据不同的分类方式可将网站分成不同的类别。例如，根据网站所用的编程语言分类，可分为ASP网站、PHP网站、JSP网站、ASP.NET网站等。更多分类方式如下。

1. 按技术分类

网站按照其使用的技术可分为静态网站和动态网站。静态网站是指浏览器与服务器不发生交互的网站，网站中的GIF动画、Flash动画及按钮等都会发生变化，并不是说网站中的元素是静止不动的。静态网站中网页的访问方式如图1-8所示。

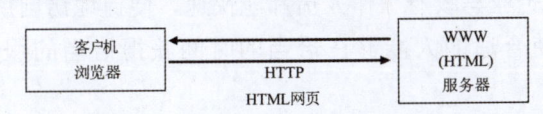

图 1-8　静态网站中网页的访问方式

浏览器向网络中的服务器发出请求，指向静态网站中的某个网页；服务器接到请求后将请求的内容传输给浏览器，此时传送的只是文本文件；浏览器接到服务器传来的文件后解析HTML标签，将结果显示出来。

动态网站除了静态网站中的元素，还包括一些应用程序，这些程序需要浏览器与服务器之间发生交互行为，而且应用程序的执行需要服务器中的应用程序服务器才能完成。动态网站中网页的访问方式如图1-9所示。

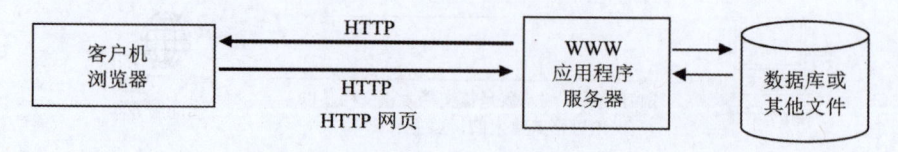

图1-9 动态网站中网页的访问方式

静态网站与动态网站是相对应的，静态网站中网页的域名后缀有htm、html、shtml、xml等，动态网站中网页的域名后缀有asp、jsp、php等。

2. 按持有者分类

网站按照其持有者可分为企业网站、政府网站、教育网站和个人网站等。

1) 企业网站

企业网站是企业在互联网上进行网络营销和形象宣传的平台，相当于企业的网络名片，不仅能对企业的形象进行良好的宣传，还能辅助企业进行销售，即通过网络直接帮助企业实现产品的销售。企业还可以利用网站来进行宣传、产品资讯发布、招聘等。华为企业官方网站如图1-10所示。

图1-10 华为企业官方网站

2) 政府网站

政府网站是指一级政府在各部门的信息化建设基础之上，建立起跨部门的、综合的业务应用系统，使公民、企业与政府工作人员都能快速、便捷地访问所有相关政府部门的政务信息与业务应用，使合适的人能够在恰当的时间获得恰当的服务。中国政府网站如图1-11所示。

图 1-11　中国政府网站

3) 教育网站

教育网站是指专门提供教学、招生、学校宣传、教材共享的网站。随着教育系统信息化平台的发展和应用，众多教育网站将融入整体的教育云平台中，为无网站的学校提供新一代教育网、校园网、班级网。一般情况下，教育网站的后缀域名是edu，代表教育，也有部分域名是com、cn、net。国家智慧教育公共服务平台如图1-12所示。

图 1-12　国家智慧教育公共服务平台

4) 个人网站

个人网站是指因特网上一块固定的面向全世界发布消息的地方。个人网站由域名、程序和网站空间构成，通常包括主页和其他具有超链接文件的页面。个人网站是一种通信工具，就像布告栏一样，人们可以通过个人网站来发布自己想要公开的资讯，或者利用个人网站来提供相关的网络服务。

3. 按功能分类

网站按照其功能可分为电子商务网站、搜索引擎网站、社区论坛网站、在线翻译网站、软件下载网站和音乐欣赏网站等。下面介绍几个常用网站。

1) 电子商务网站

电子商务网站(见图1-13)类似于现实世界中的商店,差别是其利用电子商务的各种手段达成交易,是虚拟商店,减少了中间环节,消除了运输成本和代理中间的差价,对普通消费和市场流通带来了巨大发展空间。目前,常见的电子商务网站有淘宝、京东、苏宁易购等。

图 1-13　电子商务网站

2) 搜索引擎网站

搜索引擎网站是基于特定的策略和计算机程序,从互联网上收集信息,在对信息进行组织和处理后,为用户提供检索服务,并将用户检索的相关信息展示给用户的系统。目前,百度(见图1-14)已成为国内最常用的搜索引擎网站之一。

图 1-14　百度搜索引擎网站

3) 在线翻译网站

在线翻译网站(见图1-15)可以提供即时免费的多语种文本翻译和网页翻译服务，支持中文、英语、日语、韩语、泰语、法语、西班牙语、德语等28种热门语言互译，覆盖756个翻译方向，能基本满足日常翻译需求。

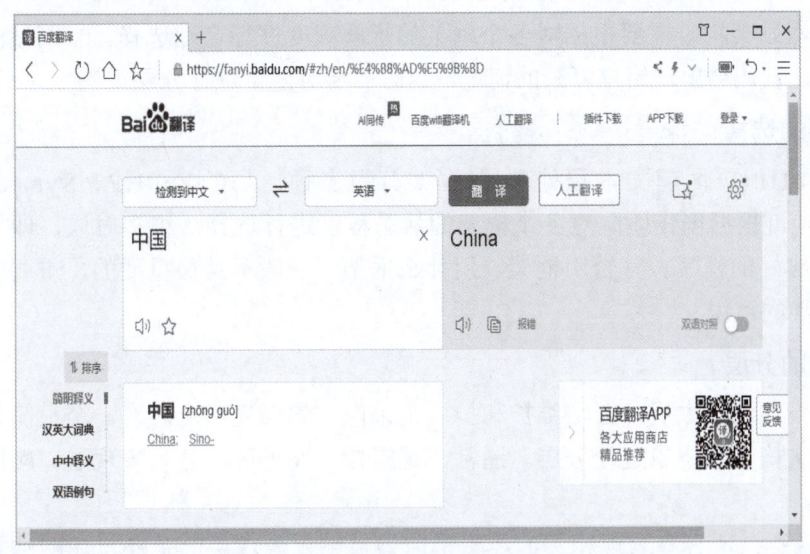

图 1-15　在线翻译网站

1.1.5　网站的基本架构

网站整体架构的设定，会根据客户需求分析的结果，准确定位网站目标群体，规划、设计网站栏目及其内容，制定网站开发流程及顺序，其内容有程序架构、呈现架构、信息架构三种表现，主要分为硬架构和软架构两个步骤。

1. 硬架构

网站的硬架构是指支撑网站运行的物理硬件设备及其相互连接的方式，这些硬件设备协同工作，为网站的正常运转提供基础保障。

1) 机房的选择

在选择机房时，可以根据网站用户的地域分布，选择网通、电信等单机房或双机房。越大的城市，机房价格越贵，从成本的角度来看，可以在一些中小城市托管服务器。例如，上海的公司可以考虑把服务器托管在苏州、常州等地，这样价格会便宜很多，而且距离也不算太远。

2) 带宽大小

预估网站每天的访问量，根据访问量选择合适的带宽，计算带宽大小主要涉及峰值流量和页面大小两个指标。

3) 服务器的选择

选择需要的服务器，如图片服务器、页面服务器、数据库服务器、应用服务器、日志服务器。对于访问量大的网站而言,分离单独的图片服务器和页面服务器相当必要。数据库服务器是重中之重,网站的瓶颈问题大多数归因于数据库,现在一般的中小网站多使用MySQL数据库。

2. 软架构

在设计网站架构时需要根据对各个框架的了解程度进行合理选择。当网站的规模到了一定程度后,代码会出现错综复杂的情况,这时需要对逻辑进行分层重构。

1) 框架的选择

现在的PHP(页面超文本预处理器)框架有很多种,如CakePHP、Symfony、Zend Framework,可根据创作团队对各个框架的熟悉程度进行选择。很多时候,即使不使用框架,也能写出好的程序。是否用框架、用什么框架,一般不是最重要的,重要的是编程思想里要有框架的意识。

2) 逻辑的分层

网站规模逐渐扩大后,会给维护和扩展带来巨大的障碍,这时有一个很简单的解决方案,那就是重构,将逻辑进行分层。通常,逻辑自上而下可以分为表现层、应用层、领域层和持久层。

- 表现层:所有和表现相关的逻辑都应该被纳入表现层的范畴,如网站某处的字体要显示为红色、某处的开头要空两格等都属于表现层。
- 应用层:其主要作用是定义用户可以做什么,并把操作结果反馈给表现层。
- 领域层:是指包含领域逻辑的层,用于让用户了解具体的操作流程。
- 持久层:即数据库,将领域模型保存到数据库,包含网站的架构和逻辑关系等。

1.2 认识网页

网页是构成网站的基本元素,实际上它就是一个文件,该文件存放在世界上某台与互联网相连接的计算机中。在浏览器的地址栏中输入网页地址,经过复杂而又快速的程序解析后,网页文件就会被传送到计算机中,然后再通过浏览器展现在浏览者的眼前。

认识网页

1.2.1 网页的页面结构

网页的页面结构一般由标题、网站Logo、页眉、页脚、导航区、主体内容、功能区、广告区组成,浏览者可以根据需求合理选择栏目。

1. 标题

每个网页的最顶端都有一条信息,该信息是对网页中主要内容的提示,即标题,如图1-16所示。这条信息往往出现在浏览器的标题栏,而非网页中,但其也是网页布局中的一部分。

图 1-16　标题

2. 网站Logo

网站Logo(见图1-17)是网站所有者对外宣传自身形象的工具。Logo集中体现了网站的文化内涵和内容定位，是较吸引人也较容易被人记住的网站标志。Logo在网站中的位置都比较醒目，目的是要使其突出，容易被人识别与记忆。在二级网页中，页眉位置一般都留给Logo，也有设计者习惯将Logo设计为可以回到首页的超链接。

图 1-17　网站 Logo

3. 页眉

网页的上端即为网页的页眉，并不是所有网页中都有页眉，一些特殊的网页就没有明确划分出页眉。页眉往往处于页面中相当重要的位置，容易引起浏览者的注意，因此很多网站都会在页眉中宣传本网站的内容(见图1-18)，也有一些网站将这个"黄金地段"作为广告位出租。

图 1-18　页眉

4. 页脚

网页的最底端即为网页的页脚，如图1-19所示。页脚通常被用来介绍网站所有者的具体信息和联络方式，如名称、地址、联系方式、版权信息等，其中一些内容会被做成标题式的超链接，引导浏览者进一步了解详细的内容。

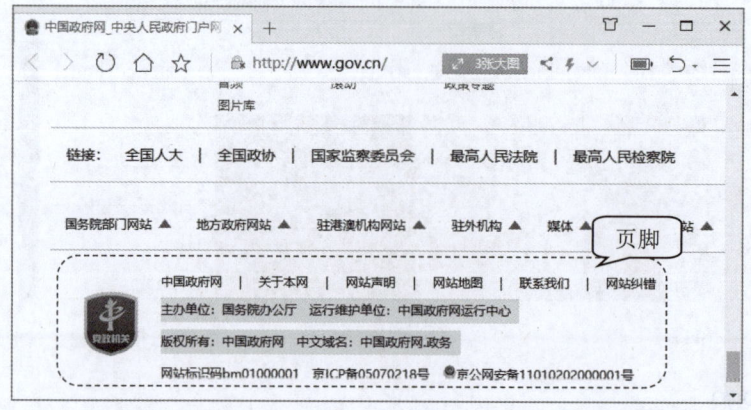

图 1-19 页脚

5. 导航区

导航区的设计非常重要，因为其所在位置影响着整个网页布局的设计。导航区一般分为4个位置，分别是左侧、右侧、顶部和底部。一般网站使用的导航区都是单一的，但是也有一些网站为了使网页更便于浏览者操作，增加可访问性，往往采用多导航技术。如图1-20所示，该网站采用了左侧导航区与顶部导航区相结合的方式。但是无论采用几个导航区，网站中的每个页面的导航区位置均是固定的。

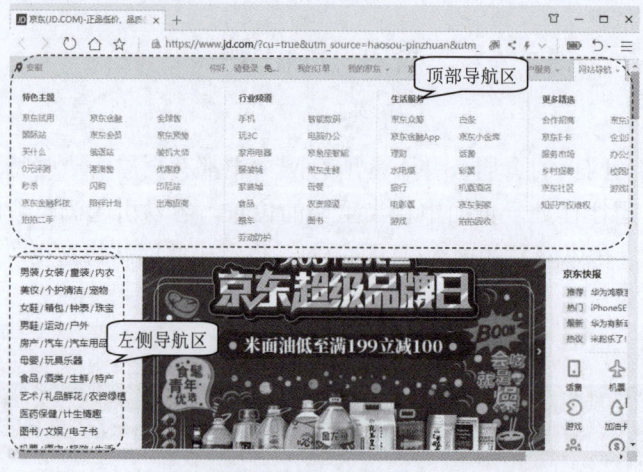

图 1-20 导航区

6. 主体内容

主体内容是网页中最重要的元素，其内容并不完整，往往由下一级内容的标题、内容提要、内容摘编的超链接构成。主体内容借助超链接，可以利用一个页面高度概括几个页面所表达的内容，而首页的主体内容甚至能在一个页面中高度概括整个网站的内容。

主体内容一般均由图片和文档构成，如今一些网站的主体内容中还加入了视频、音频等多媒体文件。通常，人们的阅读习惯是由上至下、由左至右，因此，主体内容的分布也按照这个规律，依照重要到不重要的顺序安排内容。

7. 功能区

功能区是网站主要功能的集中表现，一般位于网页的右上方或右侧边栏，如图1-21所示。功能区包括用户注册、登录网站、电子邮件、信息发布等内容。有些网站使用了IP定位功能，可以定位浏览者所在地，从而在功能区显示当地的天气、新闻等个性化信息。

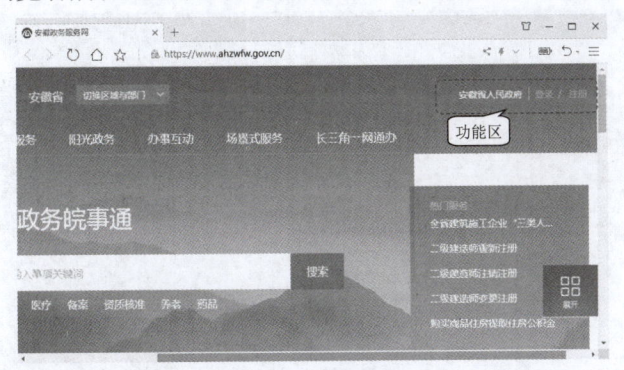

图1-21　功能区

8. 广告区

广告区是网站实现盈利或自我展示的区域，其一般位于网页的页眉、右侧和底部。广告区的内容以文字、图像、Flash动画为主，通过吸引浏览者点击链接的方式达到广告效果。广告区的设置要明显、合理、引人注目，这对整个网站的布局很重要。

1.2.2　网页中的主要元素

网页中的元素种类很多，主要包括文本、图像、动画、视频、音频、超链接和表单等。

1. 文本

文字是最重要的网页信息载体与交流工具，网页中的主要信息一般都以文本形式呈现。与图像相比，文字虽然不如图像那样容易被浏览者注意，却能包含更多的信息，并能更准确地表达信息的内容和含义。选择合适的文字标记可以改变文字显示的属性，如字号、颜色、样式等，使文字在HTML页面更加美观，并且有利于阅读者浏览。

2. 图像

图像是网页的重要组成部分，与文字相比，图像更加直观、生动。图像在整个网页中可以起到画龙点睛的作用，图文并茂的网页比纯文本的网页更能吸引人的注意力。

计算机图像格式有很多种，但在网页中常用的有JPEG/JPG、GIF和PNG格式。GIF格式可以制作动画，但最多只支持256色；JPEG/JPG格式可以支持真彩色，但只能为静态图像；PNG格式既可以制作动画又可以支持真彩色，但文件大，下载速度慢。

3. 动画

动画在网页中的作用是有效地吸引访问者更多的注意，用户在设计网页时可以通过在页面中加入动画使页面更加生动。用Flash可以创作出既漂亮又可改变尺寸的导航界面及各种动画效果。Flash动画文件体积小，效果华丽，还具有极强的互动效果，由于它是矢量的，因此即使放大也不会变形和模糊。网页中的动画展示如图1-22所示。

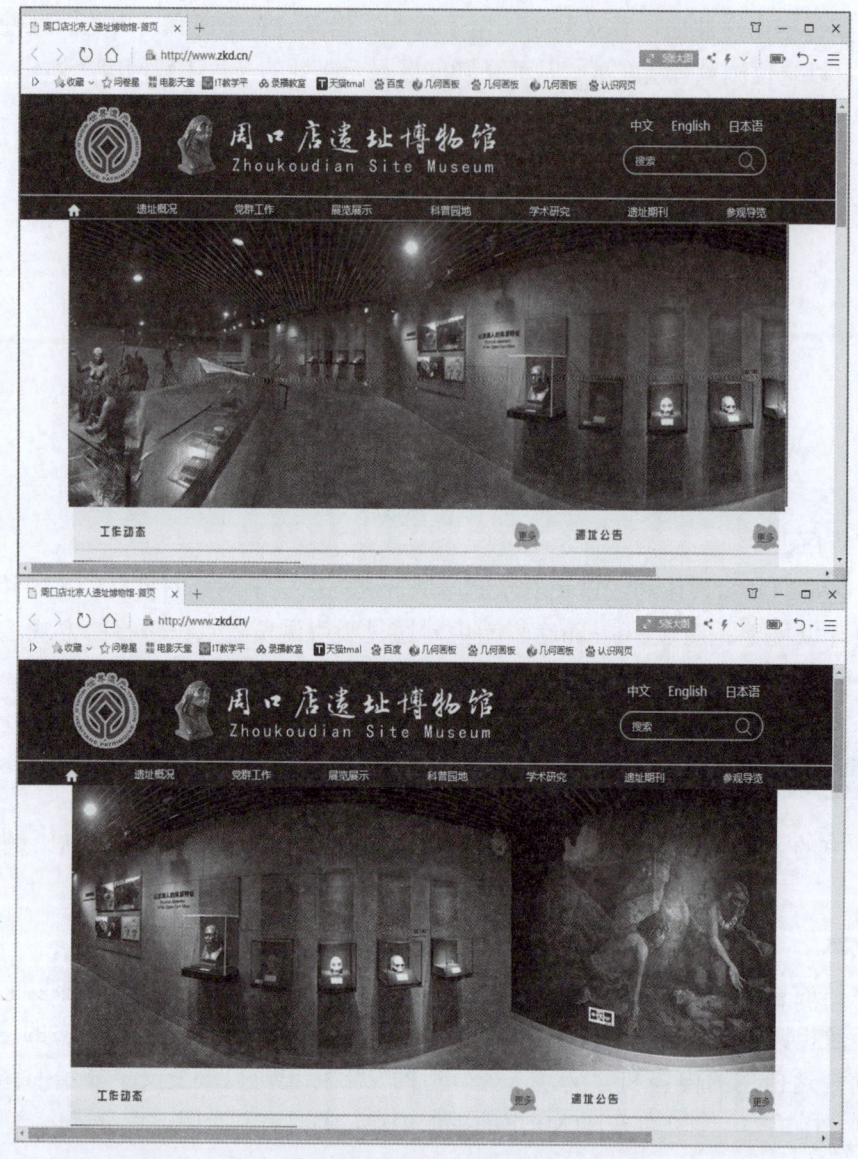

图1-22　网页中的动画展示

4. 视频

随着网络带宽的增加，越来越多的视频文件被应用到网页中，使得网页效果更加精彩且富有动感。常见的视频文件格式有MP4和FLV等。

5. 音频

音频是多媒体网页重要的组成部分。在为网页添加声音效果时应充分考虑其格式、文件大小、品质和用途等因素。另外，不同的浏览器对声音文件的处理方法也有所不同，它们彼此之间有可能并不兼容。用于网络的音频文件的格式种类很多，常用的有MP3、MID、WAV等。

6. 超链接

互联网上有数以百万的站点,若要将众多分散的网页联系起来构成一个整体,就必须在网页上插入链接。超链接实现了网页与网页之间的跳转(见图1-23),是网页中至关重要的元素。

图 1-23　网页超链接

7. 表单

表单是获取访问者信息并与访问者进行交互的有效方式,在网络中应用非常广泛。访问者可以在表单对象中输入信息并提交。表单分为文本域、复选框、单选按钮、列表/菜单等。如图1-24所示,我们可在网页中加入搜索引擎、跳转菜单等。

图 1-24　表单

1.2.3 网页的结构类型

网页的结构类型取决于网页的功能，一般包括导航型、内容型和导航内容结合型。一个网站为了满足浏览者的需求，一般会设置多种类型的网页结构。

1. 导航型

导航型网页(见图1-25)可以让浏览者直观地找到所需的信息条目，一般网站的主页多以导航型结构呈现，以方便浏览者查找内容。一些专业的导航网站也是以导航型网页结构为主的。

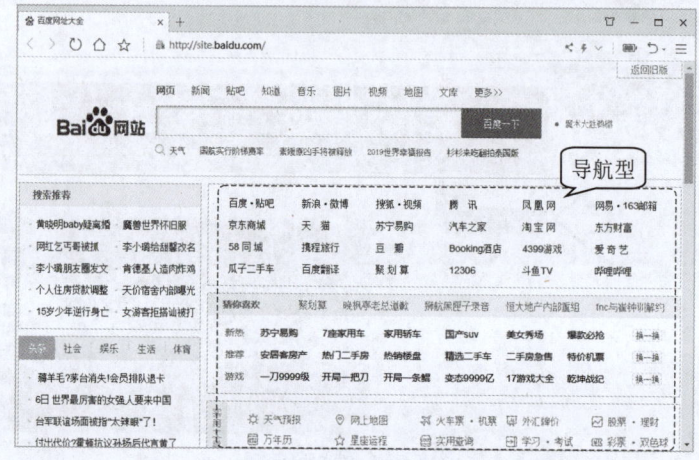

图 1-25　导航型网页

2. 内容型

当浏览者通过导航型网页中的超链接进入内容型网页时，内容型网页一般会以图文的形式呈现具体的内容信息，这也是浏览者浏览网页时想要获取的信息。内容型网页如图1-26所示。

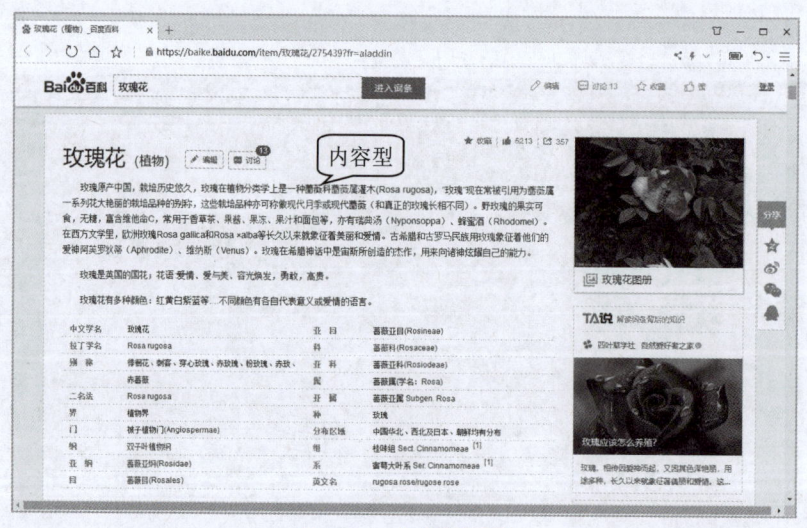

图 1-26　内容型网页

3. 导航内容结合型

导航型网页没有具体的内容信息，内容型网页不容易实现内容信息的跳转浏览。为了弥补这一缺陷，人们设计了导航内容结合型网页(见图1-27)，该网页中既有导航又有内容信息，便于浏览者阅读网站信息。

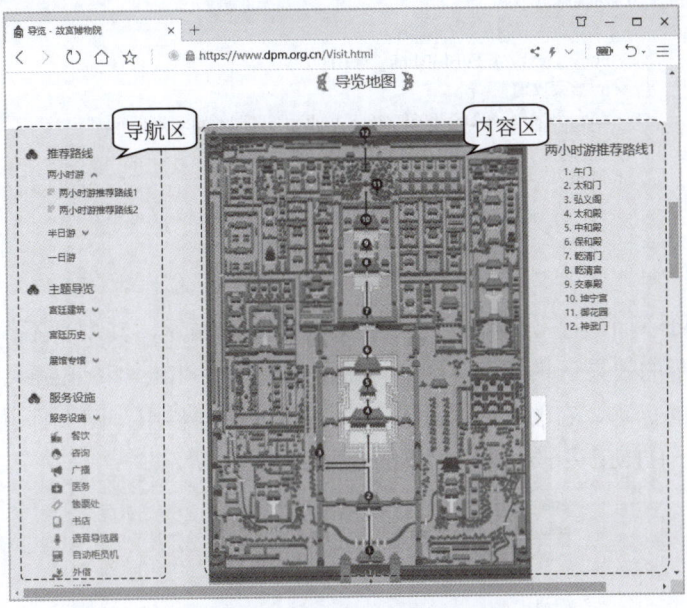

图 1-27　导航内容结合型网页

1.3　网页开发工具

网页元素具有多样化的特点，因此，要想制作出精致美观、丰富生动的网页，单靠一种语言和工具是很难实现的，需要结合使用多种语言和工具。

网页开发工具

1.3.1　网页设计语言

网页编写语言有很多种，常用的静态网页设计语言包括HTML、XML和CSS，动态网页脚本语言有JavaScript、VBScript，动态网页编程语言有ASP。其中，HTML是最基础的网页设计语言。

1. HTML

HTML(hypertext markup language，超文本标记语言)，是用特殊标记来描述文档结构和表现形式的一种语言。严格地说，HTML并不是一种程序设计语言，它只是一些由标记和属性组成的规则，这些规则规定了如何在页面上显示文字、表格、超链接等内容。

1) HTML文档结构

一个典型的HTML文档主要包括头部和主体两大部分，\<html\>和\</html\>用于标记文件的开头和结尾，其中头部提供了关于网页的标题、序言、说明等信息，主体提供了网页中显示的实际内容，如图1-28所示。

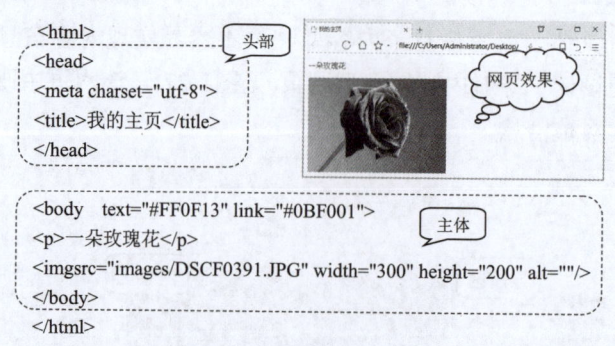

```
<html>
<head>
<meta charset="utf-8">
<title>我的主页</title>
</head>
```
头部

```
<body    text="#FF0F13" link="#0BF001">
<p>一朵玫瑰花</p>
<imgsrc="images/DSCF0391.JPG" width="300" height="200" alt=""/>
</body>
</html>
```
主体

图1-28　HTML 文档结构

2) 头部内容

<head></head>两个标签分别表示头部信息的开始和结尾，其本身不作为内容来显示，但会影响网页显示的效果。头部中常用的标签是标题标签<title>和<meta>。其中，<title>标签用于定义网页的标题，它的内容显示在网页窗口的标题栏中，网页标题可被浏览器用作书签和收藏清单。HTML头部中常用标签的功能如图1-29所示。

```
<html>
<head>              <!-- #定义文档的信息  -->
<meta charset="utf-8">   <!-- #HTML 文档中的元数据  -->
<title>我的主页</title>    <!-- #定义文档的标题  -->
</head>
```

图1-29　HTML 头部中常用标签的功能

3) 主体内容

文档主体是指包含在<body>和</body>之间的所有内容，它们显示在浏览器窗口内。

文档主体可以包含文字、图片、表格等各种标签。在文档主体中还可以添加许多属性(如background、text 等)，用来设置网页的背景、文字、页边距等。在设计主体内容时，我们会使用到不同的HTML标签。HTML主体中常用的标签及功能如表1-2所示。

表1-2　HTML主体中常用的标签及功能

标签	功能	标签	功能
<!--...-->	定义注释	<hr>	定义水平线
<audio>	定义声音内容	<img>	定义图像
 	定义简单的换行	<p>	定义段落
<button>	定义按钮	<table>	定义表格
<font>	定义文字	<time>	定义日期/时间
<h1>-<h6>	定义 HTML 标题	<video>	定义视频

2. XML

XML(extensible markup language，可扩展标记语言)，是一种用于标记电子文件使其具有结构性的标记语言。XML 文件格式是纯文本格式，在许多方面类似于HTML，XML由xml元素组成，每个xml元素包括一个开始标签(<title>)、一个结束标签(</title>)及两个标签之间的内容。其与HTML的区别也很明显，具体如下：

- 可拓展性方面。HTML不允许用户自行定义标签或属性名，而在XML中，用户能够根据需要自行定义新的标签及属性名，以便更好地从语义上修饰数据。
- 结构性方面。HTML不支持深层的结构描述，而XML的文件结构嵌套可以复杂到任意程度，能表示面向对象的等级层次。
- 可校验性方面。HTML没有提供规范文件以支持应用软件对HTML文件进行结构校验，而XML文件可以包括一个语法描述，使应用程序可以对此文件进行结构校验。

3. CSS

CSS(cascading style sheets，层叠样式表)是HTML功能的扩展，能使网页设计者以更有效的方式设计出更具有表现力的网页。在HTML语言中可以直接编写CSS代码控制网页字体的变化和大小，如图1-30所示。CSS完整的代码，以<style>开始，以</style>结束。

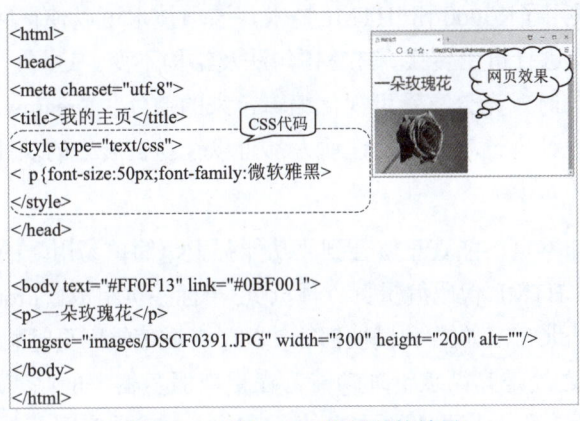

图 1-30　添加 CSS 代码后的效果

网页中的标题、正文文字的格式、段落的间距、页面布局一般都是用CSS控制的。CSS是目前唯一的网页页面排版样式标准，它能使任何浏览器都听从指令，知道该以何种布局、格式显示各种元素及其内容。

4. JavaScript

JavaScript语言可以和HTML语言结合，在HTML中可以直接编写JavaScript代码，其可以实现类似弹出提示框这样的网页交互性功能。JavaScript 代码以<Script>开始，以</Script>结束，如图1-31所示。用户在浏览网页时会弹出一个提示框。

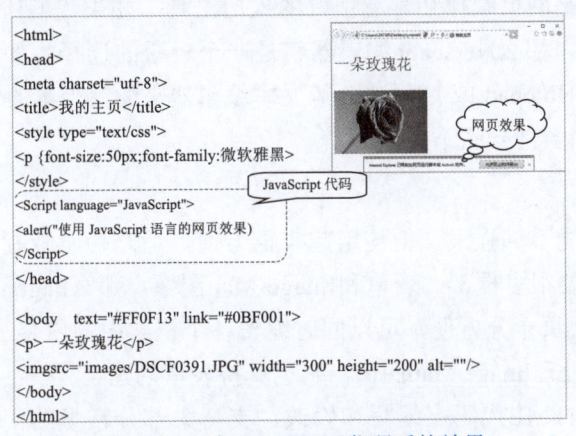

图 1-31　添加 JavaScript 代码后的效果

1.3.2 网页制作工具

制作网页之前要选定一种网页制作工具。从原理上来讲，虽然直接用记事本也能写出网页，但是我们应该对网页制作有一定的HTML基础，可以利用所见即所得的环境制作网页，同时可以在视窗中看到对应的HTML代码，这对我们学习HTML有很大好处。

1. Dreamweaver

Dreamweaver是一个很酷的网页设计软件，它包括可视化编辑、HTML代码编辑的软件包，并支持ActiveX、JavaScript、Java、Flash、ShockWave等特性，支持动态HTML的设计，使得页面能够在浏览器中正确地显示动画，同时它还提供了自动更新页面信息的功能。

Dreamweaver还采用了Roundtrip HTML技术，该项技术可以使得网页在Dreamweaver和HTML代码编辑器之间进行自由转换，HTML句法及结构不变。这样，专业设计者可以在不改变原有编辑习惯的同时，充分享受可视化编辑带来的益处。Dreamweaver最具挑战性和生命力的是它的开放式设计，该项设计使任何人都可以轻易扩展它的功能。

2. FrontPage

使用FrontPage制作网页，能真正体会到"功能强大，简单易用"的含义。其工作窗口由所见即所得的编辑页、HTML代码编辑页、预览页3个标签页组成。FrontPage带有图形和GIF动画编辑器，支持CGI和CSS。向导和模板都能使初学者在编辑网页时感到更加方便。

FrontPage的强大之处是其站点管理功能，在更新服务器上的站点时，不需要创建更改文件的目录，其会跟踪文件并拷贝新版本文件。FrontPage是现有网页制作软件中唯一一个既能在本地计算机上工作，又能通过Internet直接对远程服务器上的文件进行工作的软件。

3. Netscape

用Netscape浏览器显示网页时，单击编辑按钮，Netscape会把网页存储在硬盘中，即可开始编辑。我们可以像使用Word那样编辑文字，修改字体、颜色，改变主页作者、标题、背景颜色或图像，定义描点，插入链接，定义文档编码，插入图像，创建表格，等等。但是，Netscape编辑器在复杂的网页设计方面功能有限，如表单创建、多框架创建等功能都不支持。

Netscape编辑器是网页制作初学者很好的入门工具。如果我们所要设计的网页主要是由文本和图片组成的，那么Netscape编辑器将是一个轻松的选择；如果我们对HTML语言有所了解，能够使用Notepad或UltraEdit等文本编辑器来编写少量的HTML语句，那么便可以弥补Netscape编辑器的一些不足。

4. Pagemill

Pagemill虽然功能不算强大，但使用起来很方便，适合初学者制作较为美观又不复杂的主页。如果主页需要很多框架、表单和Image Map图像，那么Pagemill的确是首选，因为用Pagemill创建多框架页十分方便，可以同时编辑各个框架中的内容。Pagemill在服务器端和客户端都可创建与处理Image Map图像，它也支持表单创建。

Pagemill允许在HTML代码上编写和修改，支持大部分常见的HTML扩展，还提供拼写检错、搜索替换等文档处理工具。在Pagemill 3.0中还增加了站点管理能力，但仍不支持CSS、TrueDoc和动态HTML等高级特性。Pagemill的一大特色是其有一个剪贴板，用户可以将任意多的文本、图形、表格拖放到里面，需要时再打开。

5. Claris Home Page

使用Claris Home Page软件可以在几分钟之内创建一个动态网页，这是因为它有一个很好的创建和编辑Frame(框架)的工具。Claris Home Page 3.0集成了FileMaker数据库，增强的站点管理特性还允许检测页面的合法链接，但界面设计过于粗糙，对Image Map图像的处理并不完全。

6. HotDog

HotDog是较早基于代码的网页设计工具，其最具特色的是提供了许多向导工具，能帮助设计者制作页面中的复杂部分。HotDog的高级HTML支持插入marquee，并能在预览模式中以正常速度观看。

HotDog对plug-in的支持也远超过其他产品，它提供的对话框允许以手动方式为不同格式的文件选择不同的选项。HotDog是一个功能强大的软件，对于希望在网页中加入CSS、Java、RealVideo等复杂技术的高级设计者来说，是一个很好的选择。

1.3.3 网页美化工具

网页制作过程中最重要的一项工作是让页面看起来美观，通过一些专业的网页美化工具便能让网页赏心悦目。

1. Photoshop

Photoshop是由Adobe公司开发的图像处理软件，是目前公认的通用平面美术设计软件，其功能完善、性能稳定、使用方便。对于大多数广告、出版、软件公司来说，Photoshop都是首选的平面制作工具。

Photoshop作为一款优秀而强大的图形图像处理软件，可以对图像做各种变换，如放大、缩小、旋转、倾斜、镜像、透视等；也可以进行复制、去除斑点、修补、修饰图像的残损等操作。它具有的强大功能完全涵盖了网页设计的需要。

2. Flash

Flash是美国Macromedia公司开发的矢量图形编辑和动画创作的专业软件，是一种交互式动画设计工具。Flash可以将音乐、声效、动画及富有新意的界面融合在一起，从而制作出高品质的网页动态效果。Flash主要应用于网页设计和多媒体创作等领域，功能强大且独特，已成为交互式矢量动画的标准，在网上非常流行。Flash广泛应用于网页动画制作、教学动画演示、网上购物、在线游戏等的制作中。

3. Fireworks

Fireworks是Macromedia公司开发的图形处理工具，它的出现使Web作图发生了革命性的变化，因为Fireworks是第一套专门为制作网页图形而设计的软件，同时也是专业的网页图形设计及制作的解决方案。

Fireworks 作为一款为网络设计而开发的图像处理软件，不仅能够自动切割图像、生成光标动态感应的 JavaScript 程序等，而且具有强大的动画功能和一个相当完美的网络图像生成器。

4. CorelDraw

CorelDraw 是 Corel 公司出品的矢量图形制作工具软件，该图形工具为设计师提供了矢量动画、页面设计、网站制作、位图编辑和网页动画等多种功能，既可用于矢量图及页面设计，还可用于图像编辑。

使用 CorelDraw 软件可以制作简报、彩页、手册、产品包装、标识、网页等。CorelDraw 软件提供的智慧型绘图工具及新的动态向导可以充分降低用户的操控难度，使用户可以更加容易、精确地确定物体的尺寸和位置，减少点击步骤，节省设计时间。

5. Illustrator

Illustrator 是一款应用于出版、多媒体和在线图像的工业标准矢量插画软件，主要用于印刷出版、海报书籍排版、专业插画、多媒体图像处理和互联网页面的制作等，并可以提供较高的精度和控制，适合任何小型设计及大型的复杂项目。

Illustrator 具有丰富的像素描绘功能及顺畅灵活的矢量图编辑功能，提供了一些相当典型的矢量图形工具，如三维原型、多边形和样条曲线等，可以为网页创建复杂的设计和图形元素。

1.3.4 网页调试工具

在进行网站前端开发时，我们需要使用调试工具调试 HTML、CSS 或 JavaScript 代码，以便精准地进行纠错。

1. Chrome 开发者工具

使用 Chrome 浏览器的开发者工具调试网页文件是最常见的。打开网页文件，选择"自定义及控制"→"更多工具"→"开发者工具"命令，可以查看、调试网页文件的代码，如图 1-32 所示。

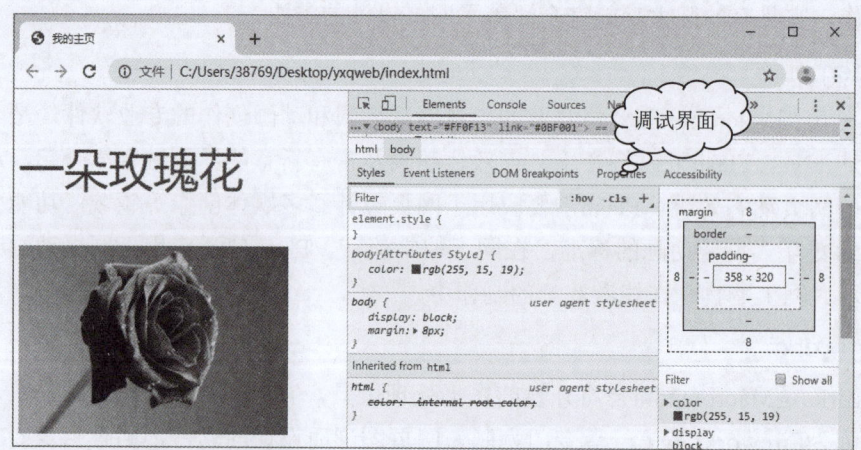

图 1-32　Chrome 浏览器调试网页

2. Firefox调试工具

使用 Firefox 浏览器打开网页文件，选择"工具"→"添加附件"命令，进入界面搜索Firebug并进行安装。Firefox也内置了开发者的工具，选择"工具"→"Web开发者"→"查看器"命令，可以选择不同的标签查看网页文件的运行情况，如图1-33所示。

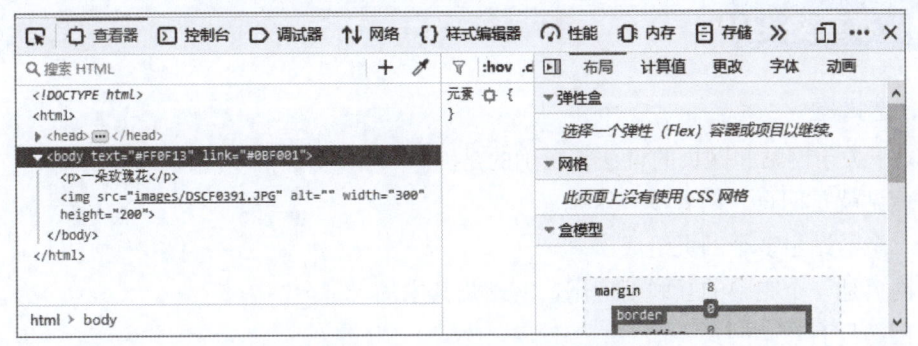

图 1-33　Firefox 浏览器调试网页

3. Internet Explorer开发者工具

在早期的Internet Explorer版本中，内置的调试工具功能相对简陋，但后续版本的Internet Explorer的调试工具功能非常强大，可以通过按F12键打开，效果如图1-34所示。

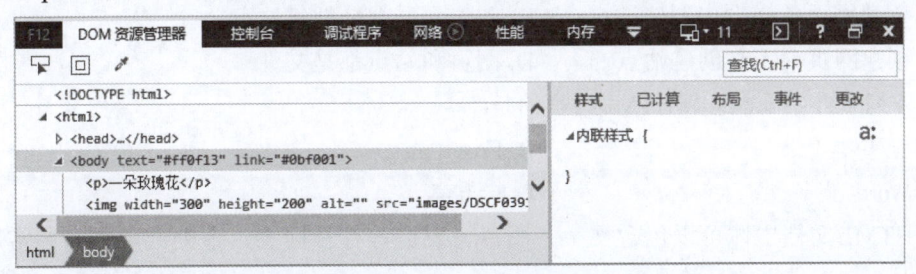

图 1-34　Internet Explorer 浏览器调试网页

1.4　小结和习题

1.4.1　本章小结

本章主要介绍了网页与网站的基础知识，具体包括以下主要内容。

- 了解网站：详细介绍了网站的组成结构、常见的网站访问方式，并通过介绍协议、客户端和服务器的功能介绍了网站的工作过程；从三个不同维度对网站进行分类，简述了网站的硬架构和软架构。
- 认识网页：详细介绍了标题、网站Logo、页眉、页脚、导航区等网页的页面结构；构成网页的基本元素——文本、图像、动画、视频、音频、超链接和表单等；网页的结构类型。

- 网页开发工具：介绍了HTML的基本知识，并通过实例讲解了HTML语言的简单编写过程；介绍了CSS代码片段、JavaScript代码片段，以及常用的网页制作、美化和调试工具。

1.4.2 本章练习

一、选择题

1. 以下关于网站和网页的说法，正确的是(　　)。
   A. 网站就是网页，两者没有区别
   B. 一个网站由多个网页组成
   C. 网页是一个完整的互联网应用，网站是其中的一部分
   D. 网站只有一个网页

2. 能被绝大多数的浏览器完全支持的图像格式为(　　)。
   A. GIF和JPEG　　　　　　　　B. GIF和PNG
   C. JPEG和PNG　　　　　　　　D. PNG和BMP

3. 下列说法正确的是(　　)。
   A. 创建网页前必须先创建站点　　B. 创建网页就是创建站点
   C. 创建网页前不必创建站点　　　D. 网页和站点都是文件

4. 下列软件中不能编辑HTML语言的是(　　)。
   A. 记事本　　　　　　　　　　B. FrontPage
   C. Word　　　　　　　　　　　D. C语言

5. HTML文档主体可以包含文字、图片、表格等各种标签，下列选项中，通常用来呈现网页中的文本内容的标签是(　　)。
   A. \<img\>　　　B. \<a\>　　　C. \<p\>　　　D. \<input\>

二、判断题

1. 使用模板能够使众多网页风格一致、结构统一。　　　　　　　　　　　　(　　)
2. 基于模板的文件只能在模板保存时得到更新。　　　　　　　　　　　　　(　　)
3. 在网页的源代码中表示段落的标签是\<p\>\</p\>。　　　　　　　　　　　　(　　)
4. 某个网页中使用了库以后，只能更新不能分离。　　　　　　　　　　　　(　　)
5. 获取网站空间的方法有申请免费主页、申请付费空间、自己架设服务器。　(　　)

三、问答题

1. 简述网页的特点。
2. 简述网站的特征。
3. 请使用HTML语言写一段古诗代码。
4. 简述CSS语言在网页设计中的作用。
5. 请规划设计一个企业网站的开发流程。

第 2 章

网站规划设计

规划设计是针对一个项目或一个目标进行的。规划具有全局性、整体性和指引性,要在设计之前进行。设计是通过一定的形式将规划的结果呈现,要在规划的框架内实施。

本章主要介绍网站规划设计的相关知识,包括网站规划设计方法、网站配色和布局、网站内容设计三部分内容。通过学习,读者要对网站的规划设计有一个整体、直观的认识,从而规划设计出合理美观的网站,以便更好地为后面的网站开发建设服务。

本章内容:
- 网站的初步规划
- 网站配色与布局
- 网站的内容设计

2.1 网站的初步规划

网站规划也称为网站策划,是网站建设的基础和指导纲要,决定着一个网站的发展方向。网站建设的目的是开展网络营销,因此,网站的规划要有全局观念,将每个环节都与网络营销目标相结合,增强针对性、适应性。

网站的初步规划

2.1.1 网站的建设流程

在开始网站建设之前,我们需要思考三个问题:建设网站的目的是什么?网站的受众是哪些?如何给浏览者提供便捷的交互方式?这就是网站的规划设计。合理的网站规划设计可以大幅提高网页制作效率。

1. 确定网站主题

网站所要表达的主要内容就是网站的主题。网站是用于宣传、娱乐还是销售？是提供咨询、服务信息还是宣传产品、提供购物服务？都需要明确的主题定位。不同主题的网站，因所要达到的目的不同，其呈现方式、网站结构也不同，如图2-1所示。根据网站主题，才能确定将要开发和使用的内容类型，以及需要加入哪些类型的技术。

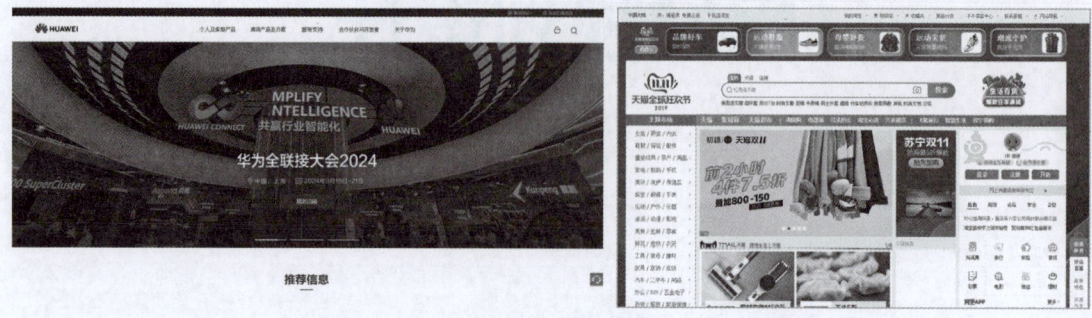

图 2-1　不同行业类型的网站首页

2. 预测网站用户

确定网站主题后，还需要预测网站用户。网站用户是成年人、儿童、专业人员、男性、女性，还是面向全体人群？了解网站用户，对于站点的整体设计和功能确定是至关重要的。针对不同用户的特点，需要进行一些优化设计。例如，针对儿童使用的网站，可以多设计动画、交互性体验，页面使用活泼的风格和亮丽的色彩；针对专业人员使用的网站，要结合行业或产品特点，如图2-2所示。

图 2-2　面向不同用户群体的网站首页

3. 选择访问模式

随着 5G 时代的到来，访问互联网的方式日益丰富，平板电脑和手机用户也随之逐渐增多，这就要求网页设计在平板显示器和手机浏览器上都能有效工作，并且页面美观。搜狐网站在IE浏览器和手机浏览器中的效果如图2-3所示。

图 2-3　搜狐网站在 IE 浏览器和手机浏览器中的效果

在设计时要思考用户经常使用哪一种终端访问网站，是台式机、笔记本、平板电脑还是手机；最常用的浏览器是什么；常用显示器的尺寸和分辨率是多少。例如，使用大屏幕显示器和高速网络连接的用户，在访问设计、电影和游戏类网站时，会追求画面的震撼效果。

这些因素决定着用户期望的使用体验。因此，在设计网站时，要充分考虑用户的访问模式。

4. 绘制结构图

通过绘制结构图可以确定基本的网站导航结构，清晰地展示出网站分为几个栏目、每个栏目下设的子栏目、子栏目的个数等。以医院网站为例，其网站结构如图2-4所示。

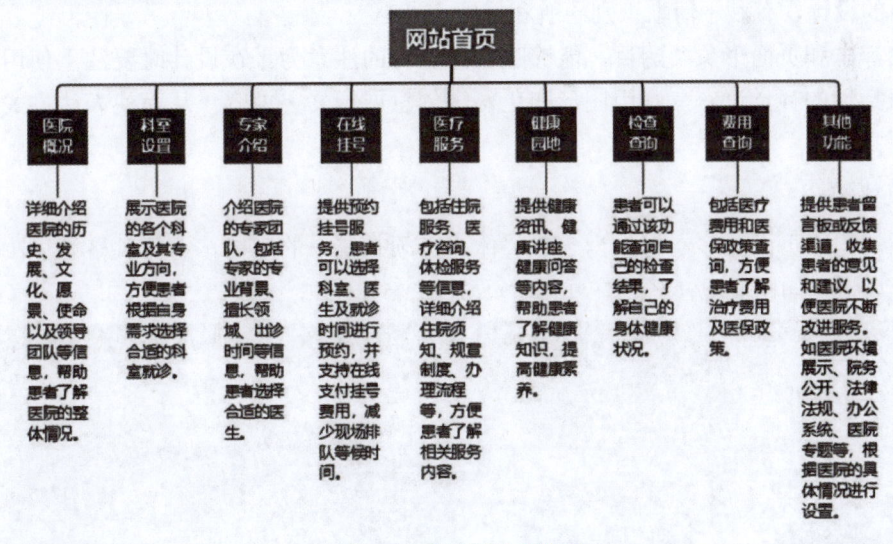

图 2-4　医院网站结构图

5. 收集素材

根据网站栏目的设置，可以明确网站设计所需的素材，如文字、音视频、动画和图片等。素材的获取，一般有自主制作和网络下载两种途径。

6. 规划站点

根据网站的结构，对所使用的素材和资料进行管理和规划。在计算机中构建站点的框架，将素材合理地安置到各个文件夹中，方便后期对网站进行管理。

7. 制作网页

网页制作过程相对复杂和细致，制作时一般先设计制作简单的框架内容，再对具体的细节进行完善，以便修改。

8. 测试站点

站点测试主要包括检测网页在各种浏览器中的兼容性、超链接的正确性、语法错误和交互使用的体验性等。

9. 发布站点

申请域名和网络空间，对本地计算机进行相关配置，将网站发布到互联网供浏览者访问。

2.1.2　网站的设计原则

一个网站需要满足两部分人的需求：一部分是网站所有者，网站内容必须满足所有者展示、宣传、交流和推广等方面的需求；另一部分是网站使用者，网站最重要的是实用性，只有为使用者提供良好的用户体验，才能使网站被认可和受欢迎。网站的设计原则如下。

1. 简洁醒目

"简洁"是网站设计的首要原则，通常情况下，用户希望迅速找到他们需要的信息。整洁简单的设计，有利于清晰识别导航和标题。

网站标志和页面形象要醒目，能够吸引浏览者的注意力。在设计时要注重使用生动、鲜明和概括性的视觉语言，利用图形和色彩等创意展示文字内容，从而使表达方式更有吸引力。

2. 风格统一

网站的构成页面虽多，但作为一个整体，必须有统一的风格。主页风格往往决定了整个网站的风格，如比亚迪官网的首页和内页(见图2-5)。

图 2-5　比亚迪官网的首页和内页

3. 内容丰富

网站的价值体现在网站内容上，丰富、专业、精准的网站内容能够吸引更多的浏览者，增加网站访问量，从而创造出更大的价值。

4. 记忆持久

网页内容的布局，可以借助结构比例、视觉诱导、动静对比、调和与均衡等关系来设计，使网站更加新颖、有创意，从而使浏览者印象深刻，形成长久性的记忆。

5. 便捷有效

及时更新网页内容，定期检查链接的有效性，从而保证用户使用顺畅。优化网页内容，提升页面加载速度，让浏览者在访问网站时速度更快，体验更好。功能简单、操作便利，已经成为网站、App设计的主流趋势。

2.1.3 网站的设计技术

网站设计一般涉及网页设计语言、网页制作技术、网页美化工具和站点建设技术。其中，网页设计部分已经在第1章做了相关介绍，下面介绍一下简单的站点建设技术。

1. URL

URL是用于完整地描述Internet上网页和其他资源的地址的一种标识方法，称为网址。互联网上的每一个网页都具有唯一的名称标识，这一标识可以是计算机上的本地磁盘，也可以是局域网内的某一台计算机，而更多的是互联网内的站点。

2. 域名

域名是由一串用点分隔的名字组成的Internet上某一台计算机或计算机组的名称，用于在数据传输时标识计算机的电子方位(有时也指地理位置)。域名已经成为网络生活中品牌、网上商标保护必备产品之一。

3. FTP

FTP(file transfer protocol，文件传输协议)是一种快速、高效的信息传输方式，通过该协议可以将任何类型的文件从一个地方传输到另一个地方。

4. IP地址

IP地址是给每个连接在Internet上的主机分配的地址，IPv4是32位的，使用点分十进制表示法，如202.112.7.0；IPv6地址是128位的。

2.2 网站配色与布局

在网站的整体视觉效果中，色彩搭配决定用户对网站的第一印象，而页面布局则体现页面信息的安排是否合理，能否为用户提供舒适的使用体验。

网站配色与布局

2.2.1 网站的配色设计

色彩是网站风格的决定性因素。了解基本的配色知识,才能将网站需要传达的信息准确地表达出来,从而达到预期效果。

1. 色彩的基础知识

红、绿、蓝是自然界的三原色,它们不同程度的组合可以形成各种颜色,因此在网页中使用它们的不同颜色值来表示各种颜色。

网页中的颜色通常采用6位十六进制的数值来表示,每两位代表一种颜色,从左到右依次表示红色、绿色和蓝色。数值越高表示这种颜色越深,如红色数值为#FF0000、白色数值为#FFFFFF、黑色数值为#000000。或者用3个以","相隔的十进制数来表示某一种颜色,如红色表示为Color(255,0,0)。

在传统的色彩理论中,颜色一般分为彩色和非彩色。在网页中,如果3种颜色的数值相等,就显示为灰色。

太阳光是彩色的,按颜色的色调通常将其划分为7种颜色:红、橙、黄、绿、青、蓝、紫。如果将这7种颜色按这个顺序渐变为一条色带,则越靠近红色,给人的感觉越温暖,越靠近紫色,给人的感觉越寒冷。因此,红、橙、黄的组合又称为暖色调,青、蓝、紫的组合又称为冷色调。

2. 色彩三要素

色相、亮度和饱和度是色彩的三要素,人眼看到的任一彩色光都是这三个要素的综合效果。其中,色相与光波的波长有直接关系,亮度和饱和度与光波的幅度有关。

- 色相:指色彩的名称,是一种色彩区别于另一种色彩的最主要的因素,如紫色、绿色、黄色等代表着不同的色相。同一色相的色彩,调整一下亮度或对比度很容易搭配,如深绿、暗绿、草绿、亮绿。色相反差越大,人眼越容易辨认。
- 亮度:指色彩的明暗程度。亮度越大,色彩越明亮。鲜亮的颜色让人感觉绚丽多姿、生气勃勃,适用于购物、儿童类的网站。亮度越低,颜色越暗,充满神秘感,适用于游戏类网站。亮度对比越强,人眼越容易辨认。
- 饱和度:指色彩的鲜艳程度。饱和度越高的色彩,越鲜亮,饱和度越低的色彩,越暗淡(含灰色)。饱和度越高,人眼越容易辨认。

3. 网页安全色

不同的平台(Mac、PC等)有不同的调色板,不同的浏览器也有自己的调色板。这就意味着一幅图在Mac上的Web浏览器中的显示效果,与它在PC上的相同浏览器中的显示效果可能差别很大。

为了解决Web调色板的问题,人们一致通过了一组在所有浏览器中都类似的Web安全色,如图2-6所示。这些颜色可以安全地应用于所有的Web中,而不需要担心颜色在不同应用程序之间的变化。

图 2-6　Web 安全色

4. 配色原则

在网站中使用色彩，既要考虑网站风格，又要考虑网站的功能性和实用性。色彩设计要能够突出网站主题，选定的色彩组合要结合网页框架来分配色彩面积和位置。

- 特色鲜明：网站的色彩要鲜艳，容易引人注目。要有与众不同的色彩，使用户对网站印象深刻。
- 搭配合理：色彩要和网站主题所要表达的内容、气氛相适应。
- 联想效应：不同的色彩会使人产生不同的联想。人对所看到的色彩的视觉刺激和心理暗示，称为色彩心理。例如，红色让人有冲动、愤怒、热情和活力的感觉。

5. 配色方法

遵循色彩搭配原则，并结合网站主题需要选择合适的色彩，才能使网站形象鲜明又合理。

1) 根据风格确定主色

色彩有心理暗示的作用，很多品牌都有其品牌色，并有一套自己的VI(视觉识别系统)，对颜色的使用有具体的规定。例如，KFC和可口可乐官网主页都以红色为主色，如图2-7所示。

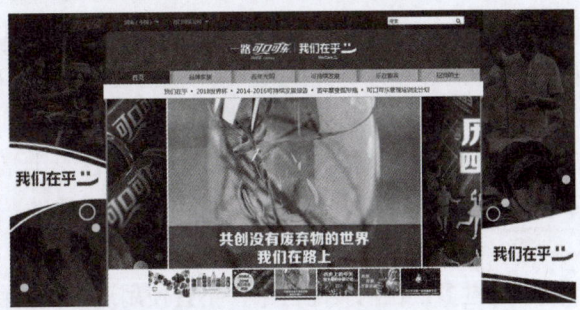

图 2-7　KFC 和可口可乐官网主页

2) 根据主色确定配色

颜色搭配是否合理会直接影响用户的情绪。好的色彩搭配会给浏览者带来好的视觉冲击，不恰当的色彩搭配则会让浏览者的情绪浮躁不安。

- 同种色彩搭配：指选定一种色彩，通过调整其亮度和饱和度，将色彩变淡或加深，从而产生新的色彩，使页面看起来色彩统一，具有层次感。其网页特点是：色相相同，亮度或饱和度不同，如蓝与浅蓝(蓝+白)、绿与粉绿(绿+白)与墨绿(绿+黑)。
- 相近色搭配：相近色的色相对比距离约为30度，为弱对比类型，如红橙与橙与黄橙色。
- 邻近色搭配：邻近色是指在色环上相邻的颜色，如绿色和蓝色、红色和黄色互为邻近色。邻近色搭配易于使页面和谐统一，避免色彩杂乱。邻近色的色相对比距离约为60度，为较弱对比类型，如红与黄橙色。
- 对比色搭配：一般来说，色彩的三原色(红、黄、蓝)最能体现色彩间的差异。色彩的强烈对比具有视觉诱惑力，可以突出重点，产生强烈的视觉效果。合理使用对比色，能够使网站特色鲜明。在设计时，我们通常以一种颜色为主色调，将其对比色作为点缀，从而起到画龙点睛的作用。对比色的色相对比距离约为120度，为强对比类型，如黄绿与红紫色。
- 互补色搭配：在色环上画直径，正好相对(即距离最远)的两种色彩互为互补色。互补色的色相对比距离约为180度，如红色和绿色、橙色和蓝色、黄色和紫色等。
- 暖色与冷色搭配：暖色搭配是指使用红色、橙色、黄色等色彩的搭配，这种搭配可为网页营造和谐热情的氛围。冷色搭配是指使用绿色、蓝色、紫色等色彩的搭配，这种搭配可为网页营造宁静高雅的氛围。
- 搭配消色：消色是指黑白灰(或指黑白金银灰)，由于这类颜色本身没有色性，因此算是万用搭配色。使用时需要注意，必须和色性比较强的颜色搭配，才能有较好的效果；要控制好使用的比例，尤其是灰色，使用得过多，会使页面灰蒙蒙没有质感。

6. 配色技巧

随着网站设计者制作经验的积累，用色有如下的趋势：单色→五彩缤纷→标准色→单色。最初因为技术和知识缺乏，只能制作出简单的网页，色彩单一；在有一定基础后，会将最好的图片，最满意的色彩堆砌在页面上，造成色彩杂乱，没有个性和风格；第三次重新定位网站时，会选择切合的色彩，推出的网站往往比较成功；当设计理念和技术达到顶峰时，则又返璞归真，用单一色彩甚至非彩色就可以设计出简洁精美的站点。配色技巧如下。

- 用一种色彩：即同种色彩搭配。
- 用两种色彩：对比色搭配，整个页面色彩丰富但不花哨。
- 用一个色系：简单地说就是用一个感觉的色彩，如淡蓝、淡黄、淡绿，或者土黄、土灰、土蓝。
- 不宜过多：在网页配色中，不宜使用过多种颜色，尽量控制在3种颜色以内；背景和前文的对比尽量要大(绝对不要用花纹繁复的图案做背景)，以便突出主要文字内容。

2.2.2 网站的布局设计

网站布局一般是指网站的结构，对网站的搜索引擎友好度、用户体验有着非常重要的影响。网站布局一般使用DIV+CSS实现，将CSS文件和DIV标签搭配使用，可以实现全局调用，布局结构简单。

1. 网站布局设计的意义

网站布局就像房屋的装修一样，舒适优美的环境能让人心情愉悦。一个布局合理的网站，才能使浏览者愿意驻足，从而提高访问量，达到好的宣传效果。网站布局的意义如下。

- 影响搜索引擎对页面的收录：合理的网站布局可以引导搜索引擎抓取到更多、更有价值的网页，提升网站的排名。
- 影响用户使用体验：清晰的网站布局可以帮助用户快速获取所需信息，提升用户使用体验，从而留住用户。
- 影响内部页面重要性：合理的内部链接策略，可以对重要页面进行推荐操作，突出该页面的重要性。

2. 网站布局设计的内容

如何把自己的网站推广出去？如何在同类型网站中更容易被用户找到？如何成为受用户欢迎的网站？想要解决这些问题，就需要系统地进行网站布局设计。

- 网站标签布局：系统性地布局好网站标签(如 Title、Keyword、Description 等)，简洁清晰地"告诉"搜索引擎网站的主题是什么、网站是做什么的。
- 网站分类布局：根据网站的不同类型和性质进行目录分类，设置诸如价格、行业、产品类型、时间、人群等关键词。当搜索引擎抓取关键词对网页进行评估时，会参考关键词密度和出现频率来排名。
- 网站位置布局：合理利用网站位置，将重要的信息放在重要的位置展示。位置越靠前，越容易被用户找到。例如，企业网站应将产品放在重要位置，企业信息和联系方式等栏目则要靠后。
- 网站内容布局：搜索引擎喜欢原创的、用户有需求的信息，因此要做好网站更新及原创性工作。
- 网站链接布局：内部链接结构上要形成一张网，使搜索引擎在网站内部不断地抓取，在提高搜索排名的同时还能提升用户体验。

3. 通用网站布局

纷繁多彩的各类网站看似区别很大，但在网站布局上却有着共通性。一般网站布局涉及如下几项。

- 首页布局：包括Logo、导航、Banner图、公司简介、案例、最新新闻等。网站的首页一方面可以为访问网站的用户提供导航分类，按用户需求的重要性去布局；另一方面可以体现和突出网站主题。搜索引擎的抓取规则是从上到下，从左到右。因此，建议在网站的头部预留可以填写一行字的位置，在网站的顶部添加网站的关键字，在Logo中添加ALT标签。这样不仅可以提高网站的关键字密度，而且对提高网站的排名也很有帮助。

- 栏目布局：包括 Logo、导航、位置导航、新闻或产品列表、新闻浏览排行或最新新闻列表等。各个页面最好都独立设置关键词和描述，以及栏目页或分类页。可以考虑用栏目名称或分类名称当关键词，而描述也可以同关键词一样。层次要简洁，不能太深，最好的效果是用户点击一到三次就能找到想要的内容。
- 内容页布局：包括 Logo、导航、位置导航、标题、文章发布日期、文章浏览次数、文章内容、相关文章列表或最新新闻等。页面结构要清晰，主次分明，可以设置友情链接、热门搜索等模块，把关键词单独展示出来。

2.3 网站的内容设计

网站内容设计包括合理规划文字、图片、视频等内容，使其清晰易懂、方便用户浏览，有助于用户快速找到所需信息，提升体验，同时帮助企业传递价值、吸引客户并促进成交。

网站的内容设计

2.3.1 网站的主题定位

网站的主题也就是网站的题材，准确鲜明的主题能吸引用户、产生流量，而流量正是网站生存的"血液"。

网上比较知名的10类题材有：①网上求职；②网上聊天/即时信息/ICQ；③网上社区/讨论/邮件列表；④计算机技术；⑤网页/网站开发；⑥娱乐网站；⑦旅行；⑧参考/资讯；⑨家庭/教育；⑩生活/时尚。在选择网站题材时要注意以下几点。

1. 主题小，内容精

网站的主题要小。如果想制作一个包罗万象的网站，把所有自认为精彩的东西都放在上面，则会让人感觉该网站没有主题和特色。这样的网站建成后，通常难以持续维护，无法保证内容的及时更新。另外，如果网站范围太大，则会造成搜索引擎优化竞争更激烈，影响网站的排名，不利于网站推广传播。

网站的内容要精。网络用户大多有着明确的目的性，对信息质量的要求也很高。创新的内容是网站的"灵魂"，只有能为用户提供最新、最全、最精准的信息，才能吸引用户，网站才具有生命力。

2. 内容恰当

网站的题材最好是自己擅长或喜爱的内容。企业在建立网站时，要密切结合自己的业务范围来选择内容，突出自己的业务或产品专长，不要设置与本身业务不相关的内容(如国际新闻、娱乐动态等)，也不要为了增加访问量而去设置一些自身不熟悉且技术难度较大的栏目(如网游、即时通信等)。

3. 题材新，目标准

在选择题材时，避免过于大众化，不要选择那些普遍存在且几乎每个人都会涉及的题材，如免费信息、软件下载等；目标不要过高，不要选择那些非常优秀、知名度很高的网站已有的题材，很难超越。

2.3.2 网站的风格确定

网站风格，是指网站页面设计上的视觉元素组合在一起的整体形象(包括网站的配色、字体、页面布局、页面内容、交互性、海报、宣传语等)带给人的直观感受。一个企业的网站风格一般与企业整体形象相一致，企业的整体色调、行业性质、文化、提供的相关产品或服务特点等都要在网站的风格中得到体现。个人网站则可将个人的审美、理念、创新性等体现在网站风格上。

1. 网站风格的确定原则

网站风格犹如人的穿衣搭配，要注重整体性和一致性，从而让人产生深刻的印象。混乱的搭配往往无法产生美感。网站风格的确定原则如下。

- 色彩搭配的一致性：首先要确定背景色、板块内容的颜色、重点要素的颜色，要搭配协调，颜色一般不超过3种，以免影响用户的浏览效果。内页的色彩搭配要与首页一致。
- 视觉元素的一致性：图片、有知识功能的图标，以及具有操作性质的按钮等元素要在风格上保持一致。尤其是图片的使用，一定要切合网站的主题和类型。
- 网站排版的一致性：为了加强网站的视觉平衡感，排版时要保证整体统一，包括每一个板块中的文字大小、间距和行距等。

2. 常见的网站设计风格

在文学作品中，个性鲜明的人物总是让人印象深刻。网站也是如此，只有具有自己的风格，才能在众多同类网站中脱颖而出。常见的网站设计风格如下。

- 全屏图片设计：一种应用图片的组合进行网站页面设计的风格，其特点是用图片填充网页大部分的空间，简单明了，能够突显网站想要展示的主体。设计感强的图片，通过合理整齐的页面布局，添加简短新颖的文字，能带给用户强烈的视觉冲击。此类设计由于所承载的内容较少，比较适合摄影或个人网站等。
- 扁平化设计：一种简洁、轻便的设计风格，其理念是去繁除臃。该风格将不必要的装饰元素全部去掉，只留下信息中最核心的部分，强调的是一种极简化和符号化。网页扁平化设计在手机网站建设的应用中较多，能提升网站的加载速度，降低内存占用量，同时为用户提供一个干净整齐的UI界面。
- 3D动态设计：将3D技术应用于网站制作，用户通过鼠标滚轮或触屏来带动网站信息的展现，带给用户一种控制感和交互体验的趣味性。此类设计多用于广告宣传类或科技感强的网站。

- 垂直排布设计：也称为"瀑布流式"设计，即将所有内容展示在一个页面上，用户通过滚动条，可以不间断地更新网页内容，提升站内搜索的速度。此类设计适用于每日更新且信息量大的网站。
- 个性化设计：多采用个性化的字体、生动有趣的动画和具有冲击力的色彩视觉效果来实现，用以突出网站的个性。此类设计的目的是向用户展示与众不同的内容，从而吸引用户。

2.3.3 网站的结构设计

在明确了网站主题和风格之后，就要进行网站结构设计，即将网站内容划分为清晰合理的层次体系，包括栏目的划分及其关系设计、网页的层次划分及其关系设计、链接的路径设置、页面的功能分配等。

1. 设计目标

网站结构设计不能是盲目的，更不能有边做边完善的思想。在设计之前，我们首先要明确以下设计目标。

- 层次清晰，突出主题。
- 突显特征，注重特色设计。
- 方便用户使用。
- 网页功能强大，分配合理。
- 可扩展性能好。
- 网页设计与结构在用户体验上完美结合。
- 面向搜索引擎的优化。

2. 网站结构分类

网站的内容量影响着网站的结构。互联网上既有内涵丰富的大型门户网站，也有仅用于个性展示的个人网站。常见的网站结构有如下几种。

- 平面结构：也称为扁平结构，指所有的网页都在根目录下。此种结构多用于建设一些中小型企业网站或博客网站。优点：有利于搜索引擎抓取。缺点：内容杂乱，用户体验不好。
- 树形结构：主要是目录结构，网站根目录下设有多个分类，也就是给网站设立了栏目。此种结构适合类别多、内容量大的网站，多用于资讯网站、电子上网网站等。优点：分类详细，用户体验好。缺点：分类深，不利于搜索引擎抓取。

2.3.4 网站的形象设计

网站像企业一样，需要进行整体的形象包装和设计。精确的、有创意的形象设计，对网站的推广宣传有事半功倍的效果。

1. Logo设计

网站的Logo是网站特色和内涵的集中体现，它可以是中文、英文字母、符号、图案，也可以是动物或人物。Logo示例如图2-8所示。

Logo的设计创意一般来自网站的名称和内容。专业性的网站可以用本专业有代表性的物品作为Logo，如奔驰汽车的标志、中国银行的行标。最常用的方式是用网站的英文名称作为Logo，采用不同的字体、字母的变形和组合可以很容易地设计Logo。

图2-8 Logo 示例

2. 网站的标准字体

网站的默认字体是宋体，设计师一般会选择在显示器中看起来优美的字体——微软雅黑。为了体现网站的风格，也可以根据需要选择一些特殊的字体，如广告体可以体现精美的设计、手写体有利于网站亲和度的传播、粗体仿宋能够体现专业性等。

3. 网站的标准色彩

网站的Logo、标题、主菜单和主色块要用标准色彩，给人一种统一的视觉效果。色彩的使用是为了点缀和衬托，不能喧宾夺主。网页标准色主要有蓝色、黄/橙色、黑/灰/白色三大系列色。

4. 网站的宣传标语

网站的宣传标语要体现网站的目标、理念、内涵与精神，使网站更具文化性和社会性。一般用一个词或一句话来高度概括，要求具有亲和力，使人印象深刻。中国科普网首页标语如图2-9所示。

图2-9 中国科普网首页标语

2.3.5 网站的导航设计

网站中导航的作用是快速、准确地将用户带到其想要访问的页面。合理的导航设计能提升用户的使用体验，提高搜索引擎对网站的友好性。

Web导航有很多种，常见的有主导航、副导航、面包屑导航和网站地图导航等。

1. 主导航

主导航位于网站的最上方，一般包括网站的首页及各个栏目的导入链接，如图2-10所示。用户可以通过主导航了解网站的定位和主要内容。

图 2-10　主导航示例

搜索引擎对主导航多的网站非常友好，它会根据网站的主导航进入网站的各个子页面。网站主导航对用户的浏览体验和搜索引擎抓取都是有利的。

2. 副导航

副导航对主导航起辅助作用，常位于网站首页的最下方。网站首页设置副导航是为了方便用户进一步查询自己需要的信息，如产品或服务项目等，如图2-11所示。

图 2-11　副导航示例

副导航能增加网站长尾关键词的密度，有利于在搜索引擎中增加网站关键词的排名。

3. 面包屑导航

面包屑导航是上一栏目与下一栏目之间的"桥梁"，用于在首页与二级栏目、三级栏目之间来回切换，让每一级栏目都转换为锚文本的形式，使用户明确自己在网站中所处的位置，如图2-12所示。

图 2-12　面包屑导航示例

4. 网站地图导航

网站地图导航好比人类大脑的神经元，控制着所有的"神经"。网站地图包含所有的网站页面，页面链接均可从网站的导航地图中导出。网站地图导航为搜索引擎蜘蛛的爬行提供了方便。

2.4　小结和习题

2.4.1　本章小结

规划是设计制作的前提基础，相当于搭建网站的框架，后期只有基于框架开展工作，才能有序展开。完整的网站规划设计通常包括主题规划、结构规划、页面规划和内容规划，网站制作完成后还涉及发布、运营和推广方面的规划。本章着重介绍制作过程的规划，具体包括以下主要内容。

- 网站的初步规划：通过对网站的建设流程、设计原则和设计技术的介绍，给制作者一个清晰的网站设计思路，为后续搭建网站框架做铺垫。
- 网站配色与布局：介绍了色彩的基础知识、色彩三要素、网页安全色，以及配色的原则、方法和技巧，并在此基础上介绍了网站布局的意义及设计方法。制作者通过对这部分内容的学习，可以避免在设计过程中因色彩运用不当和页面布局不合理而导致设计失败。
- 网站的内容设计：本小节进行了具体的设计流程分析，包括主题定位、风格确定、结构设计、形象设计和导航设计5部分。

2.4.2 本章练习

一、选择题

1. 下列不属于网站设计原则的是(　　)。
A. 简洁醒目　　　　　　B. 便捷有效
C. 内容丰富　　　　　　D. 风格多变

2. 下列属于配色误区的是(　　)。
A. 多用颜色　　　　　　B. 用同一色系
C. 用同一颜色　　　　　D. 主色不超过3种

3. 下列属于网站的形象设计的是(　　)。
A. 项目类别　　　　　　B. 服务对象
C. 标准字体和颜色　　　D. 网站域名

二、填空题

1. 网站的建设流程一般包括确定_____、预测_____、选择访问模式、绘制结构图、收集素材、_____、_____、测试站点和发布站点。

2. 色相、_____和_____是色彩的三要素。

3. 常见的导航有_____、副导航、面包屑导航和_____等。

三、操作题

尝试规划设计一个以个人展示空间为主题的网站。

第 3 章

初识网页制作软件

Dreamweaver是一款常用的网页设计软件，集网页制作、网站开发、站点管理功能于一身，具有易学、易用的特点，为用户提供了功能强大的可视化设计工具、应用开发环境和代码编辑工具。无论是开发人员还是设计人员，都能利用Dreamweaver快速创建基于标准网站和应用程序的界面。

本章从Dreamweaver CC 2018的操作界面入手，主要介绍站点的创建与管理、网页的新建与属性设置、外部参数设置等基础知识。

本章内容：
- Dreamweaver工作环境
- 站点的创建与管理
- 网页的基本操作

3.1　Dreamweaver工作环境

Dreamweaver的开发环境精简、高效，突出人性化设计，使用者可以根据个人喜好和工作方式重新排列面板和面板组，定制工作空间。熟悉软件的工作环境，可以使操作更加得心应手。

Dreamweaver工作环境

3.1.1　操作界面

Dreamweaver的操作界面主要包括菜单栏、文档工具栏、通用工具栏、文档窗口、状态栏、属性面板、浮动面板组等，如图3-1所示。

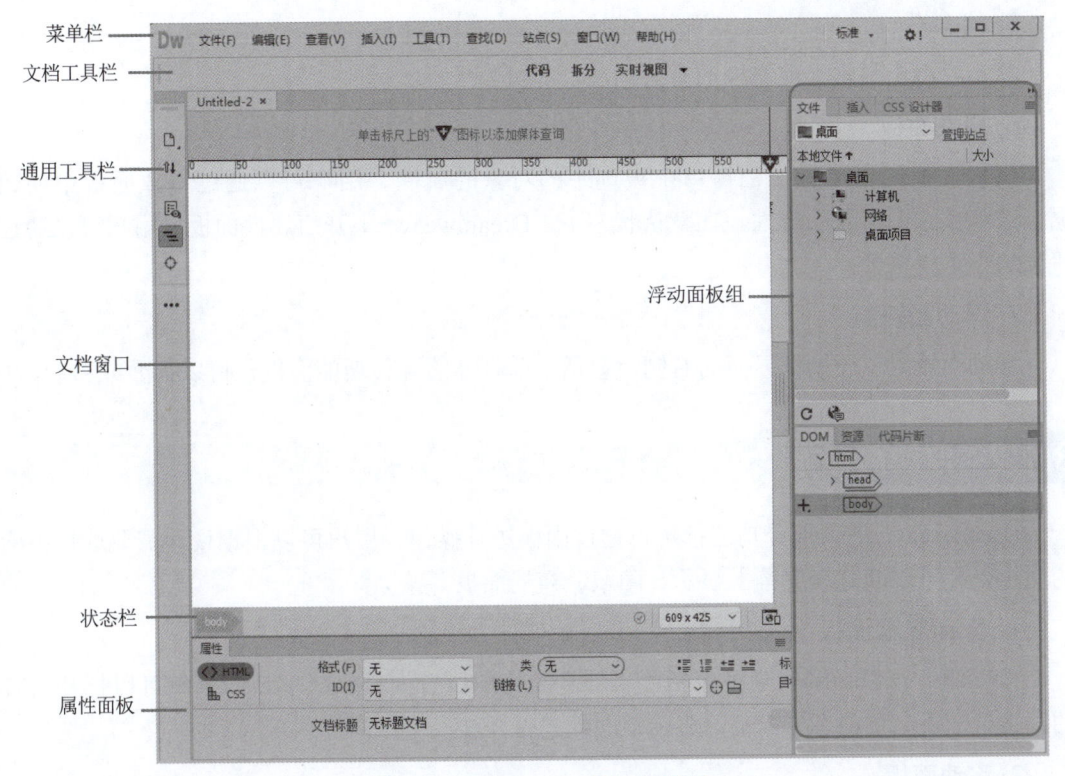

图 3-1　Dreamweaver 的操作界面

1. 菜单栏

菜单栏位于操作界面的最上方，包括"文件""编辑"等9个菜单，单击任一菜单，可以打开其子菜单。Dreamweaver的大多数操作命令都包含在内。

2. 文档工具栏

文档工具栏中包含了一些图标按钮和弹出菜单，可以通过各种功能按钮进行切换视图、站点间传输文档、预览设计效果等操作。各个按钮的功能如下。

- 代码：显示"代码"视图。
- 拆分：在同一屏幕中显示"代码"和"设计"两个视图。
- 实时视图：在制作过程中实时预览页面的效果。单击按钮右侧的下三角按钮，可以选择"设计"视图。

3. 通用工具栏

通用工具栏主要集中了一些与查看文档、传输文档、代码编辑等有关的常用命令和选项。在不同的视图和工作区模式下，显示的通用工具栏也会有所不同。

4. 文档窗口

文档窗口会显示当前打开或编辑的文档，可以选择"代码""拆分"或"设计"视图。窗口顶部选项卡显示的是当前编辑的文档的文件名。当有多个文档被打开时，可以通过选项卡在文档间进行切换。

5. 状态栏

状态栏用于显示当前文档的有关信息，如页面大小。

6. 属性面板

属性面板用于显示文档窗口中被选中的对象的属性。用户可以通过修改面板中的数据，改变被选中对象的属性。在默认状态下，Dreamweaver不开启属性面板，用户可以通过"窗口"菜单打开。

7. 浮动面板组

浮动面板组位于操作界面的右侧，包括当前打开的各种功能面板，可以折叠或移动。

3.1.2 浮动面板

Dreamweaver的大部分功能都可以通过面板进行操作。用户可以根据设计需要选择不同的面板，并可以随意在屏幕上显示、隐藏、布局面板。

1. 显示/隐藏面板

按F4键，可以显示或隐藏包括"属性"在内的所有面板。"窗口"菜单可以打开所有的面板，面板名称前有 ✓ 标记，表示该面板已打开。

2. 移动面板

拖动面板标签或面板组的标题栏，可以移动面板或面板组。移动时，我们可以看到以蓝色显示的区域，它表示可以在该区域内移动和放置面板。如果拖动到的区域不是放置区域，则被移动的面板或面板组将在窗口中浮动，如图3-2所示的"文件"面板。

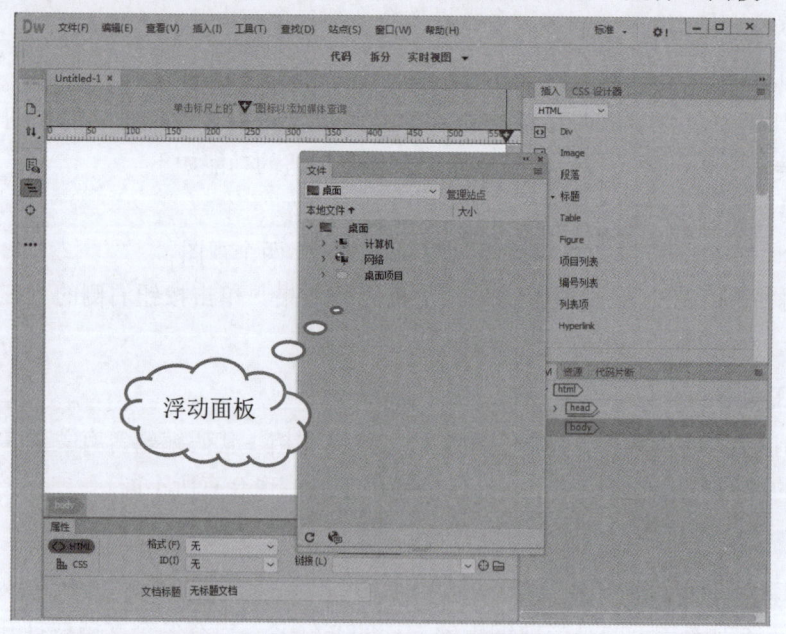

图 3-2 浮动的"文件"面板

3. 关闭面板

单击面板或面板组上的■按钮,可以在打开的菜单中选择"关闭"或"关闭标签组"命令,从而关闭面板,如图3-3所示。

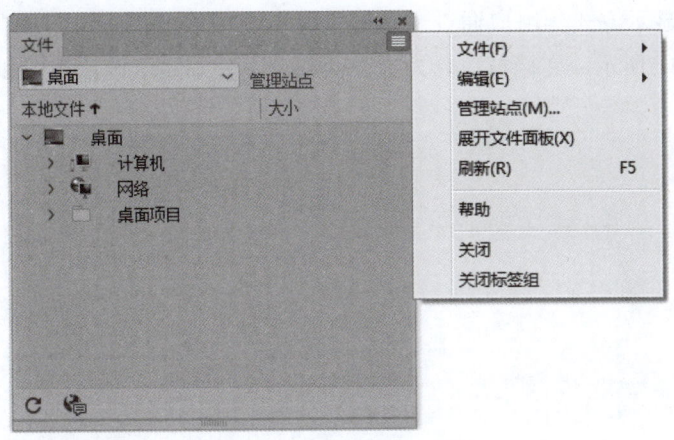

图 3-3 关闭"文件"面板

> ❖ 提示:
> 单击面板组上的▶▶按钮,可以将面板折叠为图标;单击◀◀按钮,可以展开面板。

3.1.3 视图模式

Dreamweaver 针对不同的用户,提供了4种视图模式,默认显示的是实时视图。用户可以通过文档工具栏上的按钮进行切换。

1. 代码视图

代码视图(见图3-4)是一个用于编辑HTML、JavaScript等代码的手工编码环境。对于代码使用熟练的操作者,可以直接在此视图中输入代码,实现网页的编辑制作。

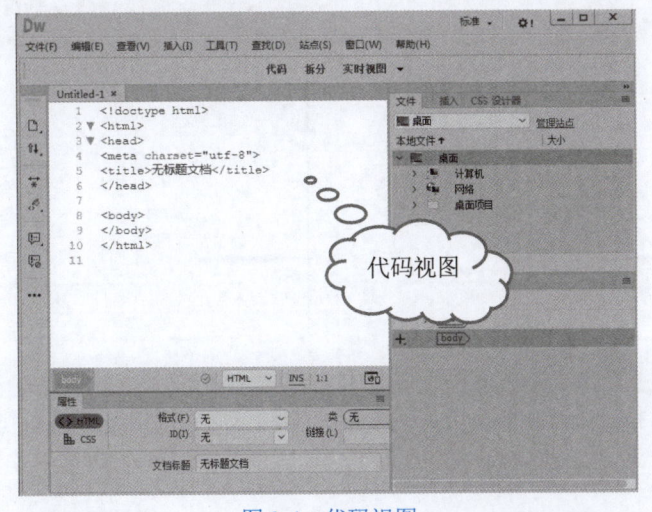

图 3-4 代码视图

43

2. 拆分视图

拆分视图为用户提供了一个复合设计空间，便于用户同时访问设计视图和代码视图。在其中一个窗口中进行的更改，将在另一个窗口中实时更新。当窗口拆分显示时，还可以选择两个窗口的显示方式。用户通过"查看"菜单，可以把代码窗口放在顶部、底部、左侧或右侧。如图3-5所示，文档窗口分为上下两部分，分别显示设计视图和代码视图。

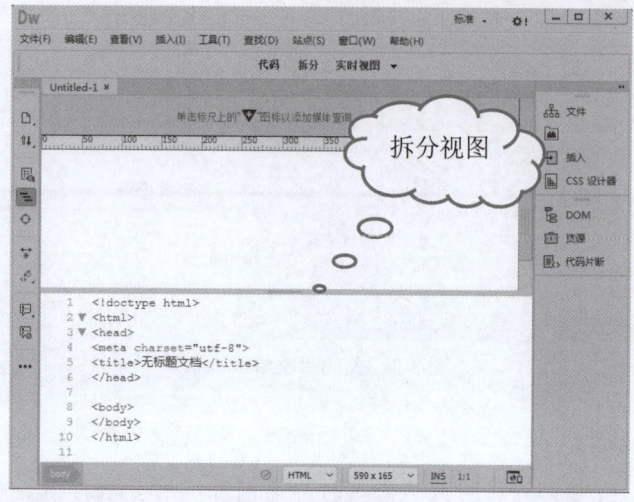

图 3-5　拆分视图

3. 设计视图

设计视图与实时视图使用相同的文档窗口，如图3-6所示。大部分HTML元素和CSS格式可以正常显示，但CSS3属性、动态内容、交互性行为(如链接行为、视频等)例外。

4. 实时视图

实时视图是Dreamweaver的默认工作区，如图3-7所示。用户可在与浏览器类似的环境中以可视化的方式创建和编辑网页，它支持大部分动态效果和交互性行为的预览。

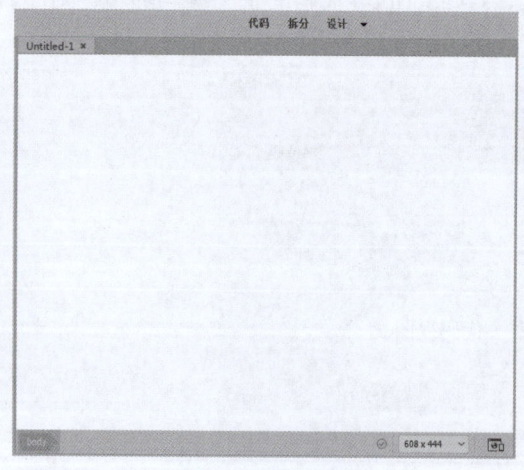

图 3-6　设计视图 　　　　　　　　　图 3-7　实时视图

3.2 站点的创建与管理

站点是网站中使用的所有文件和资源的合集，由文件和文件所属的文件夹组成。Dreamweaver可以帮助使用者在计算机的磁盘中建立本地站点，通过站点来管理文件、设置网站结构，在完成所有文件的编辑之后，将本地站点上传到Internet。

3.2.1 站点的规划

创建站点之前，我们应当对站点的目标、结构、内容、导航机制、风格等内容进行合理的规划。有效的规划设计，会为后期站点的制作和管理带来便捷，避免盲目设计。

站点的规划

1. 明确站点目标

站点目标要根据网站主题来确定。例如，公益性宣传网站和购物平台网站的主题截然不同，在规划站点时，设计者要根据网站面向的用户及网站要实现的功能准确地定位站点目标，目标对站点设计起导向作用。

2. 站点结构的规划

站点包含的文件数量众多，为了便于管理，应对文件进行分类存放。以文件夹的形式组织文件，可以使站点具有清晰的结构，易于后期的维护和管理。在对文件或文件夹命名时，要尽量使用小写英文名，避免使用中文名称。例如，images文件夹用来存放图像文件。当文件较多时，还可以建立子文件夹，对图像文件进行分类。

3. 站点内容的规划

一个好的站点，必须具备丰富的内容。在规划时，我们要根据网站主题划分不同的内容板块(如景点、交通、饮食等)，再根据这些板块进一步细化具体内容(包括文本、图像、多媒体素材等)。站点内容的规划，既能方便网站的设计，又能使网站用户便捷地获取信息。

4. 站点导航的设计

导航系统能够帮助使用者迅速地查找到有用的信息。导航可以是标题文字，也可以是图像，但必须具有明确的指示作用，如"本地交通"。一般，每个页面上都应该设有清晰的导航栏，方便用户返回上一级目录或网站首页。

5. 站点风格的规划

站点风格指的是页面的整体形象和风格，必须贴合网站的主题及内容，能够突显网站的主旨。在制作过程中，可以使用模板来制作风格统一的页面。站点的页面应当具有一定的整体性。

3.2.2 站点的创建

Dreamweaver的站点包括本地站点和远程站点。我们通过Dreamweaver可以实现文件的上传和下载，以及本地站点与远程站点的同步更新。

站点的创建

45

1. 本地站点的创建

实例1　创建"我的练习"本地站点

实例介绍

本地站点是计算机中用来存放网站文件的场所。在创建本地站点之前,创建者应在本地磁盘建立一个网站文件夹,用来存放站点的所有文件。在F盘创建"我的练习"站点,并保存。

实例制作

01 新建文件夹　在F盘新建文件夹myweb,并在此文件夹内建立子文件夹images。

02 新建站点　运行Dreamweaver CC 2018软件,选择"站点"→"新建站点"命令,按图3-8所示操作,创建"我的练习"站点。

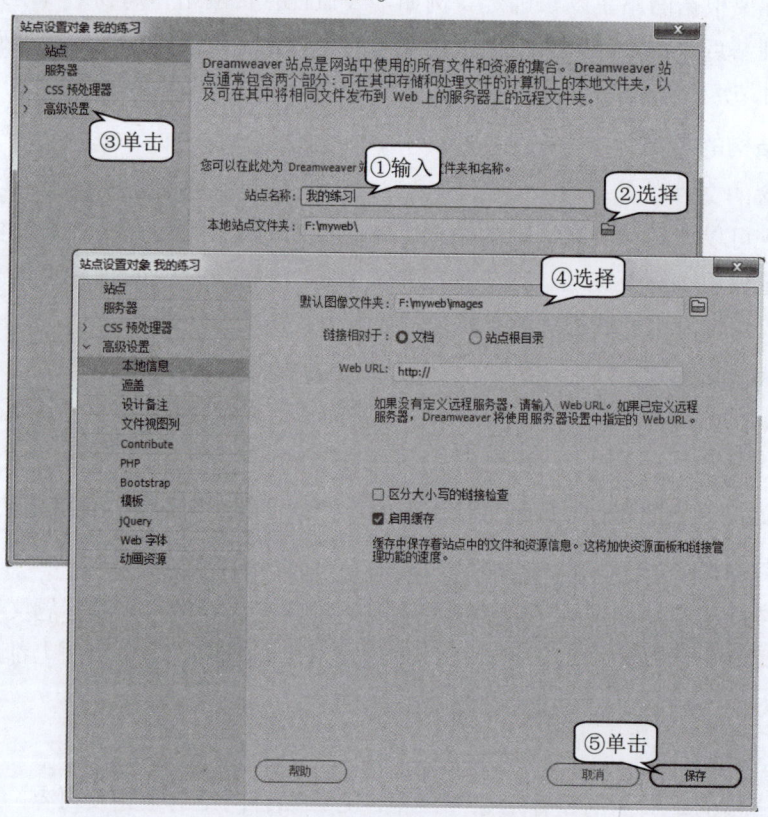

图3-8　新建"我的练习"站点

03 查看站点　在"文件"面板中,可以查看新建的站点及文件夹,如图3-9所示。

2. 远程站点的创建

通过设置远程站点,可以实现本地站点与远程站点的关联,从而进行文件的上传和下载,管理远程服务器上的文件。使用者可以通过FTP、SFTP、本地/网络等多种方式建立远程站点。

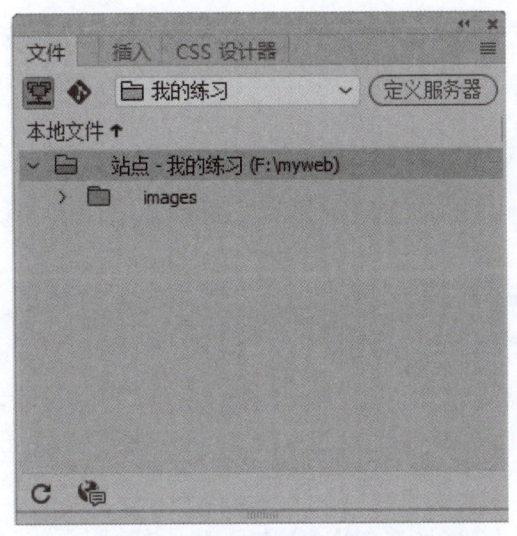

图 3-9　查看"我的练习"站点

实例2　创建"我的练习"远程站点

实例介绍

创建远程站点后，设计的网页可以同步上传到网站服务器。使用FTP连接远程服务器创建"我的练习"本地站点对应的远程站点。

实例制作

01 设置远程站点　选择"站点"→"管理站点"命令，按图3-10所示操作，使用由服务器运营商提供的信息创建远程服务器。

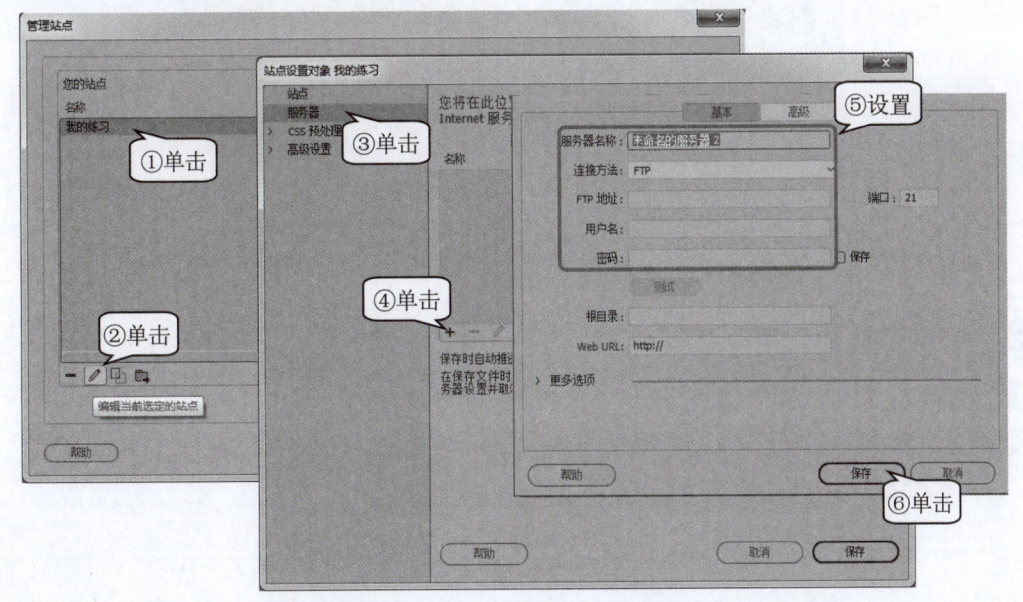

图 3-10　创建"我的练习"远程站点

47

02 保存站点 依次单击对话框中的"保存""完成"按钮，完成远程站点的创建。

> ❖ 提示：
>
> FTP地址、用户名和密码信息，必须从托管服务器的系统管理员处获取，并按管理员提供的形式输入。

3.2.3 站点的管理

Dreamweaver可以将本地站点和远程站点统一管理，同步更新，便捷地管理站点中的文件。本地站点与远程站点内的文件管理操作方法相同。

站点的管理

实例3 管理"我的练习"站点文件

实例介绍

本地站点管理分为站点文件管理和站点管理两部分。站点文件管理包括新建网页和文件夹、移动和复制文件、删除和重命名文件。站点管理包括新建和删除站点、编辑站点等。

在"我的练习"站点内新建index.html文件和book文件夹，并在book文件夹内新建work.html文件。文件管理操作前后的站点如图3-11所示。

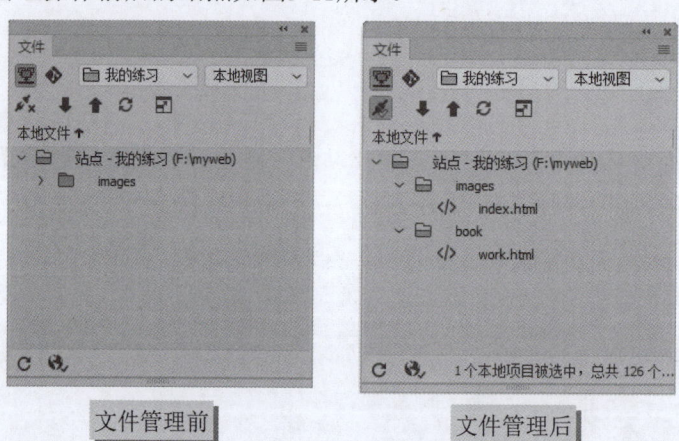

文件管理前　　　　　　文件管理后

图3-11 管理"我的练习"站点文件

实例制作

01 新建网页文件 在"文件"面板中，按图3-12所示操作，新建网站首页index.html。

02 新建文件夹 仿照图3-12所示操作，新建book文件夹。

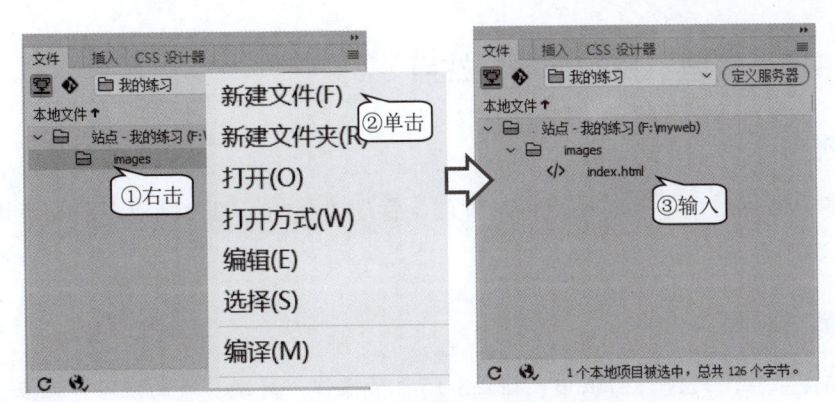

图 3-12　新建网页文件

03　复制文件　按图3-13所示操作，复制index.html文件到book文件夹中。

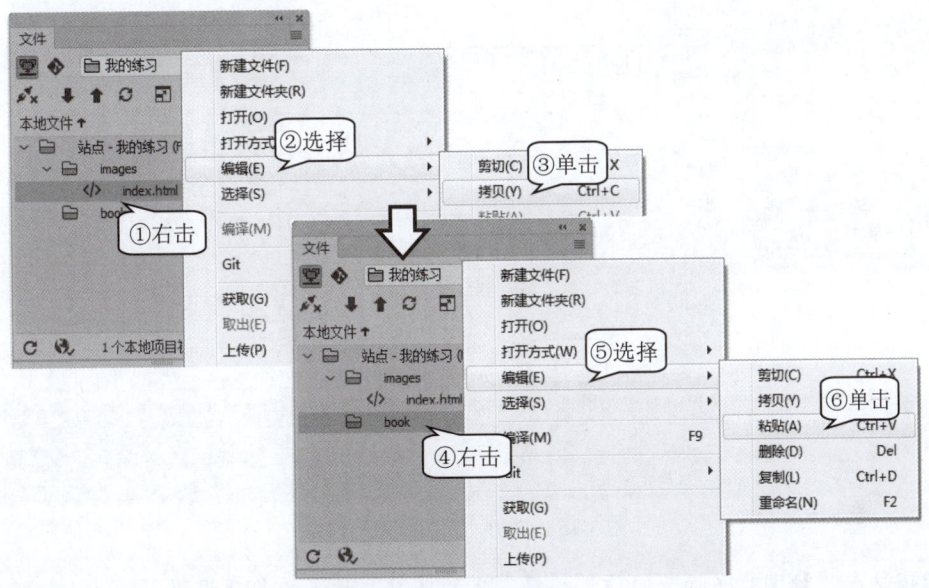

图 3-13　复制文件

04　文件重命名　按图3-14所示操作，将文件重命名为work.html。

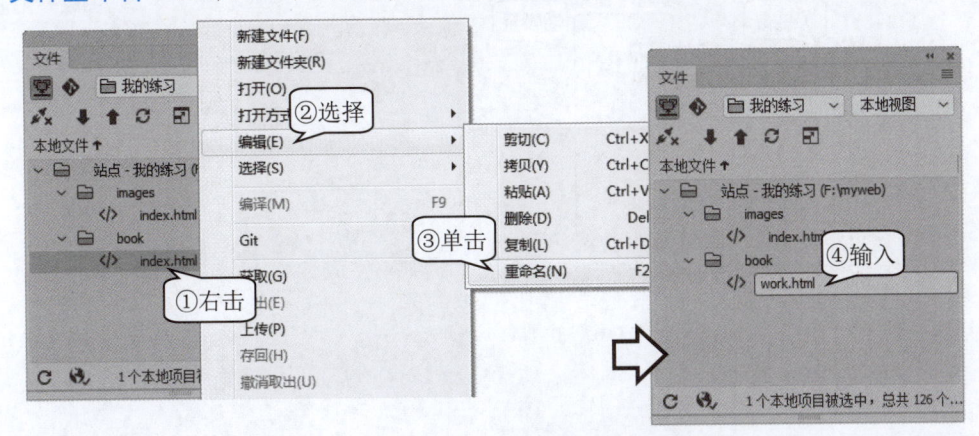

图 3-14　重命名文件

05　删除文件　仿照图3-14所示操作，在菜单中选择"删除"命令即可。

实例4　管理"我的练习"站点

实例介绍

创建多个站点后，需要对站点进行管理。管理"我的练习"站点，对站点进行复制、编辑和删除操作。

实例制作

01 复制站点　在"文件"面板中，按图3-15所示操作，复制"我的练习"站点。

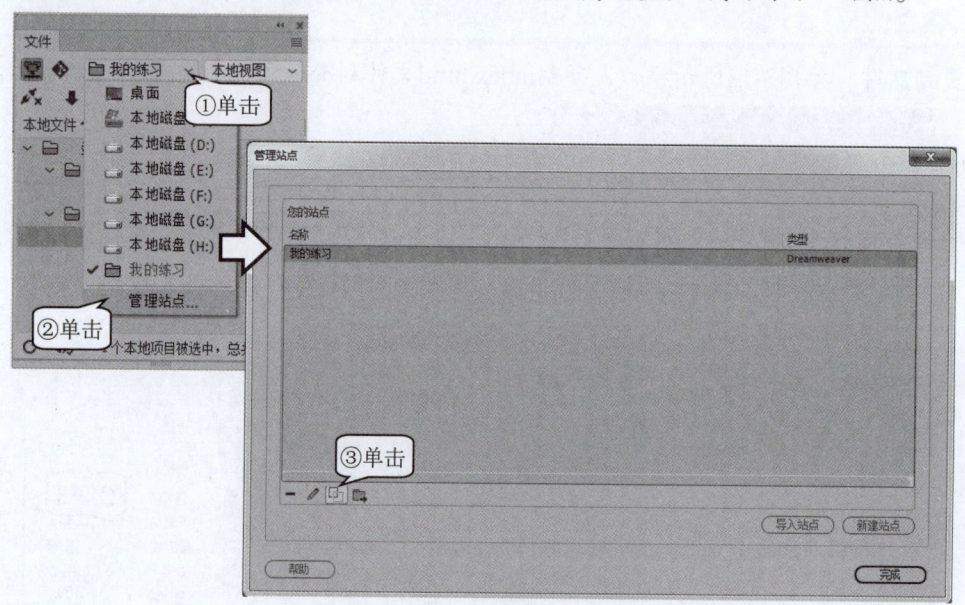

图3-15　复制"我的练习"站点

02 编辑站点　按图3-16所示操作，编辑"我的练习"站点的各项设置。

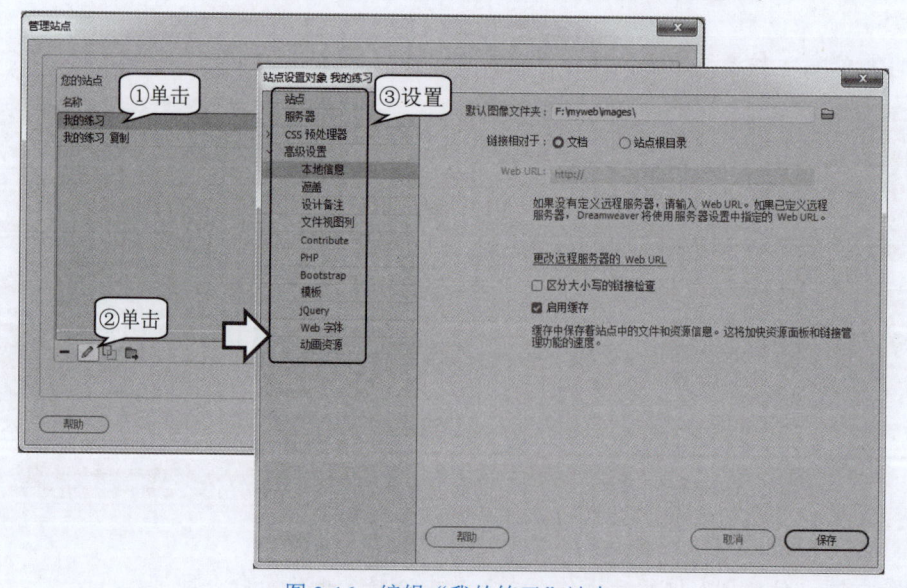

图3-16　编辑"我的练习"站点

03 删除站点　按图3-17所示操作，删除"我的练习 复制"站点。

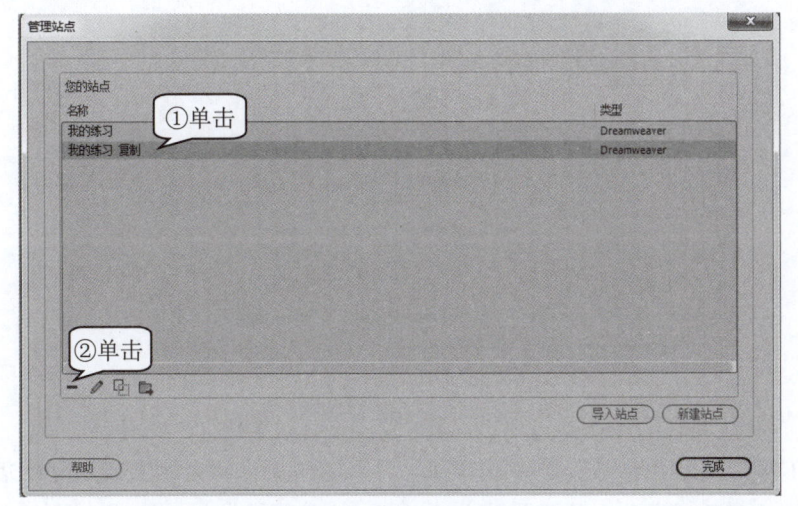

图 3-17　删除"我的练习 复制"站点

实例5　管理"我的练习"远程站点

实例介绍

将"我的练习"本地站点与远程站点连接，尝试在两个站点间上传和下载文件。

实例制作

01 展开面板　在"文件"面板中，按图3-18所示操作，同时显示本地站点和远程站点。

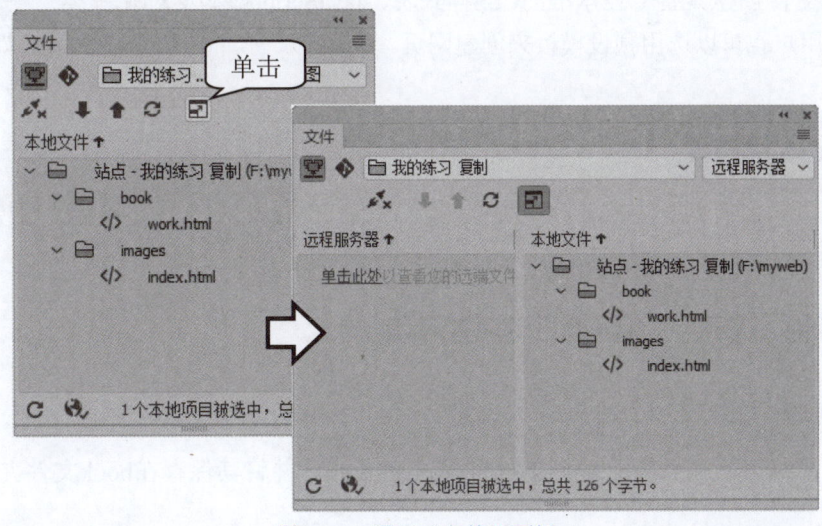

图 3-18　展开"文件"面板

02 连接服务器 按图3-19所示操作，将本地站点与远程服务器连接。

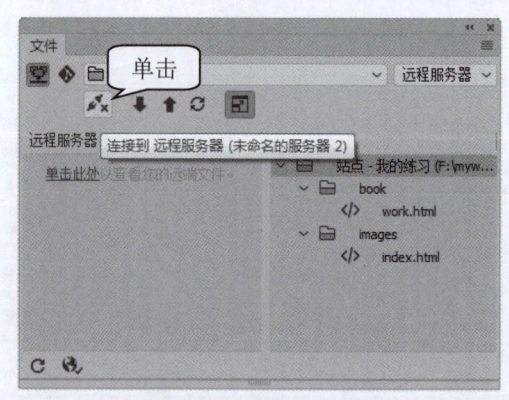

图3-19 连接服务器

03 上传和下载 连接成功后，单击⬆按钮，将本地站点中的文件上传到远程站点；单击⬇按钮，将远程站点中的文件下载到本地站点；单击🔄按钮，可以实现文件的同步。

❖ 提示：

在远程服务器窗口中，右击文件或文件夹，在弹出的菜单中，可以进行新建、复制、删除和重命名等操作，方法与管理本地站点相同。

3.3 网页的基本操作

Dreamweaver可以创建基本的HTML页面，其默认文档类型为HTML5。此外，它还支持创建具备专业水准的CSS样式表、JavaScript脚本及XML等类型的网页。用户也可以选用预设模板来创建网页。

网页的基本操作

3.3.1 新建网页

新建网页一般有两种方式，一种是创建空白的HTML网页，另一种是使用模板创建带有格式的网页。

实例6 新建"novel"空白网页

实例介绍

在"我的练习"站点中，新建空白网页novel.html，并将其保存在book文件夹中。

实例制作

01 新建网页 选择"文件"→"新建"命令，按图3-20所示操作，新建空白网页。
02 保存网页 选择"文件"→"保存"命令，按图3-21所示操作，保存网页。

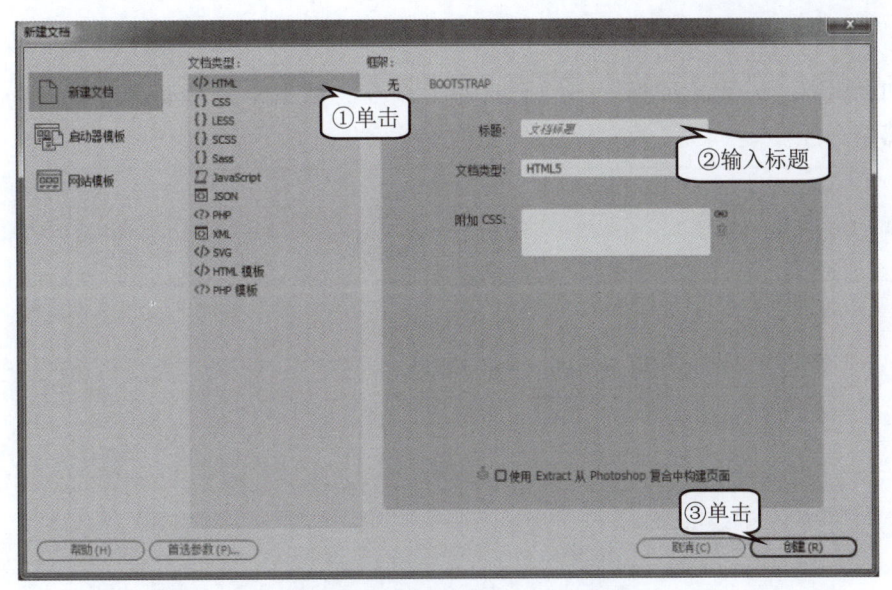

图 3-20　新建"novel"空白网页

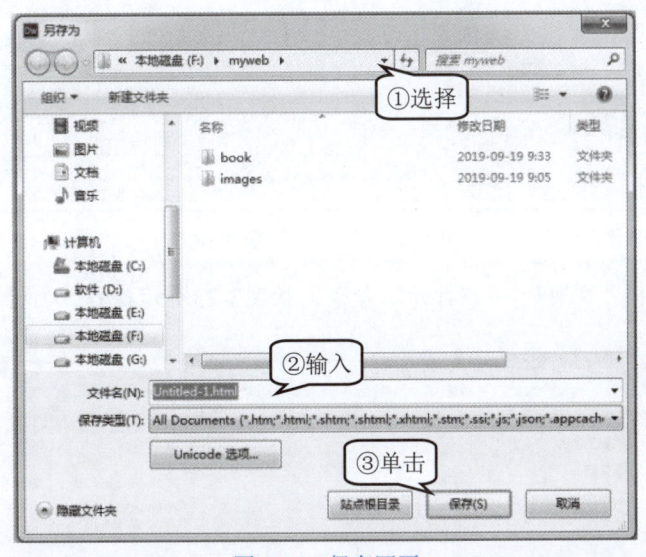

图 3-21　保存网页

3.3.2　预览网页

在网页制作过程中，我们需要经常在浏览器中查看页面效果，以便进行修改和完善。由于目前广泛使用的浏览器众多，使用者若想在多种浏览器中测试效果，就需要进行预览设置。

实例7　预览"我的练习"站点网页

实例介绍

添加常用网页浏览器为新的浏览器，预览"我的练习"站点中的index.html页面。

53

实例制作

01 添加浏览器　选择"编辑"→"首选项"命令，按图3-22所示操作，添加2345浏览器。

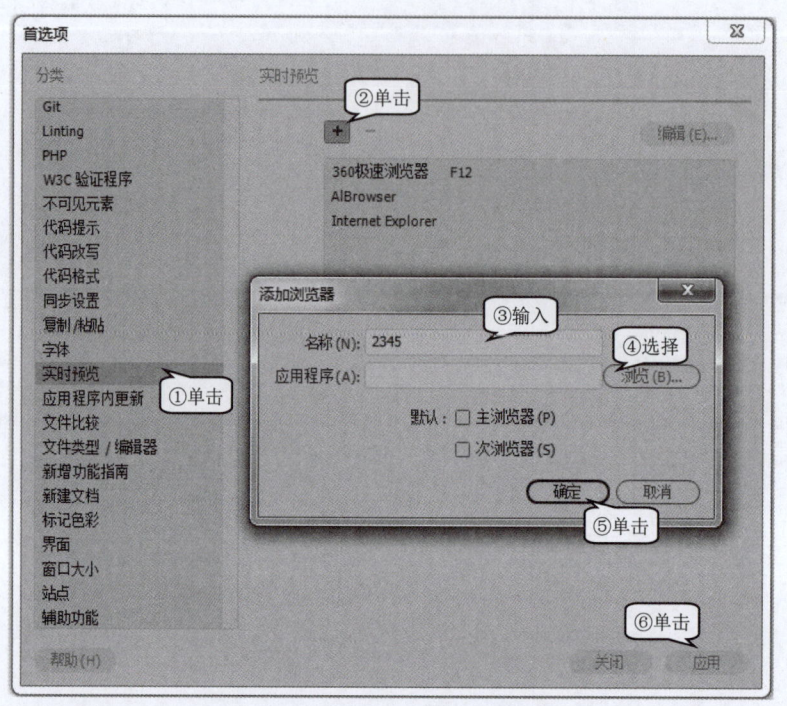

图 3-22　添加 2345 浏览器

02 打开网页　选择"文件"→"打开"命令，按图3-23所示操作，打开index.html网页。

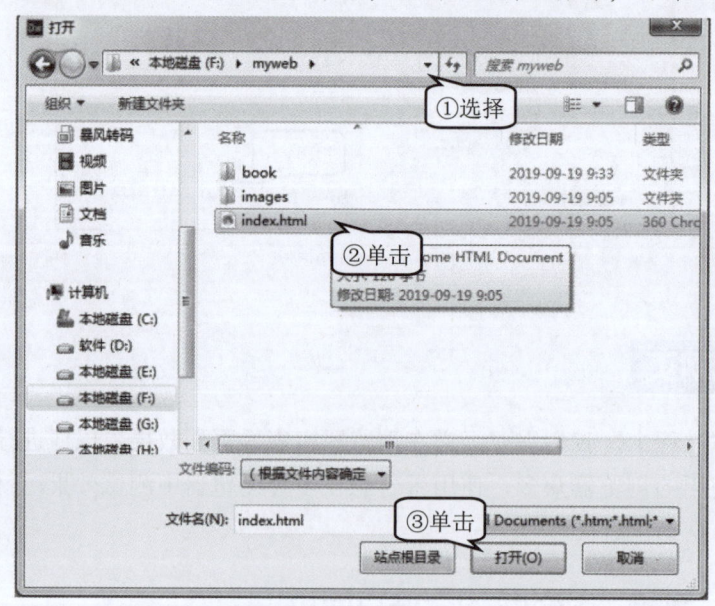

图 3-23　打开 index.html 网页

03 预览网页　选择"文件"→"实时预览"→2345Explorer命令，即可使用2345浏览器预览index.html网页。

3.3.3 设置网页属性

网页的基本属性包括网页标题、背景颜色和图像、文本格式和超链接格式等。正确设置页面属性可以更好地完成网页的制作。

实例8　设置"我的主页"页面属性

实例介绍

设置index.html网页的标题为"我的主页",并设置背景、文本和链接的颜色。

实例制作

01 设置页面标题　选择"文件"→"页面属性"命令,按图3-24所示操作,设置页面标题。

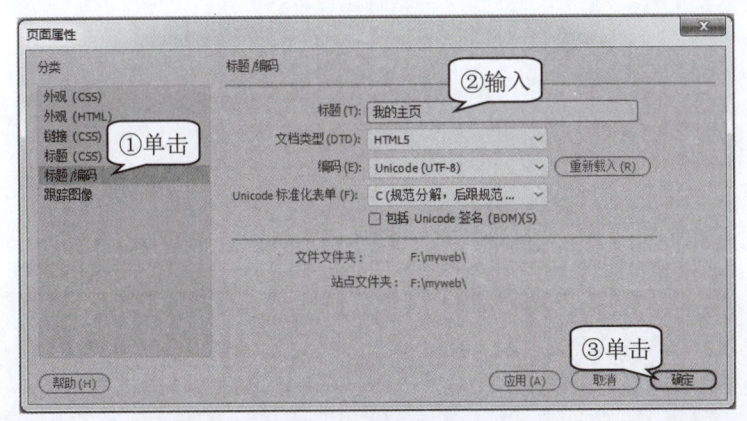

图3-24　设置页面标题

02 设置HTML外观　按图3-25所示操作,设置网页的背景、文本和链接的颜色。

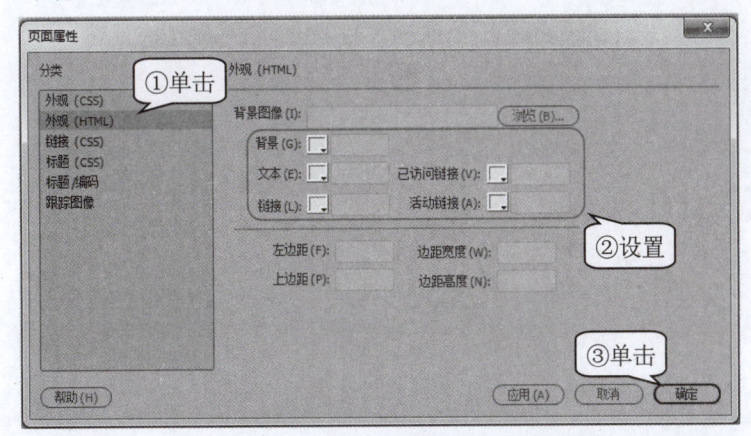

图3-25　设置 HTML 外观

❖ 提示：

"背景颜色"和"背景图像"可以同时设置，通常背景图像会覆盖背景颜色，但在透明背景图像部分可以显示背景颜色。

知识库

1. 设置外部编辑器

网页内的各种元素，如图片、动画等，需要借助外部软件进行编辑。Dreamweaver 能在编辑过程中调用这些外部程序来编辑页面元素，并能将编辑后的元素直接应用在页面编辑中。

在 Dreamweaver 中设置外部编辑器(如 Photoshop)的方法：选择"编辑"→"首选项"命令，按图 3-26 所示操作，设置 Photoshop 为 .jpg、.jpe、.jpeg 文件的外部编辑器。

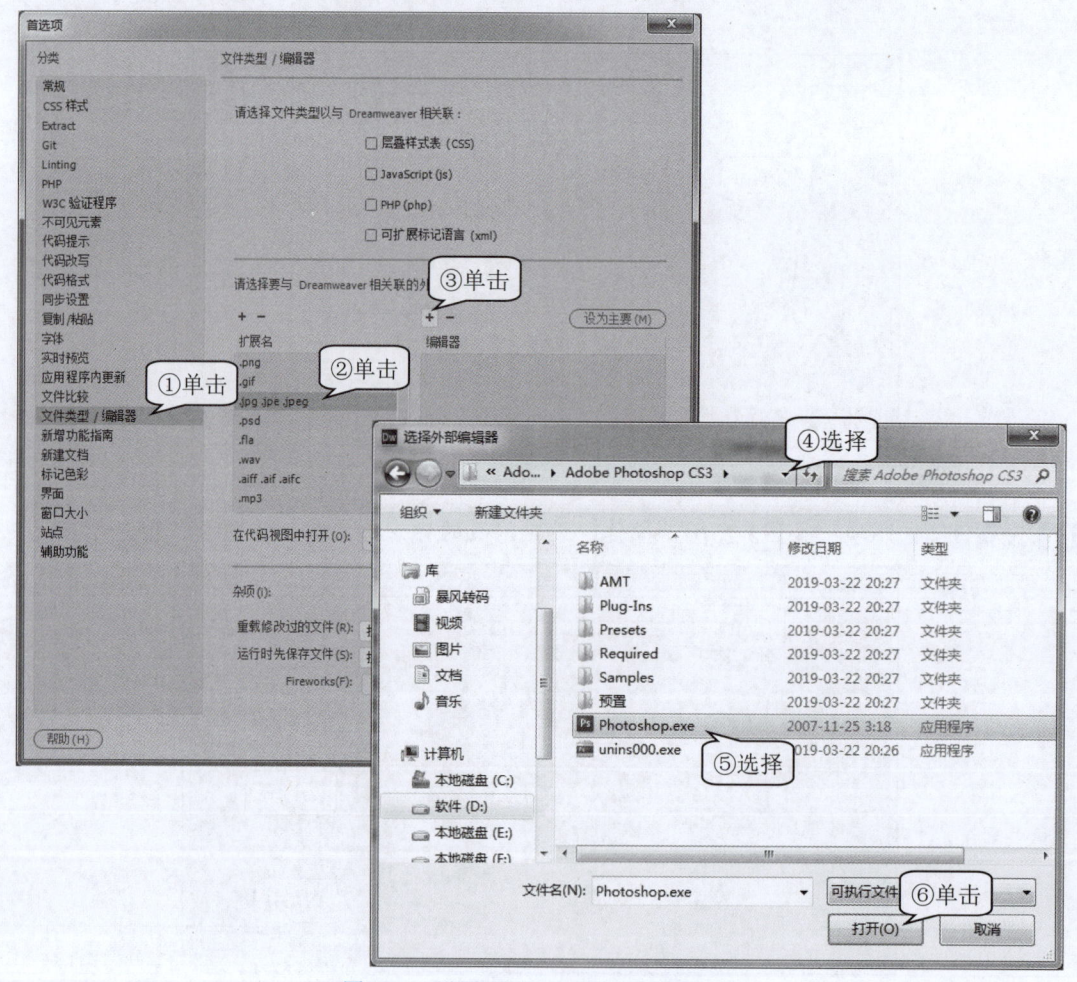

图 3-26 设置 Photoshop 为外部编辑器

2. 文件的保存

选择"文件"→"保存全部"命令，即可将打开的所有网页文件进行保存。"保存"的快捷键为Ctrl+S，"另存为"的快捷键为Ctrl+Shift+S。网页必须保存在本地站点中，才能正常显示其中的各项元素。

3.4 小结和习题

3.4.1 本章小结

Dreamweaver是一款操作简单、易学好用的软件，集网页制作、网站开发、站点管理功能于一身，可以制作跨平台、跨浏览器限制的各种网页。Dreamweaver可与Flash、Photoshop等多种设计软件完美搭配，在Dreamweaver界面内即可使用这些软件进行编辑。本章主要介绍了Dreamweaver软件的基本功能，具体包括以下主要内容。

- Dreamweaver 工作环境：主要介绍了操作界面、浮动面板和软件的基本视图模式。
- 站点的创建与管理：主要介绍了站点的规划、本地站点和远程站点的创建与管理。
- 网页的基本操作：主要介绍了空白网页的创建、网页的预览、网页参数设置及页面属性设置等。

3.4.2 本章练习

一、选择题

1. 下列不属于功能菜单的是(   )。
   A. 格式　　　　B. 文件　　　　C. 工具　　　　D. 站点
2. 预览网页制作效果的快捷键是(   )。
   A. F4　　　　　B. F2　　　　　C. F12　　　　　D. F5
3. 管理远程站点必须将(   )连接。
   A. 本地站点与远程站点
   B. 本地站点与远程服务器
   C. 远程站点与远程服务器
   D. 本地站点与网络

二、填空题

1. 文档窗口中可以实现_____、_____和_____视图之间的切换。
2. 常用的功能面板有_____、_____和_____等。
3. 设置网页超链接，可以通过_____对话框完成。

三、操作题

1. 运行Dreamweaver CC 2018软件，新建一个HTML空文件，观察操作界面各部分的主要功能。

2. 规划个人网站的目录结构，建立相关文件夹。

3. 根据规划，创建个人站点，并新建主页文件。

第 4 章

制作网页内容

制作网页时要组织好页面的基本元素，同时再配合一些特效，构成一个绚丽多彩的网页。网页的组成对象包括文本、图像、多媒体元素和超链接等。内容是网页的"灵魂"，文本与图像在网页上的运用最为广泛，一个内容充实的网页必然会运用大量的文本与图像，然后将链接应用到文本和图像上，使这些文本和图像"活"起来，再辅以多媒体元素，整个网页会更加生动有趣。

本章包括两部分内容：第一部分通过实例介绍如何在网页中输入文本，以及插入图像、动画、视频及音频等，使读者掌握网页制作的基本方法；第二部分通过模板和超链接，介绍快速制作风格统一的网页的方法，实现网页之间的有效跳转链接。

本章内容：
- 输入文本
- 插入图像
- 插入多媒体元素
- 使用超链接
- 使用模板快速制作网页
- 设计移动端网页

4.1 输入文本

文本是网页主要的信息载体，其在网络上的传输速度较快，用户可以很方便地浏览和下载文本信息。整齐划一、大小适中的文本能够带来良好的视觉效果。

4.1.1 添加文本

在Dreamweaver中添加文本的方式有多种，可以直接输入，也可以利用复制、粘贴命令添加文本，还可以从其他文件(如Word)中导入。

添加文本

实例1　设计"计算机硬件的组成部分"网页

实例介绍

计算机硬件由5个部分组成。在制作网页时，一般标题单独占一行，每个组成部分单独成一个段落，效果如图4-1所示。

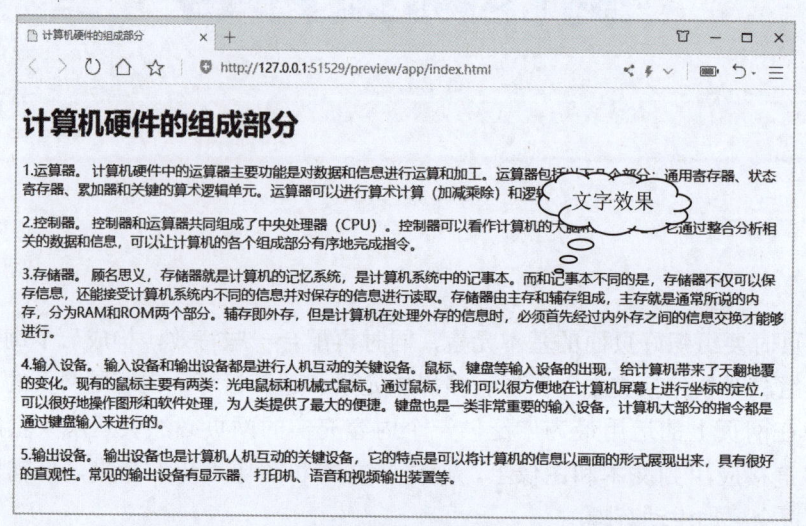

图 4-1　"计算机硬件的组成部分"网页效果

在网页中添加文本，需要新建一个网页。先创建站点，再新建网页，最后在网页中输入文本。

实例制作

01 新建站点　运行Dreamweaver软件，选择"站点"→"新建站点"命令，按图4-2所示操作，新建"计算机硬件组成"站点。

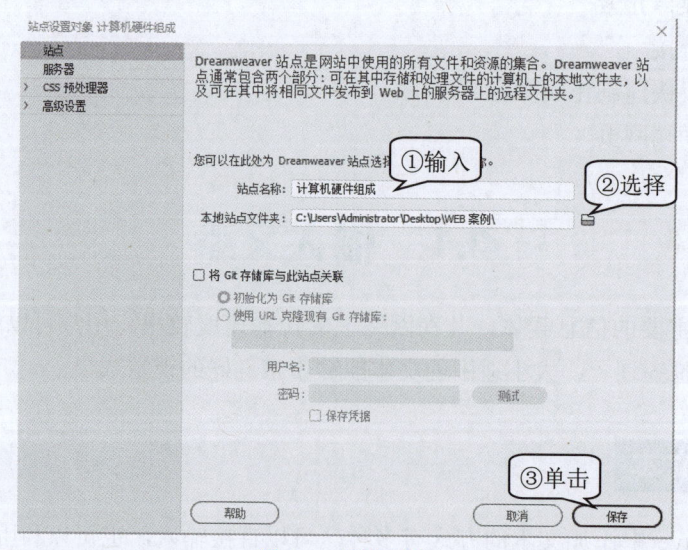

图 4-2　新建站点

第 4 章 制作网页内容

02 新建网页 打开"计算机硬件组成"站点，按图 4-3 所示操作，创建网页文件 jsj-yj.html。

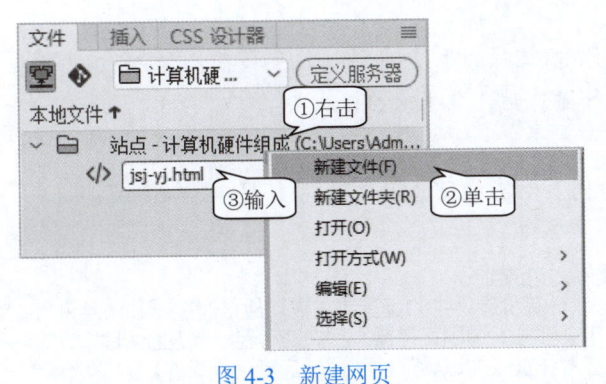

图 4-3　新建网页

03 输入网页标题 切换到"代码"视图，按图 4-4 所示操作，输入网页标题"计算机硬件的组成部分"。

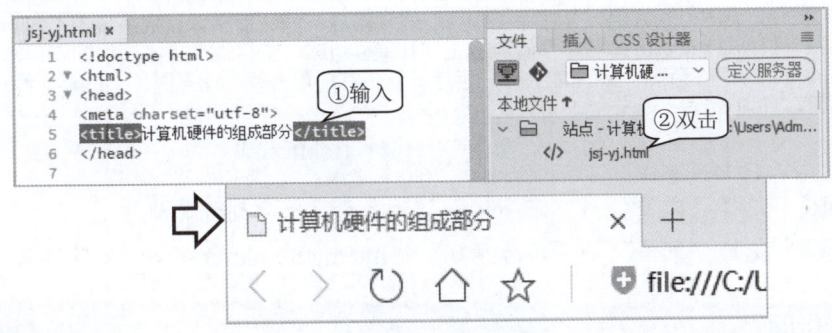

图 4-4　输入网页标题

> **提示：**
> 网页的标题是网页在浏览器中显示时标签的名称，不会显示在网页内容中。

04 输入标题文本 切换到"拆分"视图，选择"插入"→"标题"→"标题1"命令，按图 4-5 所示操作，输入标题文本。

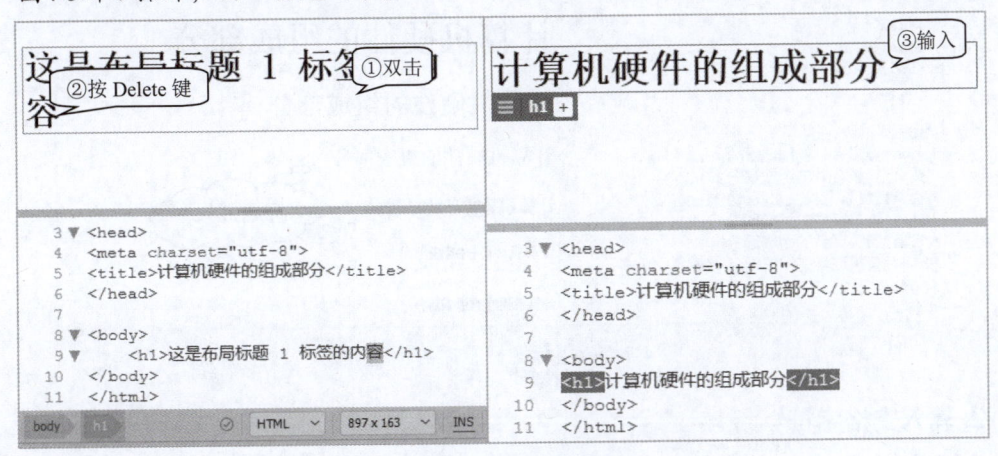

图 4-5　输入标题文本

05 输入其他文本　　选择"插入"→"段落"命令，分别输入其他5段文本。

> ❖ **提示：**
>
> 　　文本换行，按Enter键换行时会自动在代码区生成<p></p>标签。在"代码"视图或"实时"视图中进行操作时，效果一样。

06 查看代码　　查看网页对应的HTML代码，效果如图4-6所示。

```
<body>
<h1>计算机硬件的组成部分</h1>
<p>1.运算器。  计算机硬件中的运算器主要功能是对数据和信息进行…运算器包括以下几个部分：通用寄存器、状态寄存器、累加器和关键的算术逻辑单元。运算器可以进行算术计算（加减乘除）和逻辑运算（与或非）。  </p>
<p>2.控制器。  控制器和运算器共同组成了中央处理器（CPU）。控制器可以看作计算机的大脑和指挥中心，它通过整合分析相关的数据和信息，可以让计算机的各个组成部分有序地完成指令。  </p>
<p>3.存储器。  顾名思义，存储器就是计算机的记忆系统，是计算机系统中的记事本。而和记事本不同的是，存储器不仅可以保存信息，还能接受计算机系统内不同的信息并对保存的信息进行读取。存储器由主存和辅存组成，主存就是通常所说的内存，分为RAM和ROM两个部分。辅存即外存，但是计算机在处理外存的信息时，必须首先经过内外存之间的信息交换才能够进行。  </p>
```

（文本代码）

图4-6　查看网页对应的HTML代码

07 保存网页　　选择"文件"→"保存"命令，将网页保存到计算机中。
08 浏览网页　　选择"文件"→"实时预览"→Internet Explorer命令，浏览网页。

知识库

1. 标题标签

　　HTML语言提供了一系列对文本中的标题进行操作的标签：<h1>，<h2>，<h3>，<h4>，<h5>，<h6>。其中，<h1>用于定义最大的标题，<h6>用于定义最小的标题。在使用标题标签时，系统会自动给标题文本加粗。应用标题标签后的标题效果如图4-7所示。选中文本，选择"编辑"→"段落格式"命令，可以切换标题大小。

```
<html>
<head>
<meta charset="utf-8">
<title>计算机硬件的组成部分</title>
</head>

<body>
<h1>计算机硬件的组成部分</h1>
<h2>计算机硬件的组成部分</h2>
<h3>计算机硬件的组成部分</h3>
<h4>计算机硬件的组成部分</h4>
<h5>计算机硬件的组成部分</h5>
<h6>计算机硬件的组成部分</h6>
</body>
</html>
```

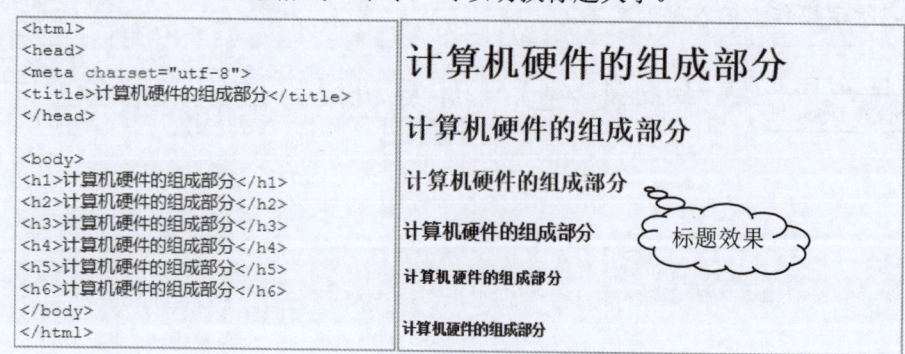

（标题效果）

图4-7　应用标题标签后的标题效果

2. 输入空格字符

　　在Dreamweaver中，不经过设置，无法直接输入空格字符。选择"编辑"→"首选项"

命令，在弹出的对话框的左侧分类列表中选择"常规"选项，在右侧选择"允许多个连续的空格"选项，即可直接按空格键输入空格字符。还可以使用如下方法输入不换行空格。

- 菜单命令：选择"插入"→HTML→"不换行空格"命令。
- 组合键：Ctrl+Shift+空格键。
- 工具按钮：单击"HTML工具栏"上的"不换行空格"按钮 。

4.1.2 编辑网页文本

通过设置网页中文本的格式，可以更好地突出网页主题，让内容具有层次分明的段落结构，实现视觉和内容的完美统一，一定程度上会影响浏览者对于网页信息的关注和阅读兴趣。

编辑网页文本

实例2　编辑"玫瑰花"网页文本

实例介绍

设置网页文本的字体、字号及颜色等，可以使用"属性"面板，也可以通过HTML语言进行设置，设置效果如图4-8所示。

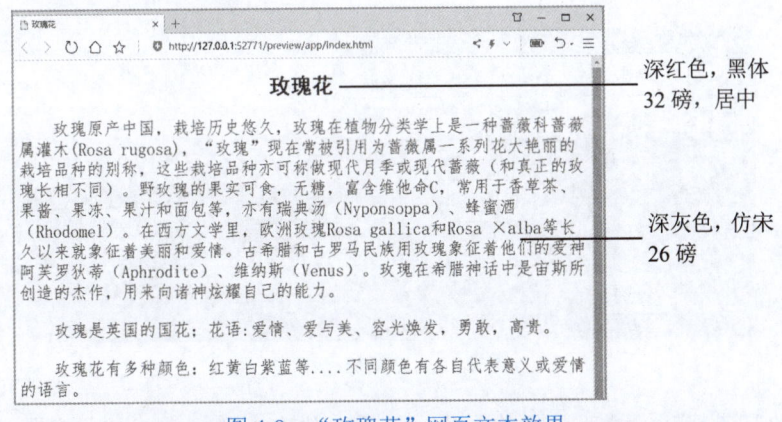

图4-8　"玫瑰花"网页文本效果

设置"玫瑰花"网页中文本的格式：标题文本的颜色为"深红色"，字体为"黑体"，字号为"32磅"，居中显示；其他文本的颜色为"深灰色"，字体为"仿宋"，字号为"26磅"。一般情况下，常用字体需要进行加载后才能使用。

实例制作

01　打开文件　运行Dreamweaver软件，打开网页文件"玫瑰花_初.html"。

02　加载字体　选择"文件"→"页面属性"命令，按图4-9所示操作，在"页面属性"对话框中，加载"黑体"字体。再使用相同的方法加载"仿宋"字体。

03　设置标题格式　选中标题，选择"窗口"→"属性"命令，按图4-10所示操作，在"属性"面板中，设置标题的字体为"黑体"，字号为"32磅"，颜色为"深红色"，居中显示。

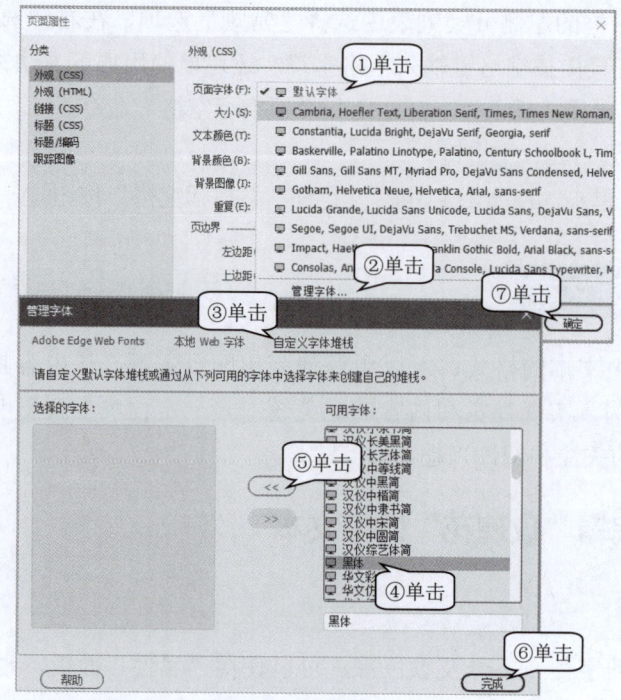

图 4-9　加载字体

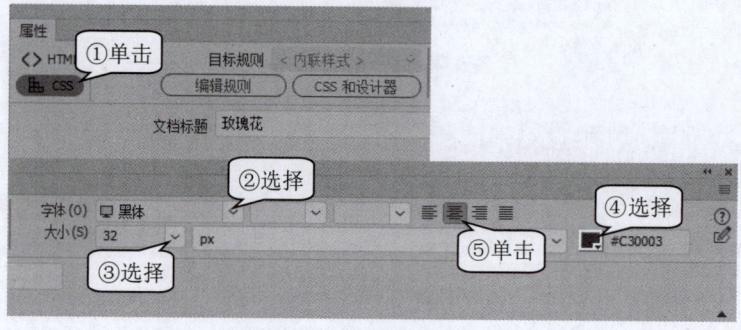

图 4-10　设置标题格式

04 设置其他文本格式　按照同样的方法，设置其他文本的格式为"仿宋""26磅""深灰色"。

05 查看代码　切换到"代码"视图，查看网页对应的HTML代码，如图4-11所示。

图 4-11　查看代码

06 保存文件并浏览网页

选择"文件"→"保存"命令,保存文件;选择"文件"→"实时预览"→Internet Explorer命令,浏览网页。

知识库

1. 通过属性面板设置文本格式

Dreamweaver 的属性面板中有"段落"和"标题1"……"标题6",以及"粗体"按钮等。设置之后会在网页代码中自动添加对应的标签。

2. 通过HTML语言设置文本样式

HTML语言对文本样式的设置主要通过HTML的font元素来实现,其基本格式为<font>文本</font>。

- family属性:文字的字形属性family用来设定文字的字体(如宋体、黑体等)。其基本格式为<font-family: 属性值>。
- size属性:文字的大小属性size用来设定文字的字号,文字的字号可以设置为具体的像素值。其基本格式为<font-size: 属性值px>。
- color 属性:文字的颜色属性color用来设定文字的色彩。其基本格式为<font-color: 属性值>(属性值可以是颜色的英文单词,也可以是十六进制代码)。

4.1.3 插入列表

列表是网页中的重要组成元素之一,分为有序列表(如编号列表)与无序列表(如项目列表)。在网页制作过程中,通过使用列表标签,可以得到段落清晰、层次清楚的网页。

插入列表

实例3 设计"招标公告"列表

实例介绍

当给定的内容没有明显的顺序关系时,可以使用无序列表,如图4-12所示。每个列表项的前面是项目符号,这里使用的是圆点,也可以使用其他符号。

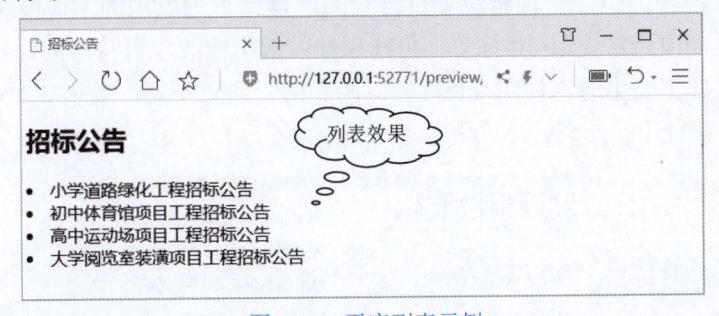

图4-12 无序列表示例

插入列表的方法有多种,可以先插入列表项,再输入内容;也可以先输入内容,再添加项目符号。

实例制作

01 打开文件 运行Dreamweaver软件，新建文件"招标公告.html"。

02 插入列表项 选择"插入"→"列表项"命令，在项目符号后输入"小学道路绿化工程招标公告"，如图4-13所示。

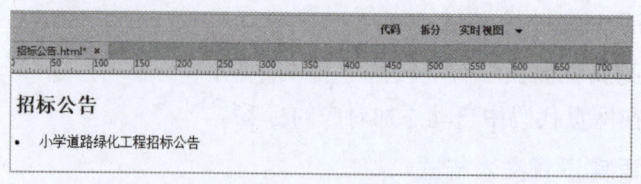

图4-13 插入列表项效果

03 输入其他内容 按Enter键，使用相同的方法，依次插入列表项"初中体育馆项目工程招标公告""高中运动场项目工程招标公告""大学阅览室装潢项目工程招标公告"。

04 查看代码 切换到"代码"视图，查看代码，如图4-14所示。

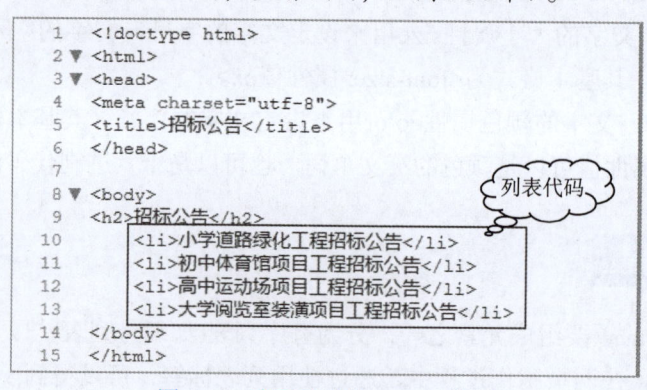

图4-14 查看列表的HTML代码

05 保存并预览网页 选择"文件"→"保存"命令，保存网页；按F12键，查看列表的效果。

知识库

1. 无序列表

无序列表有两种类型：一种是带项目符号的，每一个列表项的最前面是项目符号，如●、■等，在页面中通常使用<li>标签，可在属性面板中修改项目符号的样式；另一种是不带项目符号的，在页面中通常使用<ul>标签。两者的行间距不同，效果如图4-15所示。

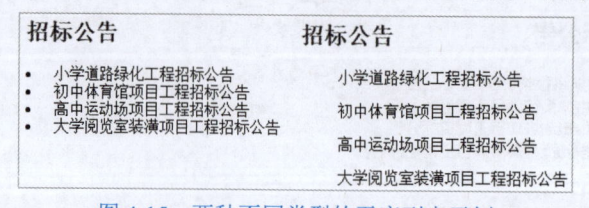

图4-15 两种不同类型的无序列表示例

2. 有序列表

在网页制作过程中，<li>标签用于定义列表项，其语法格式为<li>文本内容</li>，如

图4-16左图所示；可以使用<ol>标签建立有序列表，效果如图4-16右图所示。

```
<h2>招标公告</h2>
<ol>
    <li>小学道路绿化工程招标公告    </li>
    <li>初中体育馆项目工程招标公告    </li>
    <li>高中运动场项目工程招标公告    </li>
    <li>大学阅览室装潢项目工程招标公告</li>
</ol>
```

招标公告
1. 小学道路绿化工程招标公告
2. 初中体育馆项目工程招标公告
3. 高中运动场项目工程招标公告
4. 大学阅览室装潢项目工程招标公告

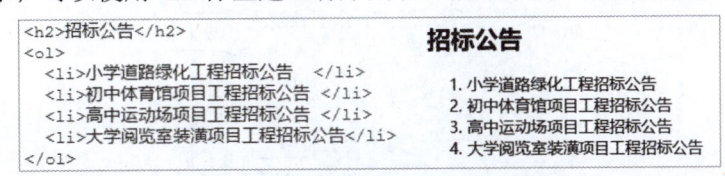

图4-16 有序列表代码与效果

4.1.4 插入表格

表格是网页中的重要组成元素，在网页中发挥着重要作用。掌握与表格相关的操作，可以使表格简洁、清晰地显示各种数据信息。

插入表格

实例4 插入"中国十大名胜古迹"表格

实例介绍

使用表格可以很直观地展示中国十大名胜古迹，古迹名称、地点等一目了然，效果如图4-17所示。

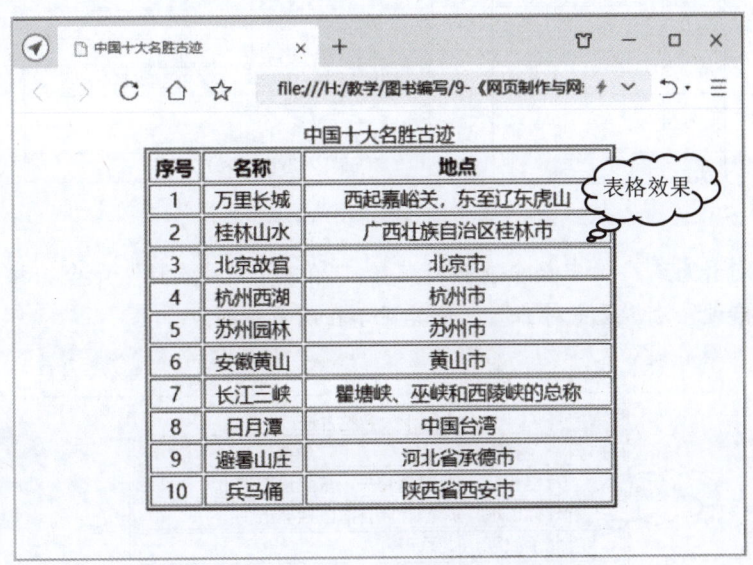

图4-17 "中国十大名胜古迹"表格效果

选择"插入"→Table命令，可以快速插入表格，还可以设置表格的宽度等属性。

实例制作

01 新建文件 运行Dreamweaver软件，新建文件"中国十大名胜古迹.html"。

02 新建表格 选择"插入"→Table命令，打开Table对话框，按图4-18所示操作，插入一个3列11行的表格，表格的标题设为"中国十大名胜古迹"。

67

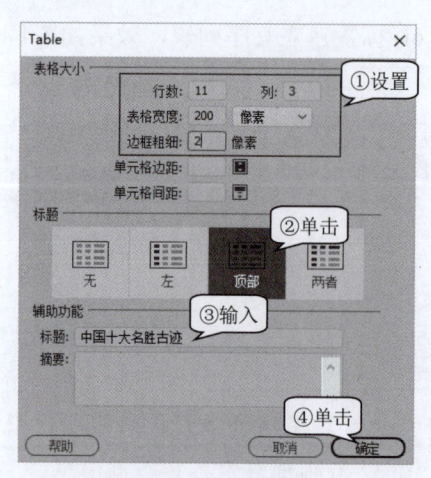

图 4-18　新建表格

03 输入数据　按图4-19所示操作，在表格中输入相关信息。

图 4-19　输入相关信息

04 设置表格对齐方式　选中整个表格，选择"窗口"→"属性"命令，按图4-20所示操作，将表格设置为"居中对齐"，使其显示在网页中间。

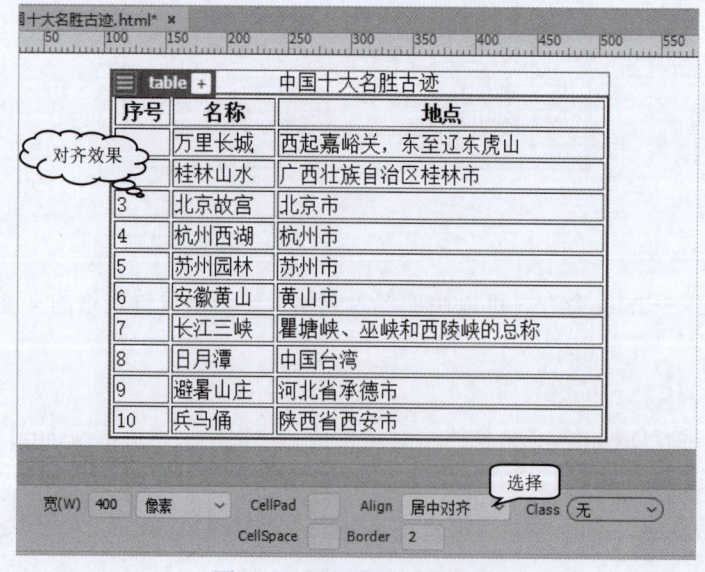

图 4-20　设置表格对齐方式

05 设置文本对齐 按图4-21所示操作，选中单元格，使用属性面板，将表格中的文本内容设置为"居中对齐"。

06 设置其他文本 使用相同的方法，将表格中的所有文本均设置为"居中对齐"，效果如图4-22所示。

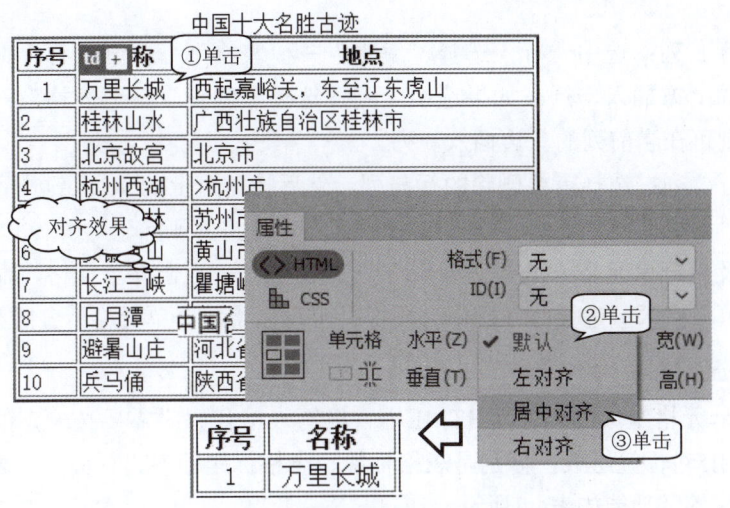

图 4-21 设置表格文本对齐方式

图 4-22 表格文本居中对齐效果

07 查看代码 切换到"代码"视图，查看代码，如图4-23所示。

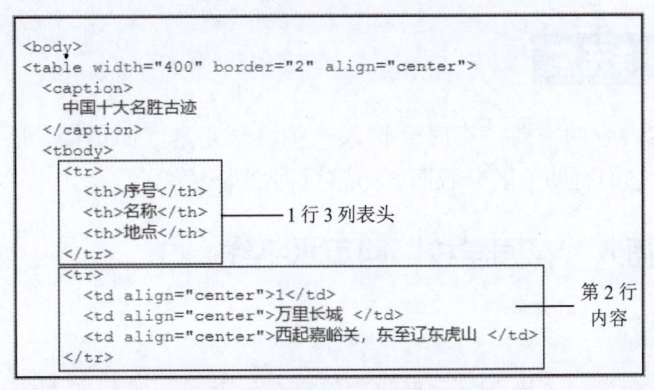

```
<body>
<table width="400" border="2" align="center">
  <caption>
     中国十大名胜古迹
  </caption>
  <tbody>
    <tr>
      <th>序号</th>
      <th>名称</th>
      <th>地点</th>
    </tr>                              1 行 3 列表头
    <tr>
      <td align="center">1</td>
      <td align="center">万里长城 </td>
      <td align="center">西起嘉峪关，东至辽东虎山 </td>
    </tr>                              第 2 行内容
```

图 4-23 表格的部分 HTML 代码

08 保存并预览网页 按Ctrl+S键保存文件，并按F12键预览网页。

知识库

1. 编辑表格

在Dreamweaver中可以对表格进行的操作包括：插入行、列，删除行、列，合并及拆分单元格，等等。

- 插入行、列：选中一行，选择"编辑"→"表格"→"插入行"命令，可以在当前行的上方插入一行；如果选中一列，选择"编辑"→"表格"→"插入列"命令，则可在当前列的左边插入一列。
- 删除行、列：选择需要删除的行与列，然后按键盘上的Delete键即可删除，也可以选择"编辑"→"表格"→"删除行/列"命令将其删除。
- 合并及拆分单元格：选择"编辑"→"表格"→"合并单元格"命令，可以对选中的单元格区域进行合并操作。同样，也可以将单个单元格拆分成几个单元格。

2. 表格标签

表格是由单元格组成的，在用HTML语言编写表格代码时需要按一定的结构编写。一个简单的表格由5对标签组成，分别是表格标签、表格标题标签、行标签、表头标签和单元格标签。表格标签及功能如表4-1所示。

表4-1　表格标签及功能

标签名称	功能描述
表格标签<table></table>	定义一个表格，每一个表格只有一对<table>和</table>，一个页面中可能有多个表格
表格标题标签<caption></caption>	定义表格的标题，不会显示在表格范围内，而是默认居中显示在表格的上方
行标签<tr></tr>	定义表格的行，一个表格可以包含多行
表头标签<th></th>	定义表头单元格，位于<th>与</th>之间的文本以默认的粗体居中的方式显示
单元格标签<td></td>	定义表格的一个单元格，每行可以包含多个单元格

4.1.5 插入特殊元素

根据网页文本内容的需要，有时会输入一些特殊元素，如日期、版权符号、水平线等，它们有助于区分版面、丰富页面文本内容。

插入特殊元素

实例5　插入"花园学校"网页水平线

实例介绍

在网页的页尾部分，一般会用水平线进行区分，并显示版权所有信息和日期等文本，如图4-24所示。

第 4 章 制作网页内容

图 4-24 "花园学校"网页效果

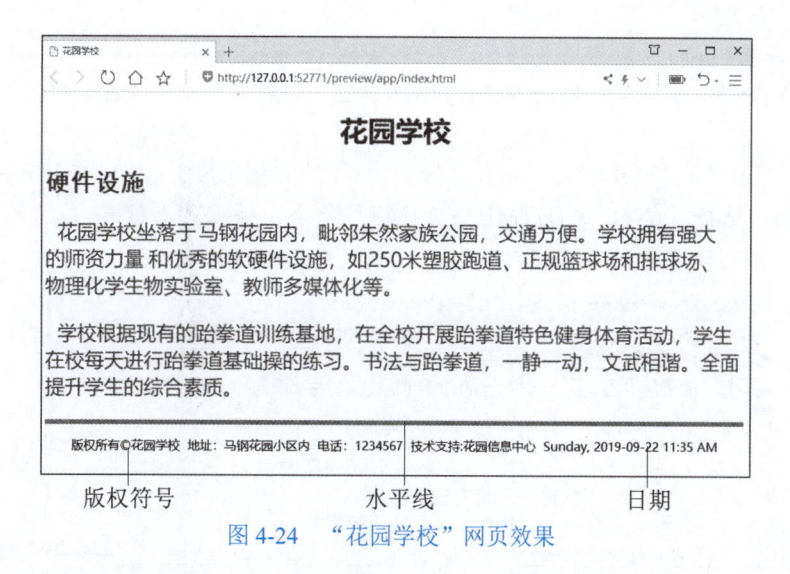

（标注：版权符号、水平线、日期）

Dreamweaver软件中自带了一些常用的用于进行网页制作的特殊元素，如水平线、日期和特殊符号等，可以直接插入，方便设计者使用。

实例制作

01 打开文件　运行Dreamweaver软件，打开文件"花园学校_初.html"。

02 插入水平线　选择"插入"→HTML→"水平线"命令，在页尾部分插入水平线，如图4-25所示。

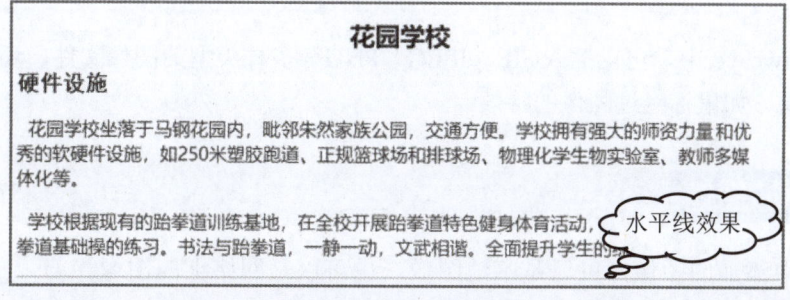

图 4-25 插入水平线（水平线效果）

03 设置水平线属性　选中水平线，打开属性面板，按图4-26所示操作，设置水平线属性。

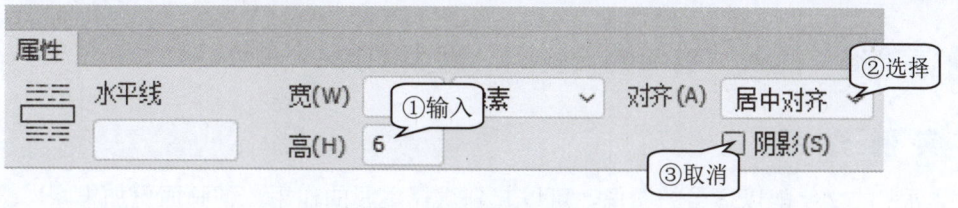

（属性面板：水平线，宽(W) ①输入 素，高(H) 6，对齐(A) 居中对齐 ②选择，阴影(S) ③取消）

图 4-26 设置水平线属性

04 插入版权符号　按Enter键换行，输入页尾文本信息，选择"插入"→HTML→"字符"→"版权"命令，插入版权符号，如图4-27所示。

71

```
版权所有©花园学校  地址：马钢花园小区内  电话：1234567  技术支持:花园信息中心
```

图 4-27　插入版权符号

05 **插入日期**　选择"插入"→HTML→"日期"命令，插入日期信息。

06 **查看代码**　切换到"代码"视图，查看代码，如图4-28所示。

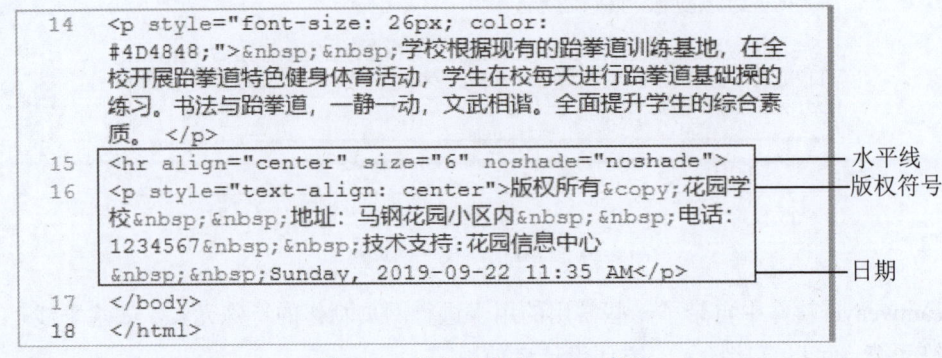

```
14  <p style="font-size: 26px; color:
    #4D4848;">  学校根据现有的跆拳道训练基地，在全
    校开展跆拳道特色健身体育活动，学生在校每天进行跆拳道基础操的
    练习。书法与跆拳道，一静一动，文武相谐。全面提升学生的综合素
    质。</p>
15  <hr align="center" size="6" noshade="noshade">         —— 水平线
16  <p style="text-align: center">版权所有&copy;花园学       —— 版权符号
    校  地址：马钢花园小区内  电话：
    1234567  技术支持:花园信息中心
      Sunday, 2019-09-22 11:35 AM</p>            —— 日期
17  </body>
18  </html>
```

图 4-28　特殊元素的 HTML 代码

07 **保存并预览网页**　选择"文件"→"保存"命令，保存网页；按F12键，查看网页的效果。

4.2　插入图像

在Dreamweaver中，可以插入GIF、JPEG、PNG等多种类型的图像文件，还可以设置图片的互动效果，如鼠标经过图像的特效。

4.2.1　添加图像

在网页中添加的图像，可以是本地图像，也可以是网络上的图像。若添加本地图像，则要给出相对路径，一般情况下，要将本地图像复制到正在编辑的网页所在的目录下的images目录中，再插入图像。

添加图像

实例6　插入"雄伟的天安门"网页图片

实例介绍

网页上的文字配以适当的图像，可以起到烘托主题的作用，使画面更加丰富，提高阅读性，如图4-29所示。

第 4 章 制作网页内容

图 4-29 插入"雄伟的天安门"图片网页效果

如果待插入的图像大小不合适，则可以使用图形图像软件对其进行处理后，再插入网页中；也可以先插入网页后再设置其大小等属性。

实例制作

01 准备图像 在站点文件夹中新建 images 文件夹，然后将所需要的图片文件复制到该文件夹下。

02 打开网页 运行 Dreamweaver 软件，打开文件"雄伟的天安门_初.html"。

03 插入图片 在需要插入图片的地方单击，确定图片的插入点后，选择"插入"→Image 命令，按图 4-30 所示操作，选择合适的图片插入当前位置。

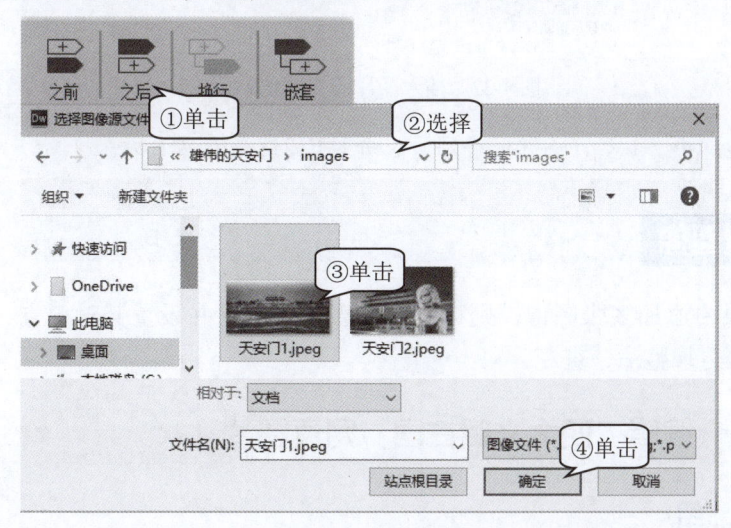

图 4-30 插入图片

04 调整图片 在图片的属性面板中，按图 4-31 所示操作，调整图片的大小。

73

图 4-31　调整图片的大小

05　插入其他图片　使用相同的方法，插入其他图片，并设置合适的大小和位置。

06　查看代码　切换到"代码"视图，查看插入图片的HTML代码，如图4-32所示。用户也可以在代码窗口中以直接输入代码的方式插入图片。

图 4-32　插入图片的 HTML 代码

07　保存并浏览网页　按Ctrl+S键保存网页，并按F12键查看网页效果。

4.2.2　编辑图像

若要在网页中添加多张图像，则可以使用表格来放置并设置其对齐方式，这样看起来更加整洁、直观。

编辑图像

实例7　编辑"四大文明古国"网页图片

实例介绍

为了更好地展示世界四大文明古国，可将古国的图片设置为相同大小，使用表格存

74

放，使图片更整齐、美观，效果如图4-33所示。

图 4-33 "四大文明古国"网页图片效果

在表格中可以设置图片的对齐方式，如水平对齐、垂直对齐。

实例制作

01 新建文件 运行软件，新建文件"四大文明古国.html"，并插入一个2行4列的表格。

02 插入图片 在表格中的相应位置插入四大文明古国的图和文字，并使图的大小一致，效果如图4-34所示。

图 4-34 插入图片

> ❖ 提示：
>
> 在表格中插入图片时，会显示 之前 之后 换行 嵌套 4个选项。相对表格的位置，需要选择嵌套方式。

03 设置水平对齐方式 选中表格的第一行，按图4-35所示操作，设置图片的水平对齐方式为"居中对齐"。

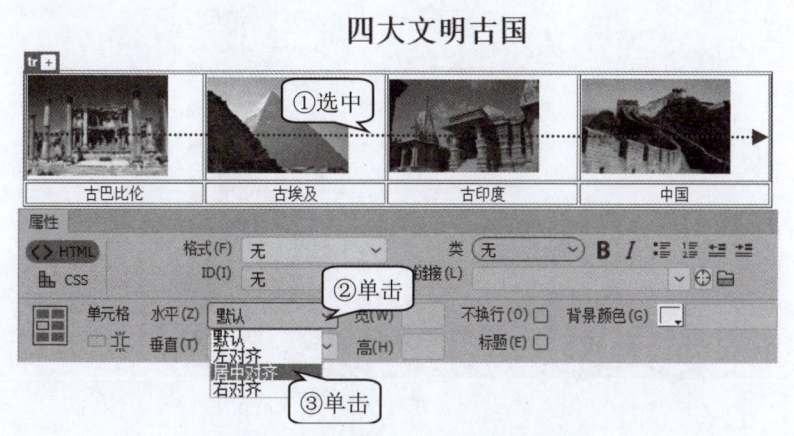

图 4-35 设置图片的水平对齐方式

75

04 设置垂直对齐方式　按照同样的方法，设置图片的垂直对齐方式为"底部"。
05 查看代码　切换到"代码"视图，查看图片有序排列的HTML代码，如图4-36所示。
06 保存并预览网页　按Ctrl+S键保存文件，并按F12键浏览网页。

```
 8 ▼ <body>
 9      <h1 style="text-align: center">四大文明古国</h1>
10 ▼   <table width="800" border="1">
11 ▼     <tbody>
12 ▼       <tr>
13            <td align="center" valign="bottom"><img src="images/古巴比伦.jpg"
              width="150" height="104" alt=""/></td>
14            <td align="center" valign="bottom"><img src="images/古埃及.jpg" width="150"
              height="99" alt=""/></td>
15            <td align="center" valign="bottom"><img src="images/古印度.jpg" width="160"
              height="96" alt=""/></td>
16            <td align="center" valign="bottom"><img src="images/中国.jpg" width="160"
              height="98" alt=""/></td>
17          </tr>
18 ▼       <tr>
19            <td align="center">古巴比伦 </td>
20            <td align="center"> 古埃及 </td>
21            <td align="center"> 古印度 </td>
22            <td align="center">中国 </td>
23          </tr>
24        </tbody>
25      </table>
```
——图片居中

图 4-36　图片有序排列的 HTML 代码

4.2.3　设置图像背景

选择一个合适的背景搭配文字，可以使页面中的文字易于阅读，还可以烘托气氛。网页的背景可以是纯色，也可以是图案或图片。

设置图像背景

实例8　设计"悯农"图像背景

实例介绍

唐代诗人李绅的组诗作品《悯农》，配上辛苦农耕的图片，更加切入古诗主题，如图4-37所示。选择背景图片时要注意，不能影响文字的阅读。

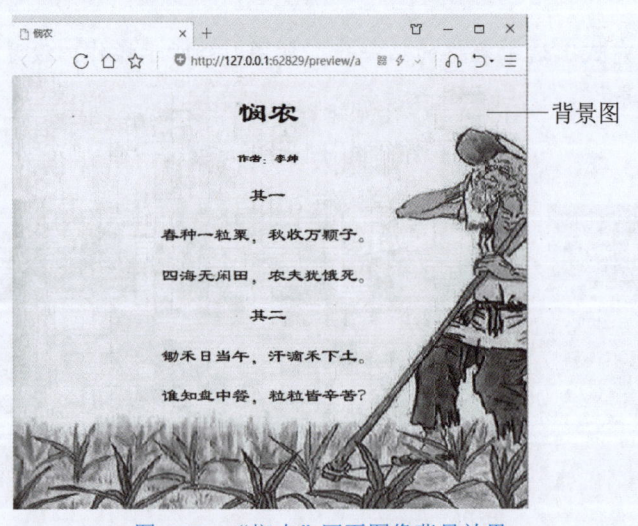

——背景图

图 4-37　"悯农"网页图像背景效果

为网页添加背景，可以使用"页面设置"命令完成，也可以使用HTML语言进行标识，网页背景的设置可以通过"页面属性"对话框完成。

实例制作

01 打开文件 运行软件，打开源文件"悯农_初.html"。

02 设置背景 选择"文件"→"页面属性"命令，打开"页面属性"对话框，按图4-38所示操作，设置网页背景。

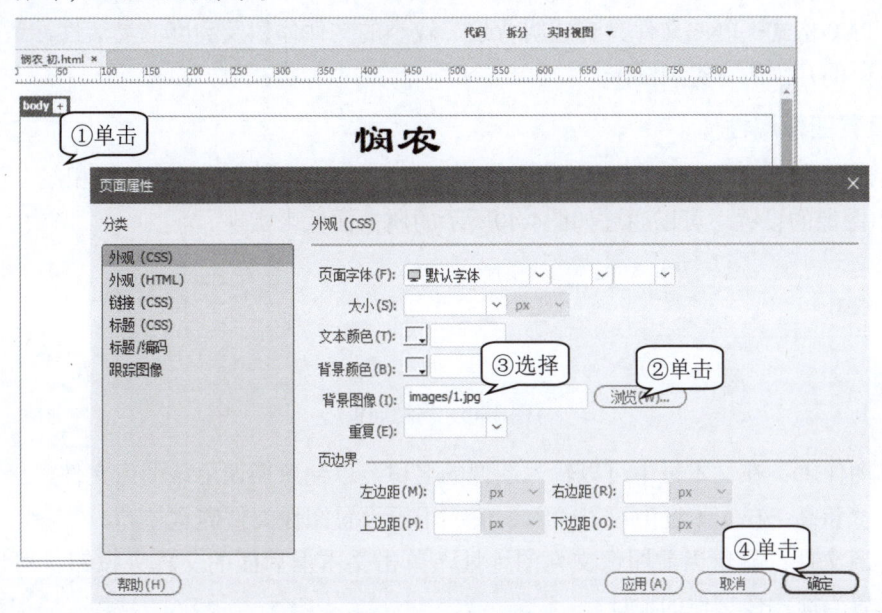

图 4-38 设置背景

03 查看代码 切换到"代码"视图，查看插入背景图片的代码，如图4-39所示。

图 4-39 插入背景图片的代码

04 保存并预览网页 按Ctrl+S键保存文件，并按F12键浏览网页效果。

知识库

1. 常用的图像格式

图像是网页中使用较多的表现方式之一，它在网页中不仅具有传达信息的作用，还可以起到烘托主题的作用。由于图像格式、大小等差别，在制作网页时，应从多方面进行

77

图像格式的选择，要做到既可满足页面主题和效果的需求，又可加快网页的打开和下载速度。常用的图像格式如下。

- GIF格式：最多只能显示256种颜色，可以制作网络动画及透明图像，适用于色彩要求较低的导航条、按钮、图标和项目符号等。
- JPEG格式：24位的图像文件格式，图片压缩率可调节，可显示1670多万种颜色，适用于对色彩要求较高，对存储空间或网络传输速度要求也较高的风景画、照片等。
- PNG格式：PNG文件具有透明背景、较小的文件体积及高度的灵活性，适用于Web上的几乎所有类型图形。

2. 设置图像属性

在网页中插入图像后，可以对图像进行设置，达到与网页内容、风格相统一的效果。对网页中图像的设置，可以通过如图4-40所示的属性面板来实现。

图 4-40　属性面板

- 图像ID：在文本框中可以输入图像的名称，以便后期调用该图像文件。
- 宽和高：在文本框中可以输入数值，用于设置图像文件的宽与高。
- 源文件：显示当前图像文件的地址，单击文本框后面的文件夹按钮，可以重新设置当前图像文件的地址。
- 链接：在文本框中可以设置当前图像的链接地址。
- 替换：在文本框中可以输入文本，用于设置对当前图像文件的描述。
- 编辑：使用该按钮可以调用系统中安装的Photoshop软件对图像进行加工处理。
- 原始：可以输入通过Photoshop或Fireworks编辑的图像文件位置。
- 目标：在下拉列表中可以设置图像链接文件显示的目标位置。

4.2.4　设置图像特效

为了增加浏览网页的趣味性，可以设置图像特效，如当鼠标经过图像时变成另一幅图像，以增加网页的吸引力。

设置图像特效

实例9　设计"巴黎圣母院"图像特效

实例介绍

在介绍巴黎圣母院经历火灾事件时，可以配上火灾前后的图片，增强视觉感染力。网页中默认显示的是火灾前的照片，鼠标经过时即变成火灾后的照片，效果如图4-41所示。

78

| 鼠标经过前 | 鼠标经过时 |

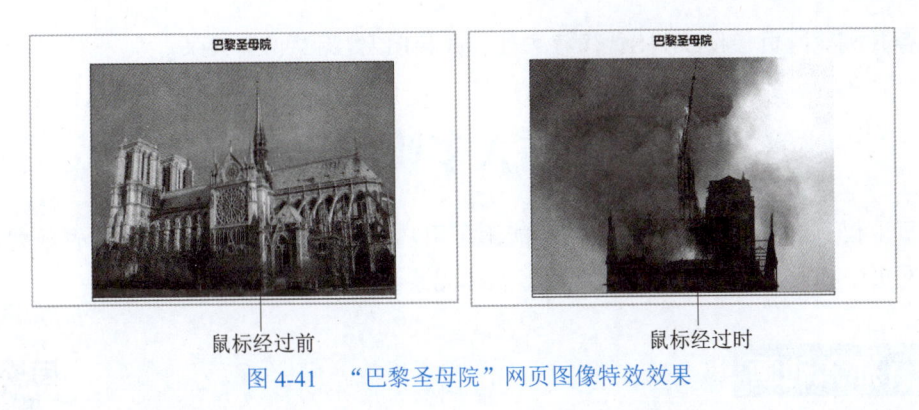

图 4-41 "巴黎圣母院"网页图像特效效果

制作鼠标经过图像时,可以使用动作行为,也可以直接使用"鼠标经过图像"命令,设置好原始图像和鼠标经过图像,预览即可看到效果。

实例制作

01 打开文件 运行软件,打开文件"巴黎圣母院_初.html"。

02 插入原始图像和鼠标经过图像 选择"插入"→HTML→"鼠标经过图像"命令,打开"插入鼠标经过图像"对话框,按图4-42所示操作,插入原始图像和鼠标经过图像,设置鼠标按下时跳转的网页位置。

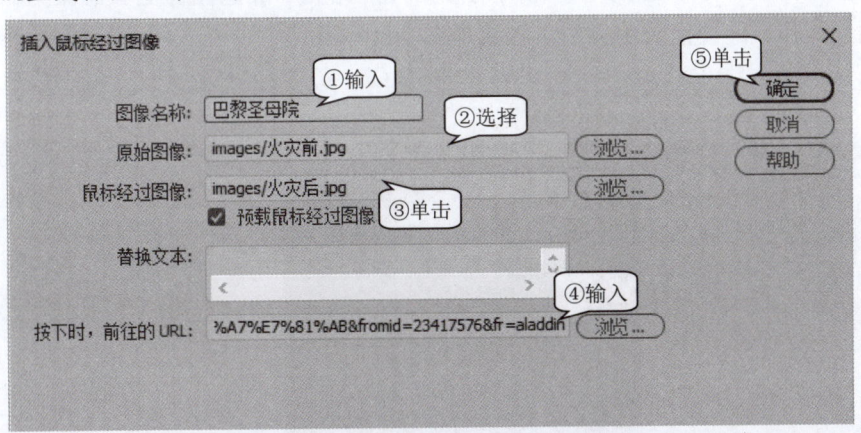

图 4-42 插入原始图像和鼠标经过图像

03 查看代码 切换到"代码"视图,查看添加图像特效的代码,如图4-43所示。

```
31 ▼ <body onLoad="MM_preloadImages('images/火灾后.jpg')">
32    <h2 style="text-align: center">巴黎圣母院</h2>
33 ▼ <table width="400" border="1" align="center">
34 ▼    <tbody>
35 ▼        <tr>
36            <td><a
               href="https://baike.baidu.com/item/4%C2%B715%E5%B7%B4%E9%BB%8E%E5%9C%A3
               E6%AF%8D%E9%99%A2%E7%81%AB&E7%81%BE%E4%BA%8B%E6%95%85/23417516?
               fromtitle=%E5%B7%B4%E9%BB%8E%E5%9C%A3%E6%AF%8D%E9%99%A2%E5%A4%A7%E7%81%A
               B&fromid=23417576&fr=aladdin" onMouseOut="MM_swapImgRestore()"
               onMouseOver="MM_swapImage('巴黎圣母院','','images/火灾后.jpg',1)"><img
               src="images/火灾前.jpg" alt="" width="614" height="460" id="巴黎圣母院">
               </a></td>
37        </tr>
38    </tbody>
39 </table>
40 <p>   当地时间2019年4月15日下午6点50分左右,法国巴黎圣母院发生火
   灾,整座建筑损毁严重。着火位置位于圣母院顶部塔楼,大火迅速将圣母院塔楼的尖顶吞噬,很快,尖顶如
   被拦腰折断一般倒下。</p>
```

鼠标经过图像

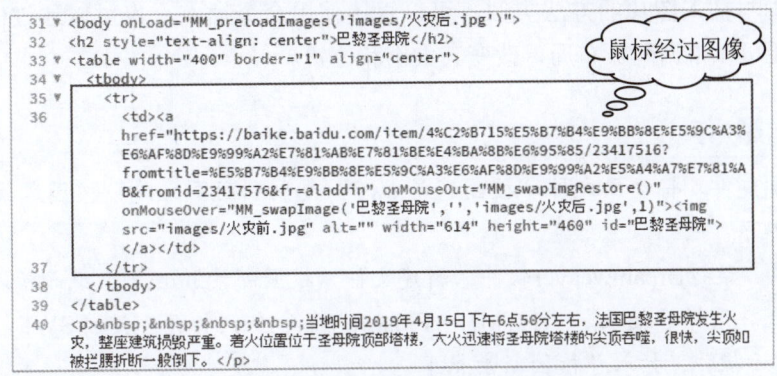

图 4-43 添加图像特效的代码

04 保存并浏览网页 按Ctrl+S键保存文件，并按F12键浏览网页效果。

4.3 插入多媒体元素

网页上仅有静态的文本和图像并不能满足用户的需要，为了增强网页的表现力，常常需要在网页中插入动画、音频及视频等多媒体元素。

4.3.1 插入动画

Flash是一种在网络上较为流行的矢量动画技术，文件容量小，动画生动，其常用文件格式为SWF。

插入动画

实例10 插入"校园新景"动画

实例介绍

将多张图片制作成动态的电子相册动画文件，比展示静态图像更具感染力。将"校园新景"图片制作成连续播放的相册，效果如图4-44所示。

图4-44 "校园新景"网页动画效果

插入动画与插入图片的方法类似，可以直接使用命令插入，也可以通过HTML代码插入。插入后还可以根据网页布局，改变其大小和位置。

实例制作

01 复制动画文件 将动画文件"校园新景.swf"复制到网页文件"校园风景.html"所在的文件夹下。

02 新建文件 运行Dreamweaver软件，新建文件"校园新景.html"，继而插入标题。

03 插入动画 选择"插入"→HTML→Flash SWF命令，打开"选择SWF"对话框，按图4-45所示操作，插入"校园新景.swf"。

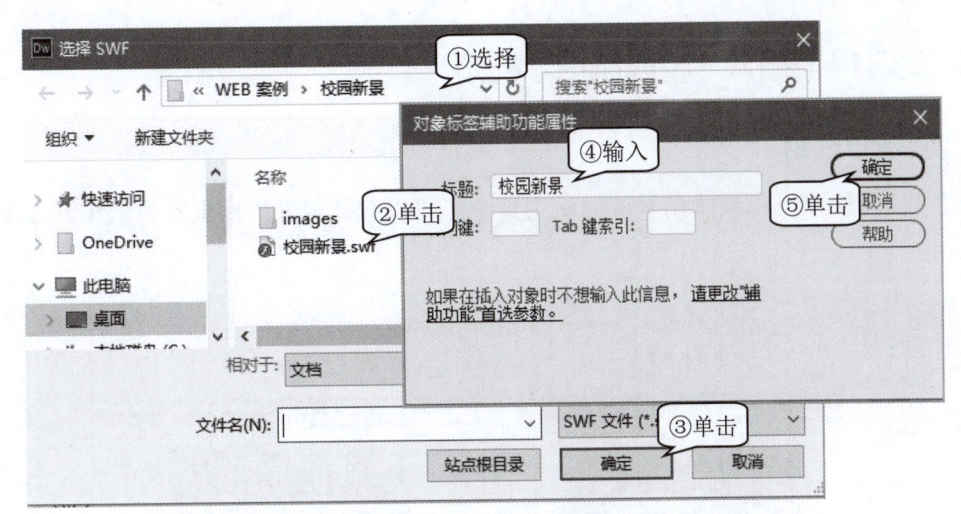

图 4-45　插入动画

04 查看代码　切换到"代码"视图，查看插入SWF文件的HTML代码，如图4-46所示。

图 4-46　插入 SWF 文件的 HTML 代码

05 保存并预览网页　按Ctrl+S键保存文件，并按F12键浏览网页效果。

4.3.2 插入视频

在网页中也可以插入视频，常见的视频格式有FLV、AVI、MOV、MPG、MP4等。其中，FLV格式的文件小、加载速度快，是目前应用较为广泛的视频传播格式。

插入视频

实例11　插入"校园航拍"视频

实例介绍

将"校园航拍"视频放在学校网站主页中，可以起到很好的网页宣传效果，如图4-47所示。

图 4-47　"校园航拍"网页视频效果

视频可以通过菜单命令插入，也可以用HTML代码插入，若插入的视频不是FLV格式，则可以使用格式转换软件进行转换。

实例制作

01 打开文件　运行软件，打开文件"校园航拍_初.html"。

02 插入视频　单击确定插入视频的位置，选择"插入"→HTML→Flash Video命令，打开"插入FLV"对话框，按图4-48所示操作，插入FLV视频。

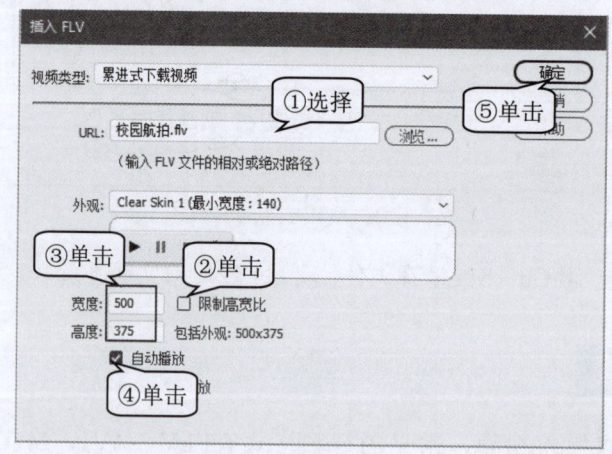

图 4-48　插入 FLV 视频

03 查看代码　切换到"代码"视图，查看插入视频文件的HTML代码，如图4-49所示。

```
内。占地面积3.3万平方米,建筑面积1.3万平方米,有6×250m的高标准塑胶环形跑道操场,并有
3个塑胶标准篮球场。</span></p>
13 ▼ <object classid="clsid:D27CDB6E-AE6D-11cf-96B8-444553540000" width="300"
height="300" id="FLVPlayer">
14    <param name="movie" value="FLVPlayer_Progressive.swf" />
15    <param name="quality" value="high" />
16    <param name="wmode" value="opaque" />
17    <param name="scale" value="noscale" />
18    <param name="salign" value="lt" />
19    <param name="FlashVars"
      value="&amp;MM_ComponentVersion=1&amp;skinName=...&amp;streamName=%E6%A0%A1%E5%9B%AD%E8%88%AA%E6%8B%8D&amp;...toRewind=false" />
20    <param name="swfversion" value="8,0,0,0" />
21    <!-- 此 param 标签提示使用 Flash Player 6.0 r65 和更高版本的用户下载最新版本
      的 Flash Player。如果您不想让用户看到该提示,请将其删除。 -->
22    <param name="expressinstall" value="Scripts/expressInstall.swf" />
```

视频代码

图 4-49　插入视频文件的 HTML 代码

04 保存并预览网页　按Ctrl+S键保存文件,并按F12键浏览网页效果。

4.3.3　插入音频

在网页中插入背景音乐,会给人带来听觉上的震撼。网页中使用的音频文件类型主要有MID、WAV、AIF、MP3等。其中,MP3格式的音频文件的品质最好。

插入音频

实例12　插入"春节序曲"音频

实例介绍

在以"春节序曲"为主题的网页中,加入动听的"春节序曲"背景音乐,更能充分展现一幅人民在春节时热烈欢腾的场面及团结友爱、互庆互贺的动人图景,如图4-50所示。

——音频

图 4-50　"春节序曲"网页音频效果

插入音频与插入视频的方法类似。插入音频后的网页会显示播放工具栏,工具栏上有控制播放、暂停、进度、音量和下载等按钮。

实例制作

01 打开文件　运行Dreamweaver软件,打开网页文件"春节序曲_初.html"。
02 插入音频　确定插入点,选择"插入"→HTML→HTML5 Audio命令,在"属性"对

话框中，按图4-51所示操作，插入音频文件"春节序曲.mp3"。

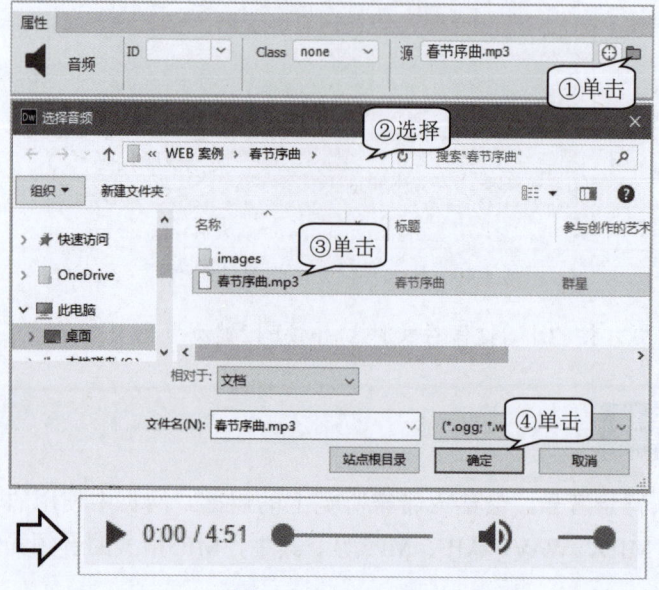

图 4-51　插入音频

> ❖ 提示：
>
> 选择"插入"→HTML→"插件"命令，可以使用插件方式插入各种格式的音频和视频文件。

03 查看代码　切换到"代码"视图，查看插入音频文件的HTML代码，如图4-52所示。

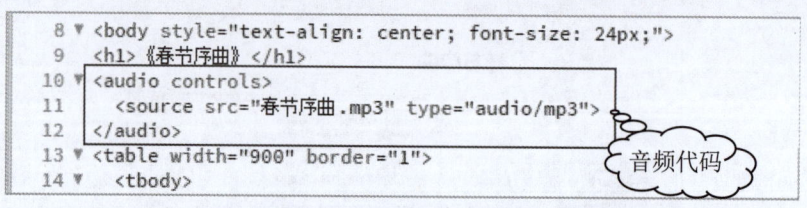

```
 8 ▼ <body style="text-align: center; font-size: 24px;">
 9    <h1>《春节序曲》</h1>
10 ▼ <audio controls>
11      <source src="春节序曲.mp3" type="audio/mp3">
12    </audio>
13 ▼ <table width="900" border="1">
14 ▼   <tbody>
```
（音频代码）

图 4-52　插入音频文件的 HTML 代码

04 保存并预览网页　按Ctrl+S键保存文件，并按F12键浏览网页效果。

知识库

1. 常用的音频文件格式

在浏览网页时，若有音频随着网页的打开而自动响起，则会给人以美的享受。网页中常用的音频文件格式主要有以下三种。

○ MID格式：该格式是网页设计中最常用的文件格式，占用空间小，不需要特定的插件支持播放，一般的浏览器都支持。

- WAV 格式：该格式的声音品质一般较好，不需要提供额外的插件作为运行条件，缺点是文件比较大，会影响网页运行速度。
- MP3 格式：该格式的音质很好，但文件比较大，部分浏览器需要插件才支持播放。

2. 使用代码插入音频

当运用HTML5的<audio>标签插入音频时，可以使用代码设置属性controls、autoplay和loop的值，此时网页音频自动循环播放且不显示播放器，起到背景音乐的作用。<audio>标签的属性信息如表4-2所示。

表4-2　<audio>标签的属性信息

属性	值	描述
autoplay	autoplay	音频在就绪后马上播放
controls	controls	向用户显示控件，如播放按钮等
loop	loop	当音频结束后重新开始播放
src	url	要播放的音频的URL

4.4 使用超链接

超链接是指网页上某些文字或图像等元素与另一个网页、图像或程序之间的连接关系，当用户单击该元素时，浏览器就会跳转到其链接的对象上。常见的超链接主要有文本和图像链接、电子邮件链接和下载链接等。

4.4.1 创建超链接

创建超链接，便于用户很好地进行网页内容的交互式浏览。Dreamweaver为文字与图像提供了多种创建链接的方法，可以通过对其属性的控制，有效地使页面之间形成一个庞大而紧密联系的整体。

创建超链接

实例13　创建"我爱你，中国"超链接

● 实例介绍

在"四大文明古国"网页中，展示了四大文明古国的文字和图片信息，可以设置文字和图像的超链接。单击"中国"文字链接，打开"我爱你，中国"网页，可以了解中国的相关信息；单击"长城"图像链接，可以链接到百度搜索引擎界面，如图4-53所示。

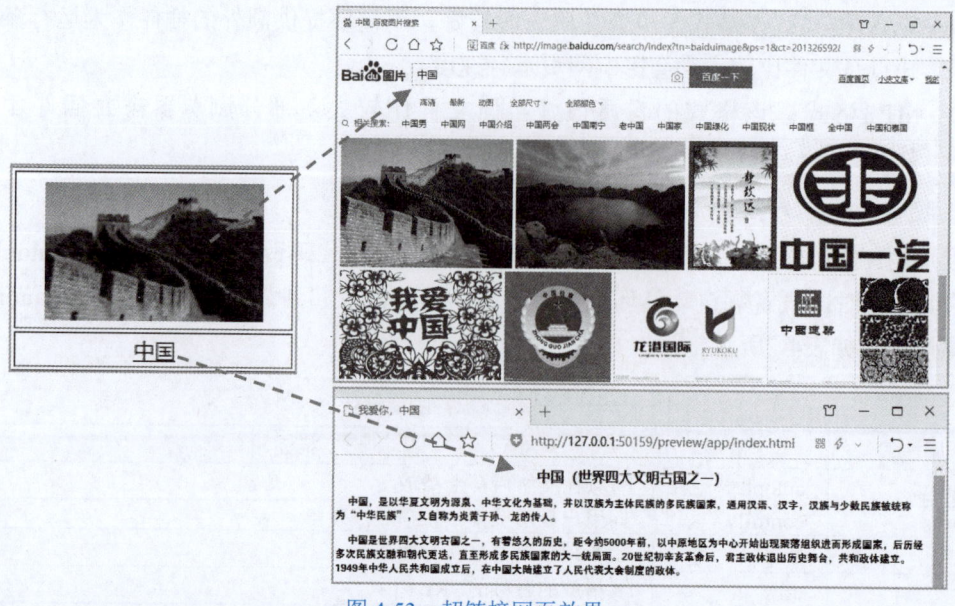

图 4-53　超链接网页效果

实例制作

01 打开文件　运行 Dreamweaver 软件，打开网页文件"四大文明古国.html"。

02 添加文字链接　选中文字"中国"，按图 4-54 所示操作，实现文字链接到文件的效果。

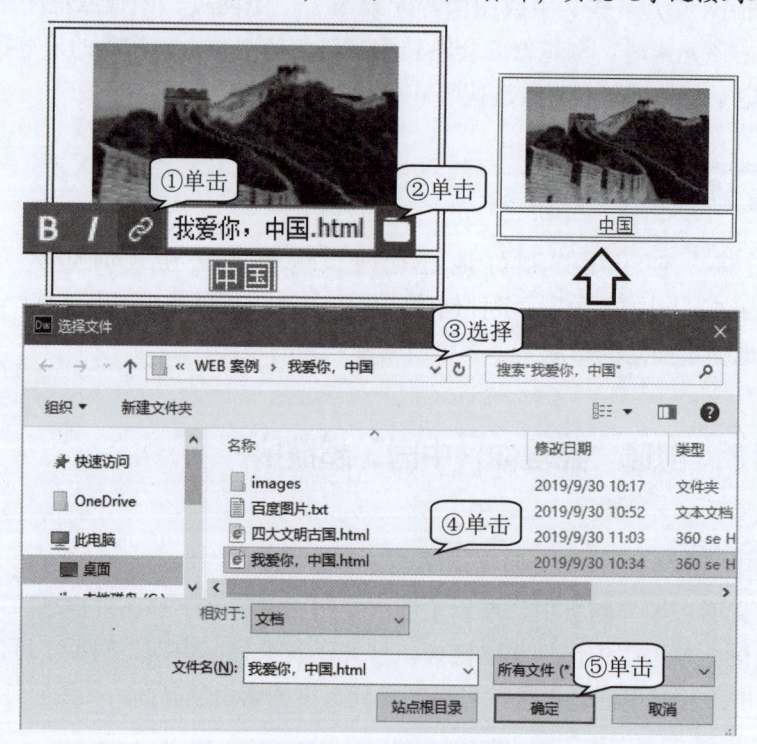

图 4-54　添加文字链接

❖提示：

在属性面板中，单击"链接"文本框后的"浏览文件"按钮，可以实现文字链接到文件的效果。

03 添加图像链接 选中图像，选择"窗口"→"属性"命令，在弹出的"属性"对话框中，按图4-55所示操作，实现图像链接到互联网网页的效果。

图 4-55 添加图像链接

04 查看代码 切换到"代码"视图，查看添加超链接的HTML代码，如图4-56所示。

图 4-56 添加超链接的 HTML 代码

05 保存并预览网页 按Ctrl+S键保存文件，并按F12键浏览网页效果。

4.4.2 添加锚链接

当用户浏览一个内容较多的网页时，查找信息会浪费大量的时间。在这种情况下，可以在网页中创建锚链接，将其放在页面顶部作为"书签"。用户点击锚链接即可快速跳转到同一网页中感兴趣的内容位置。

添加锚链接

实例14 添加"海燕"网页锚链接

实例介绍

高尔基的《海燕》，描绘了海燕面临狂风暴雨和波涛翻腾的大海时的壮丽场景，我们可以为"作品原文"文字创建锚记，并设置"高尔基散文诗"的链接地址为该锚记，如图4-57所示。

图 4-57 添加锚链接的效果

实例制作

01 打开文件 运行软件，打开文件"海燕_初.html"。

02 创建锚记 选中文字"作品原文"，在"代码"视图中输入代码，设置锚记名称为 yuanwen，即可自动生成锚记图标 >，如图4-58所示。

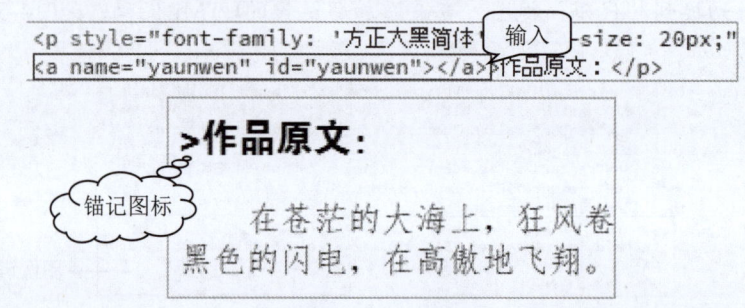

```
<p style="font-family: '方正大黑简体'; font-size: 20px;"
<a name="yaunwen" id="yaunwen"></a>作品原文：</p>
```
输入

图 4-58 创建锚记

03 建立锚链接 选中文字"高尔基散文诗"，在属性面板中设置其锚链接，锚链接的路径格式为"#锚记名称"，如图4-59所示。

图 4-59 建立锚链接

04 查看代码 切换到"代码"视图，查看添加锚链接的HTML代码，如图4-60所示。

```
<body style="font-family: '仿宋'; font-size: 18px;">
<h2><strong>海燕</strong></h2>
<h4><a href="#yaunwen">(高尔基散文诗) </a></h4>
<p style="text-align: center"><img src="images/海燕.jpg" width="500" height="375" ></p>
……
<p style="font-family: '方正大黑简体'; font-size: 20px;"<a name="yaunwen" id="yaunwen"></a>作品原文：</p>
<p>    在苍茫的大海上，狂风卷集着乌云。在乌云和大海之间，海燕像黑色的闪电，在高傲地飞翔。</p>
<p>    一会儿翅膀碰着波浪，一会儿箭一般地直冲向乌云，它叫喊着，——就在这乌儿勇敢的叫喊声里，乌云听出了欢乐。 </p>
```

标记锚链接

添加锚记

图 4-60 添加锚链接的 HTML 代码

05 保存并预览网页　按Ctrl+S键保存文件，并按F12键浏览网页效果。

知识库

1. 超链接的路径

根据链接和路径的关系，超链接的路径可以分为相对路径和绝对路径，也可以分为内部路径和外部路径。

- 相对路径：指明目标端点与源端点之间相对位置关系的路径，如站点内网页的链接路径.../news/news1.html。
- 绝对路径：指明目标端点所在具体位置的完整URL地址的链接路径，如http://www.baidu.com。网站内部网页间的链接通常不会使用绝对路径，若链接到外部网址，则使用绝对路径。

2. 超链接的分类

根据链接对象的不同，超链接可分为文本链接、命名锚记链接、图像链接、电子邮件链接、下载链接、空链接等。

- 文本链接：以文字为媒介的链接，它是网页中最常被使用的链接方式，具有文件小、制作简单和便于维护的特点。
- 命名锚记链接：创建命名锚记链接分为创建命名锚记和链接命名锚记两步。
- 图像链接：与创建文字链接的方法相似，选中图像后利用属性面板进行相关的设置即可。此外，图像还有一种链接方式，即映像图链接，可以对图像中的每一个映像部分分别创建链接，能达到较好的视觉效果。
- 电子邮件链接：当访问者单击该链接时，系统会启动客户端电子邮件系统，并进入创建新邮件状态，使访问者能方便地撰写电子邮件。
- 下载链接：若所链接的目标文件为浏览器不能自动打开的文件格式，如.rar、.zip、.ex，则会弹出"文件下载"对话框，用户可根据需要选择下载或打开文件。
- 空链接：未指定目标文档的链接。使用空链接可以为页面上的对象或文本附加行为。

4.5　使用模板快速制作网页

在网站中，许多网页往往有相同的内容，如页眉、导航和页脚等。相同的内容没有必要每次都重复制作，为此，我们可以制作一个模板，通过模板生成需要的网页，再修改具体内容即可。

4.5.1 创建模板文件

模板是一种特殊类型的文档，用于设计固定的并可重复使用的页面布局结构，基于模板创建的网页文档会继承模板的布局结构，可以直接创建新模板，也可以将现有网页保存为模板。

创建模板文件

实例15　创建"花园学校"网页模板

实例介绍

花园学校的网站分为学校概况、新闻动态、教师之家、学生天地、教研视窗和德育之窗6个栏目，每个栏目均由若干页面组成。为了使网站的整体布局统一，可以创建"花园学校"网页模板，统一页眉、页脚和导航，如图4-61所示。

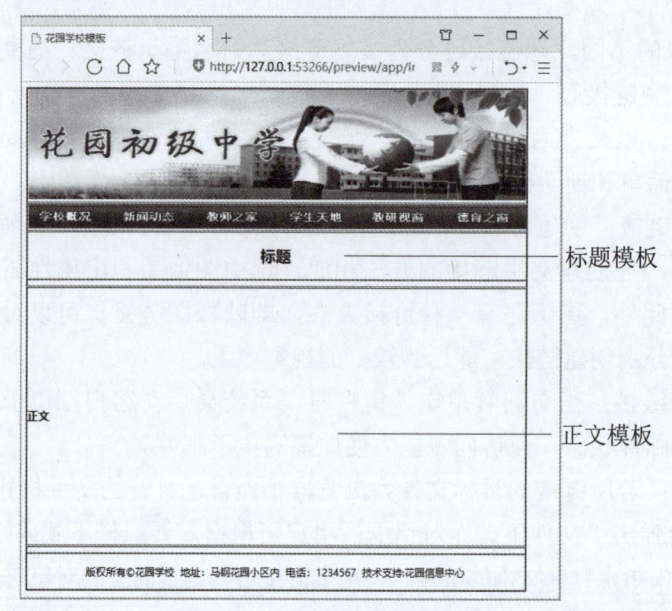

图4-61　"花园学校"网页模板

可以采取新建网页的方式制作"花园学校"模板。打开站点，创建模板，插入图片，在网页上添加可编辑区域。模板上共创建了两个可编辑区域，分别是"标题"与"正文"。

实例制作

01 建立站点　运行Dreamweaver软件，选择"站点"→"新建站点"命令，按图4-62所示操作，建立"花园学校网站"站点。

第 4 章　制作网页内容

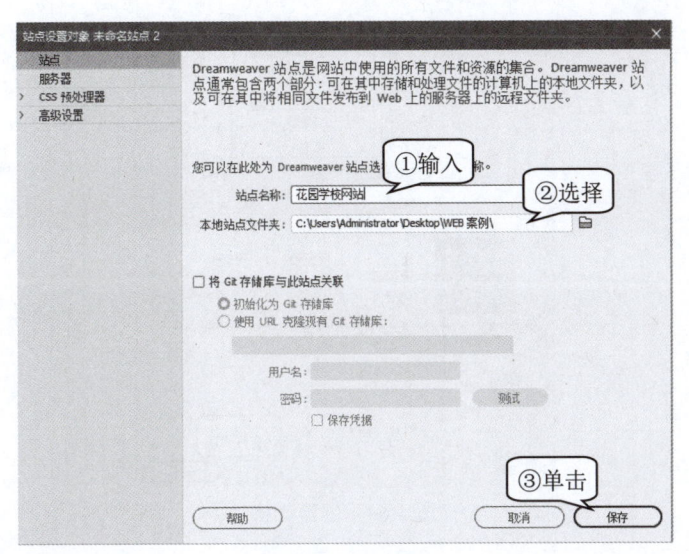

图 4-62　建立站点

02 新建模板文件　选择"文件"→"新建"命令，打开"新建文档"对话框，按图4-63所示操作，创建模板文件。

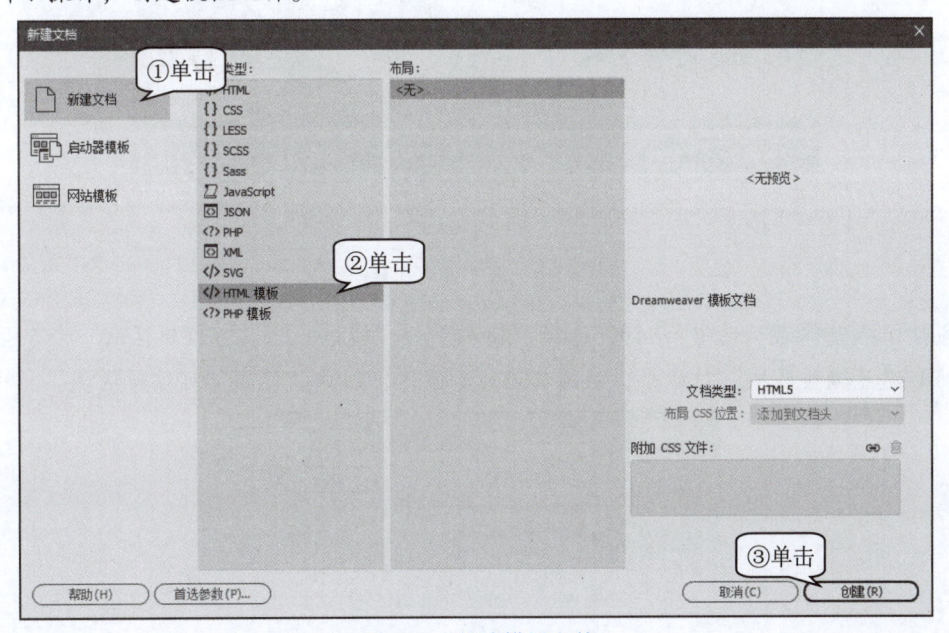

图 4-63　新建模板文件

03 新建表格　选择"插入"→ Table命令，在弹出的Table对话框中，按图4-64所示操作，创建一个5行1列的表格。

❖ **提示：**

　　当表格的边框设置为0时，在编辑状态下，表格边框显示为虚线；在浏览器中浏览时，不显示边框线。

91

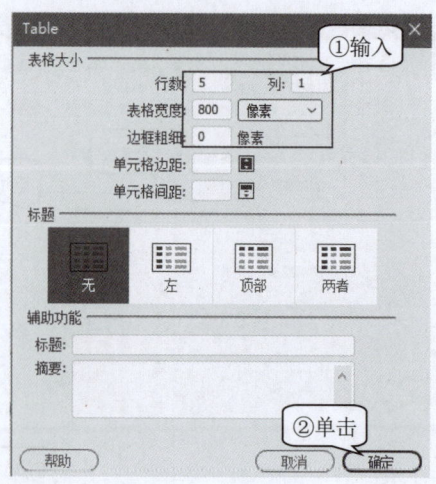

图 4-64　创建表格

04 制作页眉和导航　在第1行插入图片"页眉.png",在第2行插入图片"导航.png",并使其居中显示,效果如图4-65所示。

图 4-65　制作页眉和导航

05 创建可编辑区域　选中第3行,选择"插入"→"模板"→"可编辑区域"命令,打开"新建可编辑区域"对话框,按图4-66所示操作,创建"标题"可编辑区域。

图 4-66　创建可编辑区域

06 设置"标题"格式　选中标题,在属性面板中设置标题的格式为"标题2""居中对齐",并添加水平线,效果如图4-67所示。

图 4-67　设置"标题"格式

07 创建正文可编辑区域 选中第4行，使用同样的方法创建"正文"可编辑区域，并设置正文文字格式为"标题3"，字高为400px。

08 制作页脚 选中第5行，添加水平线，输入页脚内容，设置格式为"居中"、大小为"3"，效果如图4-68所示。

图 4-68　制作页脚

09 保存网页模板 按Ctrl+S键保存文件，系统弹出"另存为"对话框，将文件命名为"花园学校模板.dwt"，保存到Templates文件夹中。

4.5.2 使用模板文件

使用模板快速建立网页后，该网页仍与模板相关联，当模板改变时，网页会自动更新。

使用模板文件

实例16　应用模板设计"学校概况"网页

实例介绍

使用模板文件制作如图4-69所示的"学校概况"网页，只需要在标题处输入文本"花园学校基本情况介绍"，在正文处输入基本情况的文字内容即可。

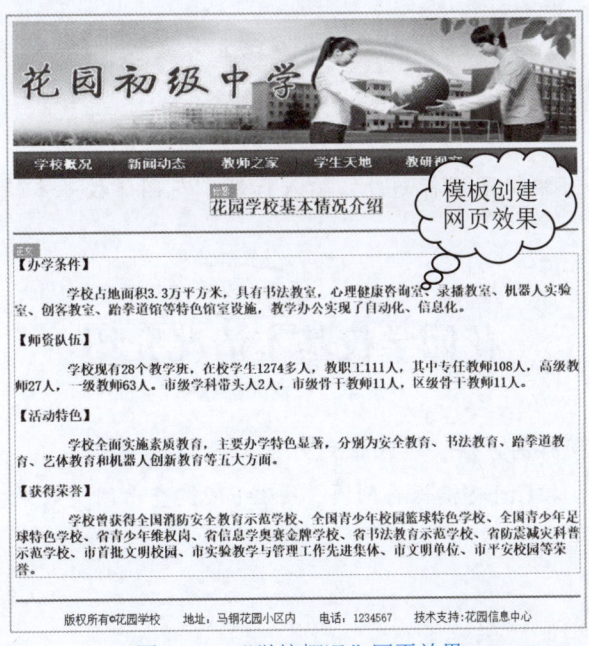

图 4-69　"学校概况"网页效果

选择"文件"→"新建"命令,在"新建文档"对话框中选择"网站模板",选择要使用的网页模板,然后单击"创建"按钮,基于选中的模板可以创建新的网页文件。

实例制作

01 新建文件 运行软件,选择"文件"→"新建"命令,按图4-70所示操作,以"花园学校模板.dwt"为模板创建网页文件。

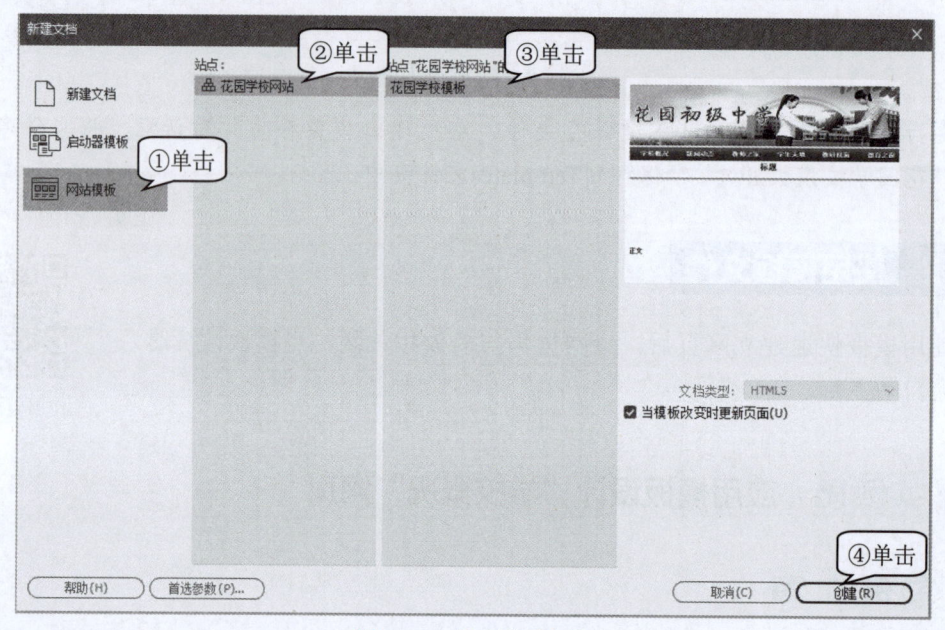

图 4-70 新建网页文件

> ❖ 提示:
>
> 使用模板创建网页时,默认设置为当模板改变时更新页面;也可以设置为网页分离模板,当模板改变时,网页不受影响。

02 输入标题 单击可编辑区域标题处,输入标题"花园学校基本情况介绍",如图4-71所示。

图 4-71 输入标题

03 输入正文 按照同样的方法,输入正文内容。

04 保存并预览网页 按Ctrl+S键保存网页,并按F12键查看网页效果。

4.5.3 管理模板文件

对建立好的模板文件,可以进行修改、删除等管理。例如,对模板进行修改后,可以将模板的修改应用于所有由该模板生成的网页中。

管理模板文件

实例17 管理"花园学校"网页模板

实例介绍

制作完网站后,发现网页上的导航还需要添加栏目标签,这时可在导航的最左边添加"首页"标签,如图4-72所示。

图4-72 修改导航

打开原模板文件"花园学校模板.dwt",用修改过的图片"导航2.png"替换图片"导航.png",并使用模板更新所有生成的网页文件。

实例制作

01 打开模板 运行软件,打开模板文件"花园学校模板.dwt"。

02 修改模板 选中模板文件导航图片,按图4-73所示操作,修改模板。

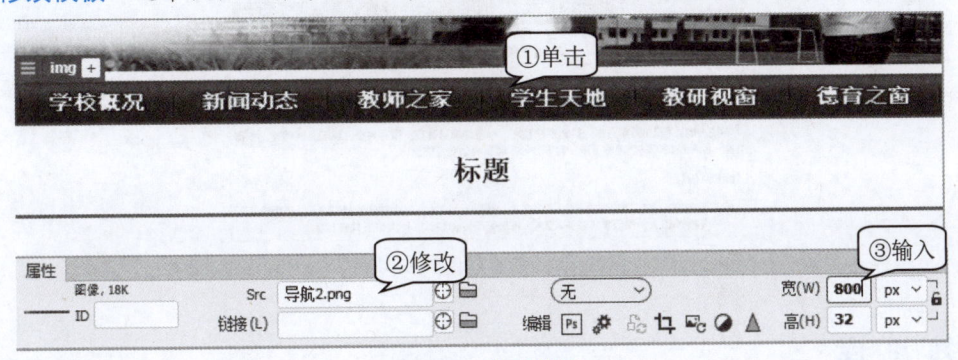

图4-73 修改模板

03 保存网页 选择"文件"→"保存"命令,保存修改的模板文件。

04 自动更新网页 保存模板后,系统会自动弹出"更新模板文件"对话框,按图4-74所示操作,更新网站中所有使用该模板制作的页面。

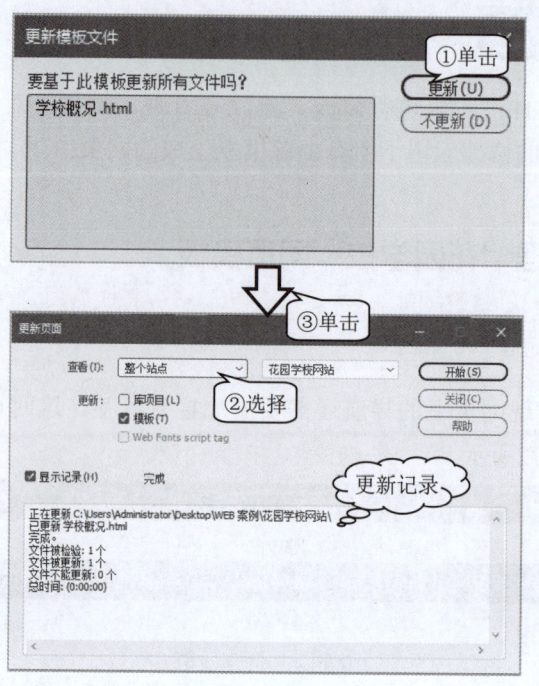

图 4-74　更新网页

05 保存并预览网页　查看由"花园学校模板.dwt"模板制作的网页文件"学校概况.html",更新后的效果如图4-75所示。

图 4-75　更新后的网页效果

知识库

1. 创建模板的方法

创建模板文件有两种方法：新建文件创建模板；修改已有的网页文件并将其保存为模板文件。模板文件以文件扩展名dwt保存在站点本地根文件夹的Templates文件夹中。如果该文件夹在站点中不存在，则Dreamweaver将在保存新建模板时自动创建该文件夹。

2. 模板中的区域

模板是一种特殊类型的网页文档，只是被加入了特殊的模板信息，一般用来设计"固定的"页面布局并定义可编辑区域。用户只需根据模板创建网页并在可编辑区域中进行编辑即可完成新页面的设计，大大提高了工作效率。简单地说，模板是一种用来批量创建具有相同结构及风格的网页的重要手段。

- 模板的重复区域：该区域是模板的一部分，模板用户在模板中添加或删除重复区域的内容，同时基于模板设计的网页也会发生改变。重复区域通常与表格一起使用，但也可以为其他页面元素定义重复区域。使用重复区域，可以通过重复特定项目来控制页面布局，如目录项、说明布局或重复数据行。
- 模板的可编辑区域：为了避免编辑时因误操作而导致模板中的元素发生变化，模板中的内容默认为不可编辑。模板创建者可以在模板的任何区域指定可编辑的区域，要使模板生效至少包含一个可编辑区域，否则该模板没有任何实质意义。创建可编辑区域的方法一：单击"常用"选项卡中的"可编辑区域"按钮；方法二：直接在模板空白处右击，选择"模板"下的"新建可编辑区域"选项。

4.6 设计移动端网页

随着移动互联网的兴起，手机已经成为人们生活中必不可少的设备，越来越多的人使用手机浏览网页，移动端网页的应用也越来越广泛。设计移动端网页，可以方便人们访问，有助于人们获得更好的浏览网站的体验。

4.6.1 创建移动端网页页面

使用Dreamweaver设计移动端网页，首先新建HTML5网页，然后插入jQuery Mobile的页面组件，创建移动端网页页面。手机和平板已经成为人们访问互联网的主要工具，移动端网页不受时间和空间的限制，扫描二维码或输入网址即可打开网页。此外，移动端的交互界面比PC端更加友好，避免了浏览计算机网页时常见的字体太小或浏览器不兼容等问题。

创建移动端网页页面

实例18　设计大学生创客社团移动端网页页面

实例介绍

大学校园里有很多社团，为了宣传和介绍这些社团，可以设计社团移动端网页页面。在新建的HTML5网页上插入jQuery Mobile页面组件，创建移动端网页页面，效果如图4-76所示。

图4-76　大学生创客社团移动端网页页面

实例制作

01 新建网页 运行Dreamweaver软件，选择"文件"→"新建"命令，按图4-77所示操作，创建"大学生创客社团"页面。

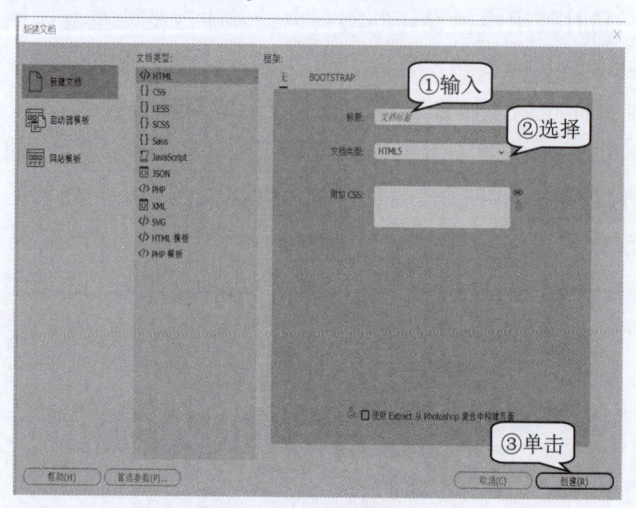

图 4-77 新建 HTML5 页面

02 插入页面组件 选择"插入"→ jQuery Mobile →"页面"命令，打开"jQuery Mobile 文件"对话框，按图4-78所示操作，插入页面组件。

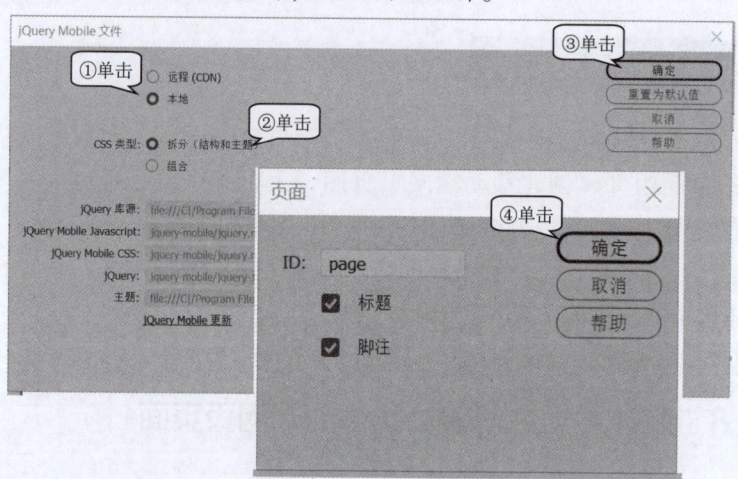

图 4-78 插入页面组件

> **提示：**
> 在"jQuery Mobile文件"对话框中，若选择"远程"单选按钮，则需要连接远程的jQuery Mobile文件的CDN服务器；若选择"本地"单选按钮，则使用Dreamweaver提供的文件。

4.6.2 插入布局网格

使用"布局网格"快速构建移动网页结构，创建移动网页页面后，需

插入布局网格

要修改原来的网页结构，添加导航栏、宣传图片等。

实例19　插入"大学生创客社团"导航

实例介绍

创建移动网页页面后，插入布局网格可以设计移动网页的结构布局。利用布局网格插入"大学生创客社团"导航，效果如图4-79所示。

图 4-79　"大学生创客社团"导航效果

选中标题位置，删除原标题内容，插入1行4列的布局网格，修改每个区块的文字，设计网页导航；在内容位置删除内容文字，插入3行1列的布局网格，用以布局其他内容。

实例制作

01 插入布局网格　创建移动网页页面，删除"<h1>标题</h1>"，在当前位置选择"布局网格"命令，按图4-80所示操作，插入1行4列的布局网格。

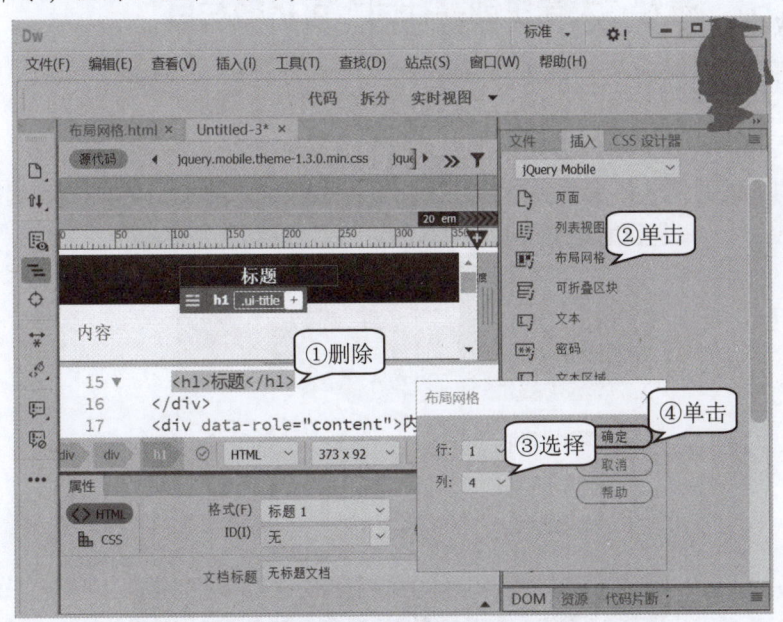

图 4-80　插入布局网格

99

02 修改导航标题 在代码区将"区块1"~"区块4"分别改成首页、社团介绍、社团活动、社团荣誉,效果如图4-81所示。

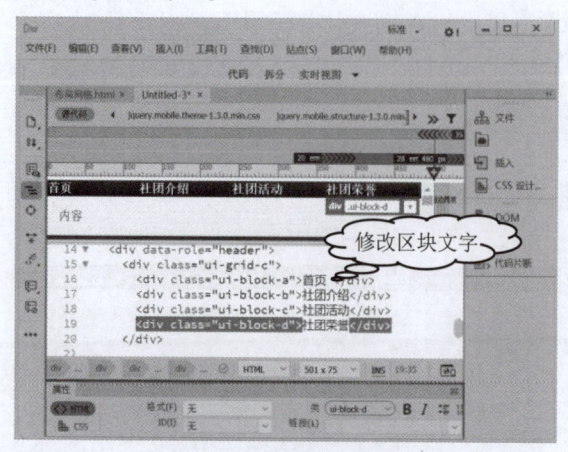

图 4-81 修改导航标题

03 插入图片 用同样的方法删除内容文字,插入3行1列的布局网格,删除"区块1,1",选择"插入"→Image命令,插入社团图片。

04 保存并预览网页 按Ctrl+S键保存网页,并按F12键查看网页效果。

4.6.3 插入可折叠区块

移动版网页宽度有限,设计可折叠区块,分类有条理,页面能够显示更多的内容,使用移动设备操作起来更方便。

插入可折叠区块

实例20 插入"大学生创客社团"可折叠栏目

实例介绍

移动网页布局设置好后,需要添加栏目板块。插入可折叠区块,通常是一种较好的设计栏目板块的方法。插入"大学生创客社团"可折叠栏目,效果如图4-82所示。

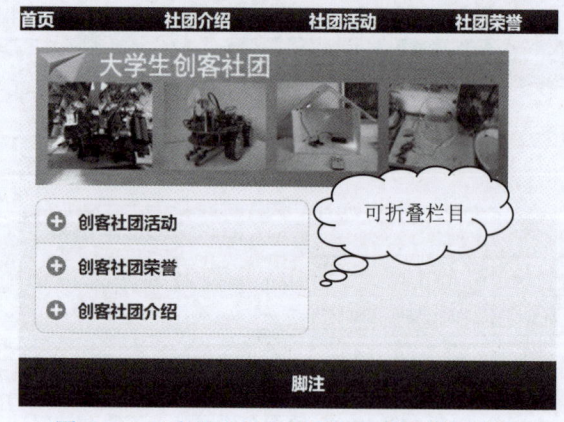

图 4-82 "大学生创客社团"可折叠栏目效果

实例制作

01 插入可折叠区块 运行软件，打开网页文件"可折叠区块.html"，按图4-83所示操作，插入可折叠区块。

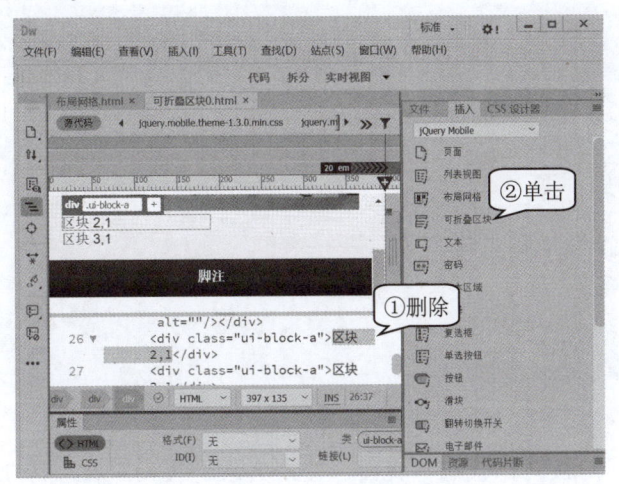

图4-83 插入可折叠区块

02 修改可折叠区块文字 切换到"代码"视图，分别修改"标题"文字为"创客社团活动""创客社团荣誉""创客社团介绍"。

03 保存网页 选择"文件"→"保存"命令，保存修改后的网页文件。

4.6.4 插入列表视图

设计移动版网页栏目内容，可以通过插入列表视图来实现。运用列表视图组件，便于设计栏目列表。

插入列表视图

实例21 设计"大学生创客社团"折叠栏目列表

实例介绍

折叠栏目设置好后，需要对折叠栏目添加相应的列表，设计效果如图4-84所示。

图4-84 折叠栏目列表网页效果

101

实例制作

01 插入栏目列表　　运行软件，打开网页文件"列表视图.html"，按图4-85所示操作，插入栏目列表。

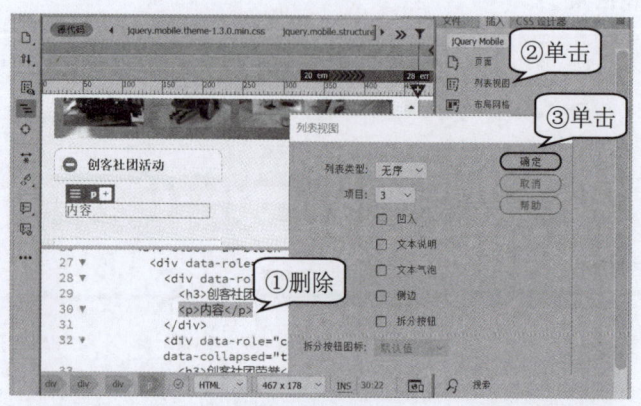

图4-85　插入栏目列表

02 修改列表文字　　切换到"代码"视图，修改列表"页面"文字分别为"中国国际大学生创新大赛""全国大学生创新发明大赛""中国大学生飞行器设计创新大赛"。

03 保存网页　　选择"文件"→"保存"命令，保存修改后的网页文件。

知识库

1. 认识jQuery Mobile

jQuery Mobile是一款基于HTML5的用户界面系统，旨在使所有智能手机、平板电脑和桌面设备都可以响应网站和应用。jQuery Mobile给主流移动平台带来了jQuery核心库，有一个完整统一的jQuery移动UI框架，支持全球主流的移动平台。jQuery Mobile特点：跨浏览器、简单易用、兼容性强、提供丰富的交互样式。

2. jQuery Mobile组件

jQuery Mobile提供了许多组件，利用这些组件可以为移动网页添加不同的页面元素，如列表视图、布局网格、可折叠区块、文本类元素、选择菜单、复选框和单选按钮等，使用方法简单，用法类似，先定位再插入组件即可。

4.7　小结和习题

4.7.1　本章小结

本章详细介绍了在网页中输入与编辑文本，插入表格、图像、动画、音频及视频等网页元素的方法。在网页中可以使用菜单命令插入网页元素，也可以通过编写HTML代码插入网页元素。本章还详细介绍了使用模板快速制作风格一致的网页及制作移动端网页的方法。

- 输入文本：主要介绍了输入文本、修改文本及设置文本格式的方法，以及插入列表、表格和特殊元素(如项目符号、序号等)的方法。
- 插入图像：主要介绍了如何使用命令与HTML语言插入和编辑图像。
- 插入多媒体元素：通过实例介绍了插入声音文件、动画文件及视频文件的方法。
- 使用超链接：通过实例介绍了创建超链接和添加锚链接的方法。
- 使用模板快速制作网页：通过实例介绍了模板的制作、模板的应用，以及修改模板更新网页等方法。
- 设计移动端网页：介绍了使用jQuery Mobile组件快速制作移动端网页的方法，即先用布局网格设计版面，然后插入可折叠区块、列表视图等组件。

4.7.2 本章练习

一、选择题

1. 文本标签<font>的属性不包括(　　)。
   A. face　　　　B. color　　　　C. size　　　　D. aligu

2. 在输入文本后，按Shift+Enter键，产生的是(　　)。
   A. 分节符　　　B. 换行符　　　C. 分页符　　　D. 分段符

3. 在网页中不需要解码的音频文件格式是(　　)。
   A. MID　　　　B. MP3　　　　C. MP4　　　　D. FLV

4. 在网页编辑过程中，若要在浏览器中查看效果，则可以直接按(　　)键。
   A. F9　　　　　B. F10　　　　C. F11　　　　D. F12

5. 下列属于表格操作的是(　　)。
   A. 选择行　　　B. 删除行　　　C. 隐藏行　　　D. 插入行

6. 下列图像格式中，一般不用于网页中的是(　　)。
   A. PNG　　　　B. JPG　　　　C. GIF　　　　D. BMP

7. 插入多媒体菜单项中，不包括(　　)。
   A. Flash　　　　B. 声音　　　　C. 视频　　　　D. 动画

8. 在Dreamweaver中，不属于视图模式的是(　　)。
   A. 代码视图　　B. 拆分视图　　C. 设计视图　　D. 规划视图

9. 列表分为(　　)。
   A. 有序列表与无序列表　　　B. 项目符号与数字符号
   C. 数字符号与标点符号　　　D. 项目符号与有序列表

10. 在网页中插入的Flash动画文件的格式是(　　)。
    A. SWF　　　　B. FLV　　　　C. FLA　　　　D. MP4

11. 链接锚记标签的符号是(　　)。
    A. @　　　　　B. #　　　　　C. &　　　　　D. *

二、判断题

1. 在网页中可以插入视频文件。　　　　　　　　　　　　　　　（　　）
2. 可以基于模板新建文件。　　　　　　　　　　　　　　　　　（　　）
3. 插入图片只能通过菜单命令实现。　　　　　　　　　　　　　（　　）
4. 在插入视频时，可以设置播放器的大小。　　　　　　　　　　（　　）
5. 插入的Flash动画文件，可以像图片一样改变大小。　　　　　　（　　）
6. 与网页模板断开联系的网页，无法使用模板更新。　　　　　　（　　）
7. 可以通过修改其他网页文件的方法制作模板文件。　　　　　　（　　）
8. 在Dreamweaver中，可以显示或隐藏标尺。　　　　　　　　　　（　　）
9. 在Dreamweaver中，插入特殊字符时不能插入版权符号。　　　（　　）
10. 在Dreamweaver中，插入音乐只能使用第三方控件。　　　　　（　　）
11. 对象添加了超链接后是无法修改的。　　　　　　　　　　　　（　　）

三、操作题

1. 新建站点"新技术"。
2. 新建网页文件，并将它保存为index.html。
3. 在网页属性对话框中设置主页的名称为"新技术"。
4. 在网页中插入Flash动画文件。
5. 在网页中插入视频文件。
6. 为网页中的图像添加百度网页超链接。
7. 为大学生创客社团插入社团介绍超链接，并设计社团介绍移动端网页。

第 5 章

使用 CSS 样式美化网页

利用HTML可以完成网页结构的搭建，实现网页的基本功能，但它对网页内容样式的控制能力有限，无法对网页的布局、字体、颜色、背景和其他图文效果进行有效的控制。

CSS具备广泛的功能，使用CSS技术可以对网页的布局、字体、颜色和背景进行精确控制，并能够帮助用户构建出既美观又适应不同屏幕尺寸的网页。本章将通过实例，介绍使用CSS样式美化网页的方法。

本章内容：
- 了解CSS基础知识
- 编写CSS样式代码
- 使用CSS样式美化文本
- 使用CSS样式修饰页面

5.1 了解CSS基础知识

CSS(cascading style sheet，层叠样式表)提供了丰富的样式规则，可以用来装饰和美化网页的版式。如果将HTML比作房屋的框架，那么使用CSS就相当于对房屋进行装修，若要改变房屋的装修风格，只需要修改CSS即可。

5.1.1 初识CSS样式

使用CSS样式，可以设置传统HTML中无法表现的样式，也可将同一个CSS样式表应用到不同的网页上，使它们实现统一的风格。

1. CSS的定义

在网页制作过程中，字符、段落、表格和图片等元素可以设置成各种不同的格式，每一种格式称为一种样式，将多种样式存放在一起称为样式

初识 CSS 样式

表。如图5-1所示,原始网页未使用CSS,修饰后的网页使用了CSS,该CSS中包含了字符、段落和图片元素的样式。

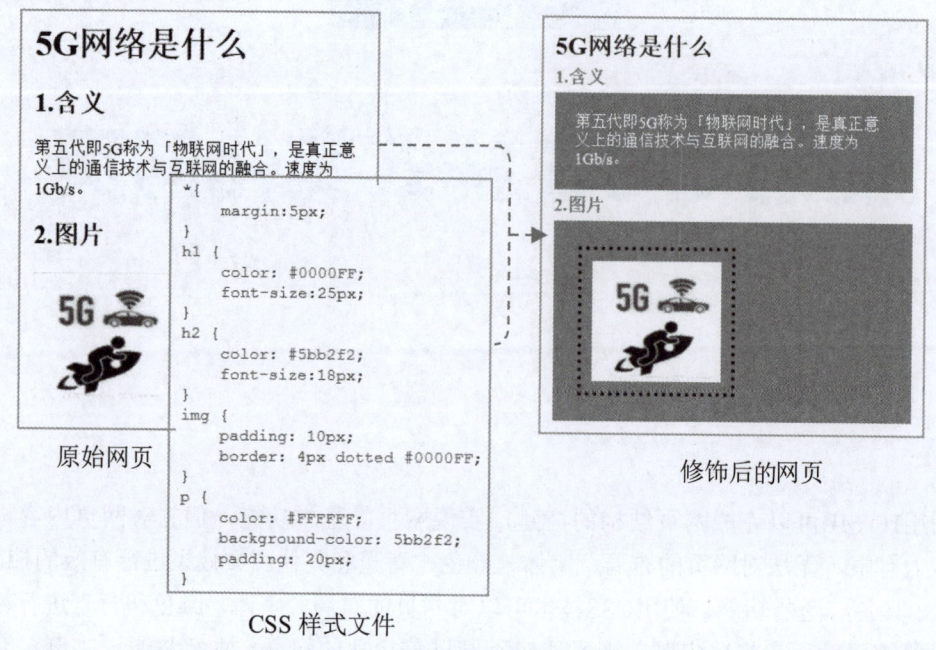

图 5-1　使用 CSS 美化网页效果

2. CSS的优点

CSS样式最大的优点就是"优化网页",具体表现在以下几个方面:可以改变浏览器的默认显示风格;可以将页面内容与显示样式分离;可以灵活定义风格,方便网站维护;引用相同的样式会产生相同的显示效果,大大节省了网页编辑和后期维护的时间。如图5-2所示,5个网页文件引用同一个CSS样式表sample.css。

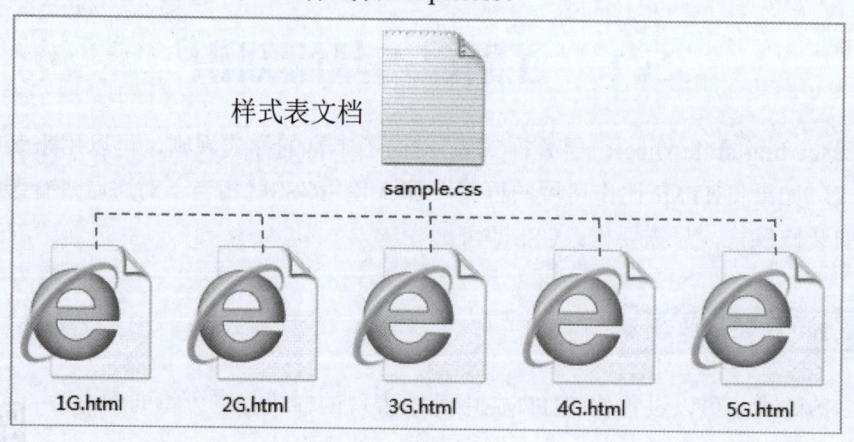

图 5-2　样式的引用

> 知识库

1. HTML的缺点

随着Internet的不断发展,人们对网页效果的要求也越来越高,HTML标签样式已经不能满足网页设计者的需求。HTML的缺点如下。

- 维护困难:为了修改某个特殊标签的格式,需要花费很多时间,尤其对整个网站而言,后期修改和维护成本较高。
- 标签不足:HTML本身标签非常少,很多标签都是为网页内容服务的,而关于内容样式标签,如文字间距、段落缩进,很难在HTML中找到。
- 网页过于"臃肿":由于无法对各种风格样式进行有效控制,HTML页面往往体积过大,占用了很多宽度。
- 定位困难:在整体布局页面时,HTML对各个模块的位置调整显得力不从心,过多使用<table>标签将会导致页面结构复杂,增加后期维护的困难。

2. CSS样式的优点

CSS样式具有很多优点,具体表现在如下几个方面。

- 丰富的样式定义:CSS提供了丰富的文档样式外观,可以设置文本和背景属性;允许为任何元素创建边框,设置元素边框与其他元素间的距离;允许随意改变文本的大小写方式、修饰方式等效果。
- 易于使用和修改:CSS可以将样式定义在HTML元素的style属性中,也可定义在header部分,还可写在一个专门的CSS文件中(即CSS样式表),将所有的样式声明统一存放,进行统一管理。如果要修改样式,只需在样式列表中修改即可。
- 多页面应用:CSS样式表可以单独存放在一个CSS文件中,这样就可以在多个页面中使用同一个CSS样式表。CSS样式表理论上不属于任何页面文件,在任何页面文件中都可以引用它,这样就可以实现多个页面风格的统一。
- 层叠:对一个元素多次设置同一个样式时,将应用最后一次设置的属性值。
- 页面压缩:使用HTML定义页面需要大量或重复的表格和各种文字样式,这样做会产生大量的HTML标签,进而增加页面文件的大小,而使用CSS可以大大减小页面体积,提升加载速度。

5.1.2 编写CSS样式

随着Internet的发展,越来越多的开发人员开始使用功能更多、界面更友好的专用CSS编辑器,如Dreamweaver和Visual Studio的CSS编辑器,这些编辑器支持语法着色,提供输入提示,甚至具备自动创建CSS的功能。

编写 CSS 样式

实例1　设置网页文字格式

实例介绍

　　Dreamweaver最大的特点是所见即所得，它可以自动生成源代码，大大提高了网页开发人员的工作效率。使用Dreamweaver软件制作一个简单的网页，其效果如图5-3所示。

图 5-3　网页效果

　　运行Dreamweaver软件，在添加网页内容之后，通过CSS设计器设置文本格式，最后将样式应用到文本中。

实例制作

01 创建HTML文档　运行Dreamweaver软件，选择"文件"→"新建"命令，在弹出的"新建文档"对话框中，按图5-4所示操作，输入标题，创建HTML文档。

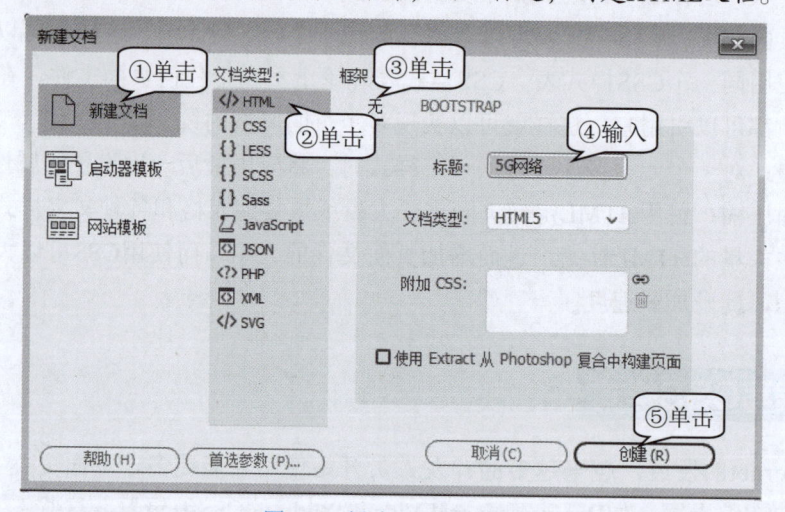

图 5-4　创建 HTML 文档

02 添加文本　按图5-5所示操作，添加HTML代码，为网页添加文本。

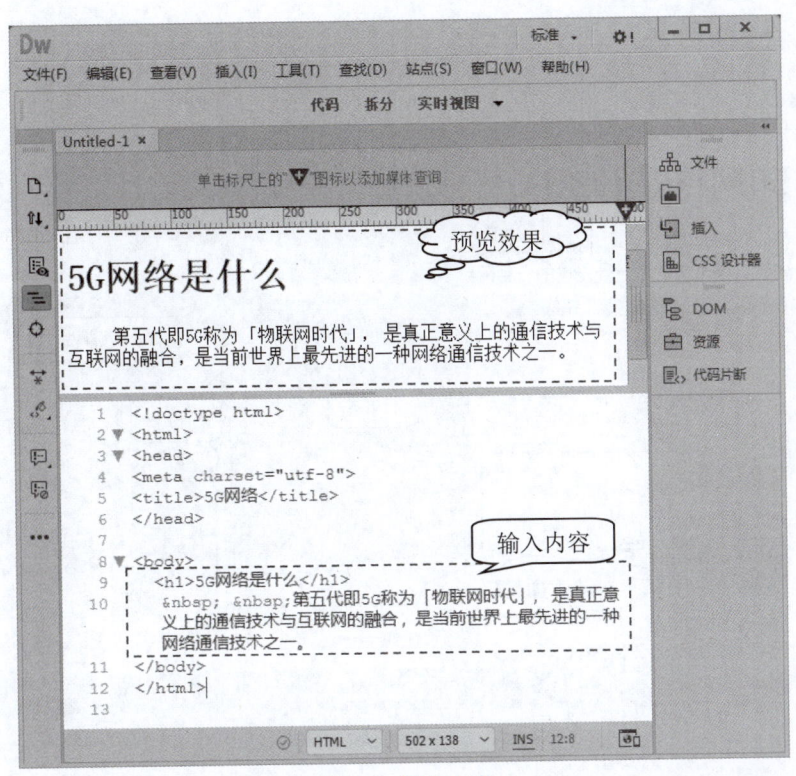

图 5-5 添加文本

03 添加CSS样式代码 选择"窗口"→"显示面板"命令，按图5-6所示操作，在"CSS 设计器"选项卡中选择"在页面中定义"选项，添加CSS样式代码。

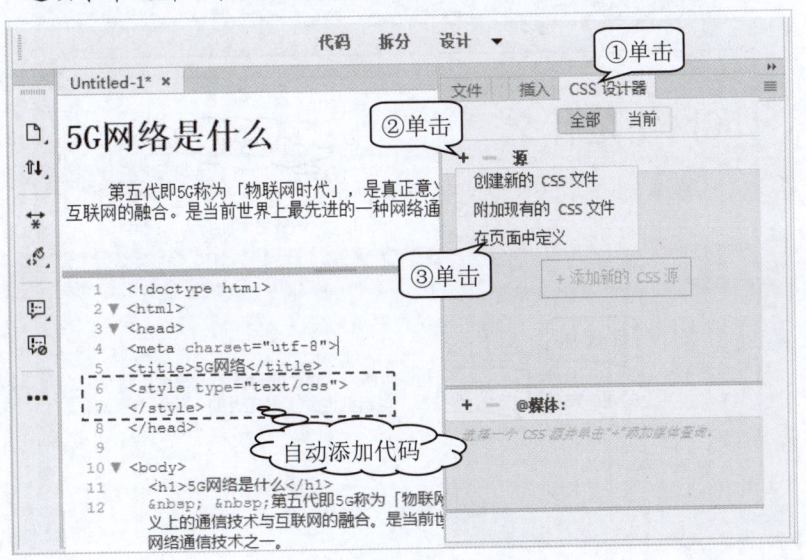

图 5-6 添加 CSS 样式代码

04 定义格式规则 按图5-7所示操作，设置文本规则，Dreamweaver自动添加代码。

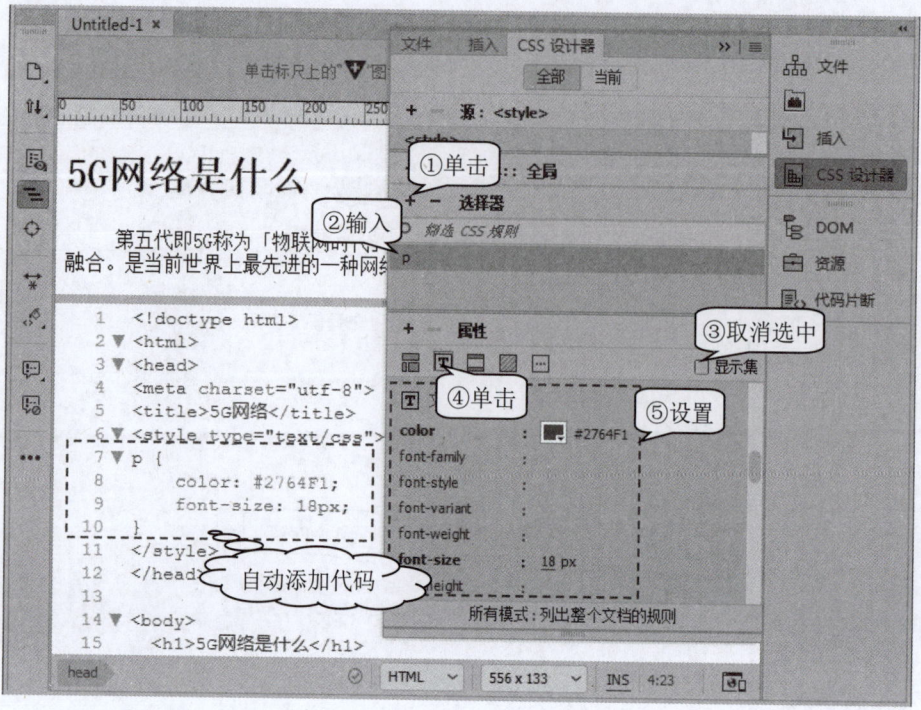

图 5-7　定义格式规则

[05] **引用CSS样式**　在"代码"视图中，按图5-8所示操作，在文本前后添加<p>和</p>标签，完成段落p样式的引用。

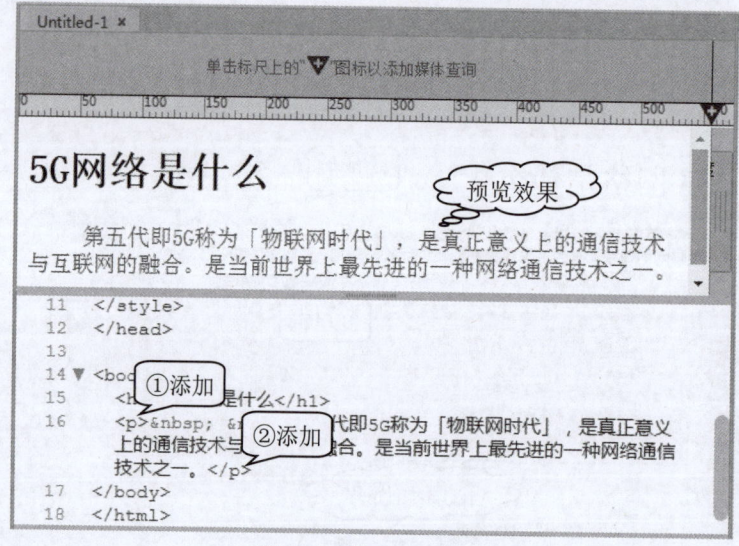

图 5-8　引用 CSS 样式

[06] **保存文件**　选择"文件"→"保存"命令，以sl1.html为名保存文件。

知识库

1. CSS语法格式

CSS样式表是由若干样式规则组成的，这些样式规则可以应用到不同的元素或文档中来定义它们显示的外观。每一条样式规则由三部分组成，即选择符(selector)、属性(properties)和属性值(value)，具体的语法结构如图5-9所示。

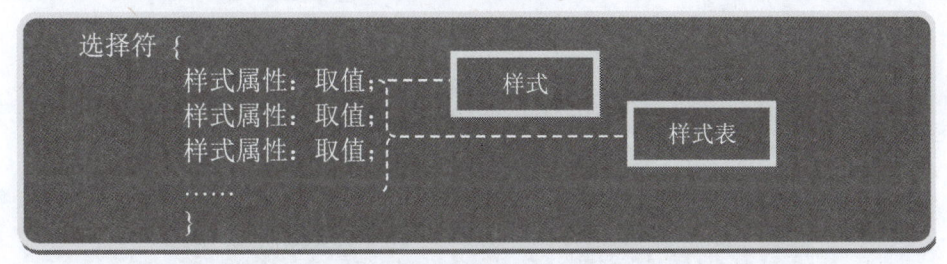

图 5-9　CSS 语法结构

CSS语法结构中的名词的含义如表5-1所示。

表5-1　CSS语法结构中的名词的含义

名词	含义
选择符	指定样式所要针对的对象，如html标签、h1或p等
样式	由成对的属性名和属性值组成，中间以冒号(:)隔开。属性主要包括字体属性、文本属性、背景属性、布局属性、边界属性、列表项目属性、表格属性等内容。属性值为某个属性的有效值
样式表	由多个样式组成，中间以分号(;)隔开

2. CSS样式规则

下面给出一条样式规则，如p{color:red}。该样式规则的选择符为p，为段落标记<p>提供样式，color为文字的颜色属性，red为属性值。此样式表示标记<p>指定的段落文字为红色。如果要为段落设置多种样式，则可以使用下列语句。

```
p{font-family:"隶书";color:red;font-size:40px;font-weight:bold;}
```

5.1.3　引用外部CSS

根据样式代码的位置，CSS样式可以分为3种，即行内样式、内嵌样式和外部样式。其中，行内样式和内嵌样式的样式代码都分布在HTML文件内部，不方便管理和维护。外部样式需要引用才可以使用，引用了外部样式的多个页面，当改变样式表文件时，所有页面的样式都会随之改变。

引用外部 CSS

实例2　设计网页显示效果

实例介绍

本实例在网页半成品的基础上，引用一个样式表文件，使网页中的文字和图片都产生预计的效果，其效果如图5-10所示。

图 5-10 网页效果

为了将操作简单化，网页的初始文件和样式表文件已经制作好。本实例要完成的就是将这个外部样式表文档链接到网页中。

实例制作

01 打开网页文档 运行 Dreamweaver 软件，选择"文件"→"打开"命令，打开"sl2(初).html"文档，网页初始效果如图 5-11 所示。

图 5-11 网页初始效果

02 打开CSS设计器 按图 5-12 所示操作，在"CSS设计器"选项卡中选择"附加现有的 CSS 文件"选项。

图 5-12　打开 CSS 设计器

03 链接样式表文件　按图5-13所示操作，链接样式表文件my.css。

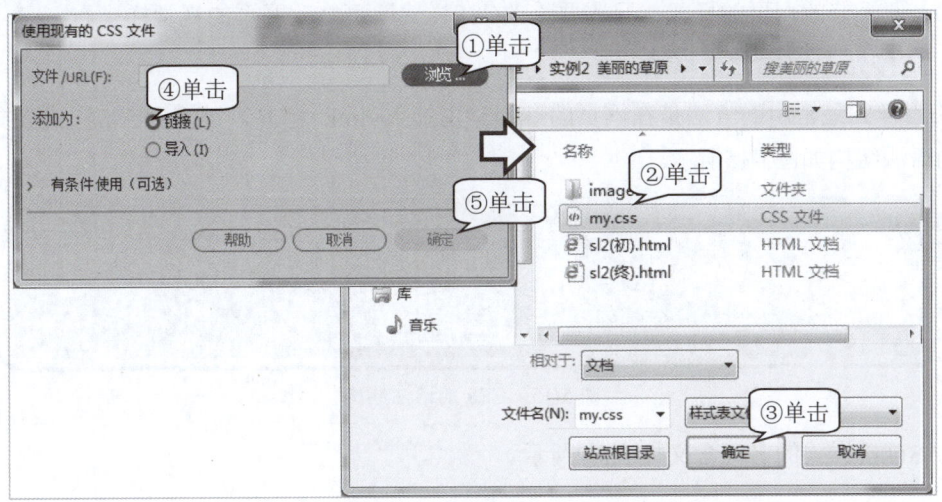

图 5-13　链接样式表文件

04 查看效果　Dreamweaver自动添加一个样式表链接，使用CSS样式后的网页效果如图5-14所示。

图 5-14　使用样式后的网页效果

05 另存文档　选择"文件"→"另存为"命令，以"sl2(终).html"为名保存网页文档。

> 知识库

1. 外部样式表

外部样式表是一个扩展名为css的文件，使用外部样式表有很多优势，主要表现在以下几个方面。

- 简化HTML：降低HTML源代码的复杂性。
- 提升网页打开速度：浏览器会分开线程下载网页，就像同时通过两条线路加载页面一样，从而可以显著提升网页的打开速度。
- 便于修改网页的样式：只需要修改CSS样式即可修改网页的视觉样式。

2. 链接外部CSS语法格式

引用样式最常用的方法是在网页的<head>内加入<link>标签，链接到CSS样式表文件。CSS的语法结构如图5-15所示。

```
<head>
    <link href="样式表文件.css" rel="stylesheet" type="text/css">
</head>
```

图 5-15 CSS 的语法结构

CSS链接样式的名词含义如表5-2所示。

表5-2 CSS链接样式的名词含义

名词	含义
href	指定CSS样式表文件的路径，其对应的属性值为CSS文件名
rel	rel是关联的意思，表示链接到样式表stylesheet
type	表示这段标签包含的内容是css或text，如果浏览不识别css，则会将代码视为text，从而不显示也不报错

5.2 编写CSS样式代码

CSS样式代码与HTML代码一样，是纯文本文件，可以在记事本中编写，也可以在Dreamweaver中编制。它对网页起修饰和美化的作用，也便于后期进行网页维护。利用CSS样式代码可以对不同网页中的标签进行精确控制。

5.2.1 解读CSS常用选择器

CSS选择器(selector)也称为选择符，HTML 中的所有标签都是通过不同的CSS选择器进行控制的。CSS能对HTML页面中的元素进行一对一、一对多或多对一的控制。CSS选择器根据其用途，分为标签选择器、类选择器、ID选择器等。

解读 CSS 常用选择器

1. 标签选择器

选择器的名字代表HTML页面上的标签，如<h1>、<span>、<p>、<div>、<a>、<img>等。例如，p选择器用于声明页面中所有<p>标签的样式风格。同样地，h1选择器用来声明页面中所有<h1>标签的风格。标签选择器格式如图5-16所示。

```
标签名{
    样式代码;
}
```

图5-16　标签选择器格式

实例3　调整网页字体大小

实例介绍

制作一个网页，添加网页内容，并在网页内部添加CSS代码，用标签选择器控制网页内容的格式。网页效果如图5-17所示。

```
我要学编程----------------------- h1 标签
先要确定自己编程要干什么？再来找相对应的编程语言。-- p 标签
```

图5-17　网页效果

通过Dreamweaver打开网页，在"代码"视图中，先利用已经学习过的HTML知识输入网页内容，再添加控制格式的标签选择器。

实例制作

01　新建文档　运行Dreamweaver软件，新建一个HTML文档，按图5-18所示操作，输入网页内容。

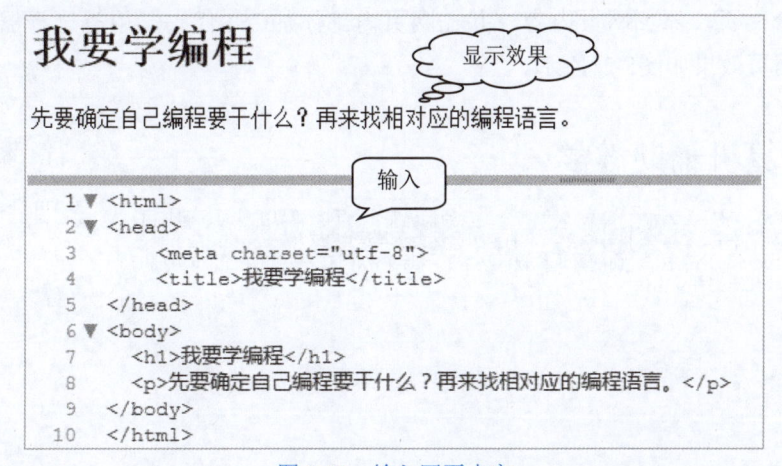

```
1 ▼ <html>
2 ▼ <head>
3       <meta charset="utf-8">
4       <title>我要学编程</title>
5   </head>
6 ▼ <body>
7       <h1>我要学编程</h1>
8       <p>先要确定自己编程要干什么？再来找相对应的编程语言。</p>
9   </body>
10 </html>
```

图5-18　输入网页内容

02 添加标签选择器　按图5-19所示操作，在<head>与</head>之间添加标签选择器，控制网页内容的格式，网页效果如图5-17所示。

```
1 ▼ <html>
2 ▼ <head>
3       <meta charset="utf-8">
4       <title>我要学编程</title>
5 ▼     <style>
6           p{color:red;font-size:20px;}
7       </style>
8   </head>
9 ▼ <body>
10      <h1>我要学编程</h1>
11      <p>先要确定自己编程要干什么？再来找相对应的编程语言。</p>
12  </body>
13 </html>
```

输入

标签选择器

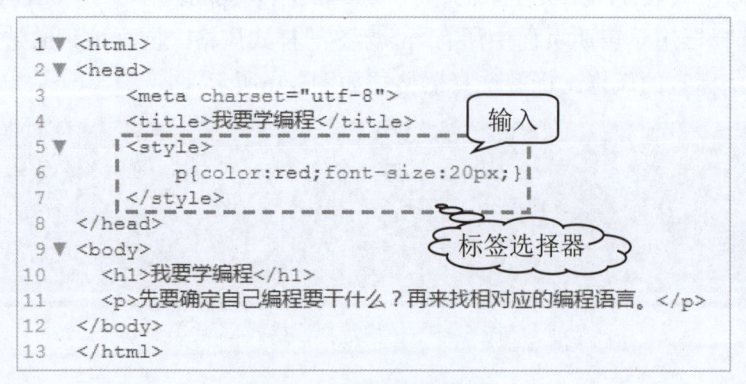

图 5-19　添加标签选择器

03 保存网页　以sl3.html为文件名保存文件。

2. 类选择器

在一个页面中，使用标签选择器，会控制该页面中所有此标签的显示样式，如果需要将此类标签中的其中一个标签重新设定，那么仅使用标签选择器是不能达到效果的，还需要使用类(class)选择器。类选择器格式如图5-20所示。

```
.类选择器名称{
    样式代码；
}
```

图 5-20　类选择器格式

实例4　调整网页字体颜色

实例介绍

制作一个网页，添加网页内容，并在网页内部添加CSS代码，用类选择器控制网页内容的格式。网页效果如图5-21所示。

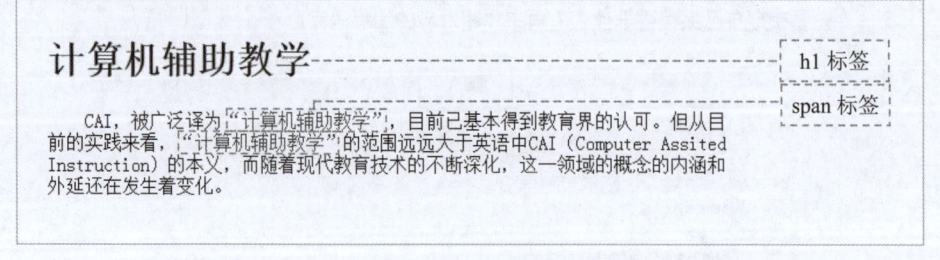

计算机辅助教学　　　　　　　　　　　　　　　　　　h1 标签

　　CAI，被广泛译为"计算机辅助教学"，目前已基本得到教育界的认可。但从目前的实践来看，"计算机辅助教学"的范围远远大于英语中CAI（Computer Assited Instruction）的本义，而随着现代教育技术的不断深化，这一领域的概念的内涵和外延还在发生着变化。

span 标签

图 5-21　网页效果

该网页由标题和内容两部分组成，在"代码"视图中添加<h1>标签，添加标题后，先插入网页内容，再添加CSS类选择器来控制标签的格式。

实例制作

01 新建文档 运行Dreamweaver软件，新建一个HTML文档，按图5-22所示操作，输入网页内容。

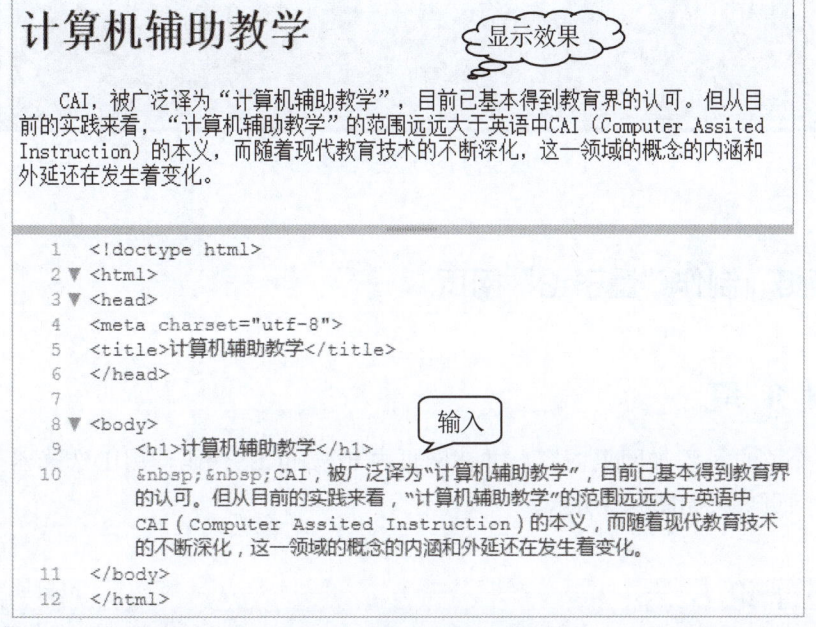

```
1   <!doctype html>
2   <html>
3   <head>
4   <meta charset="utf-8">
5   <title>计算机辅助教学</title>
6   </head>
7
8   <body>
9       <h1>计算机辅助教学</h1>
10        CAI，被广泛译为"计算机辅助教学"，目前已基本得到教育界
        的认可。但从目前的实践来看，"计算机辅助教学"的范围远远大于英语中
        CAI（Computer Assited Instruction）的本义，而随着现代教育技术
        的不断深化，这一领域的概念的内涵和外延还在发生着变化。
11  </body>
12  </html>
```

图 5-22　输入网页内容

02 添加类选择器 按图5-23所示操作，在<head>与</head>之间添加类选择器，然后在网页内容中需要修改格式的地方引用类选择器，网页效果如图5-21所示。

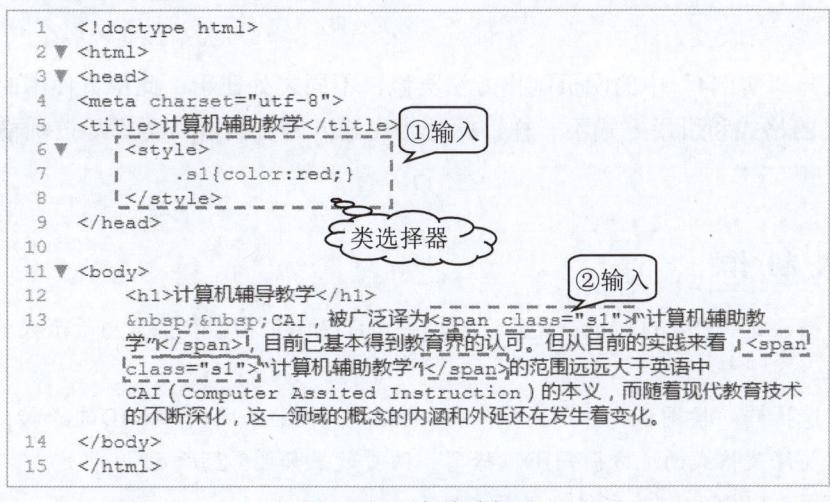

```
1   <!doctype html>
2   <html>
3   <head>
4   <meta charset="utf-8">
5   <title>计算机辅助教学</title>
6       <style>
7           .s1{color:red;}
8       </style>
9   </head>
10
11  <body>
12      <h1>计算机辅导教学</h1>
13        CAI，被广泛译为<span class="s1">"计算机辅助教
        学"</span>，目前已基本得到教育界的认可。但从目前的实践来看，<span
        class="s1">"计算机辅助教学"</span>的范围远远大于英语中
        CAI（Computer Assited Instruction）的本义，而随着现代教育技术
        的不断深化，这一领域的概念的内涵和外延还在发生着变化。
14  </body>
15  </html>
```

图 5-23　添加类选择器

03 保存网页 以sl4.html为文件名保存文件。

3. ID选择器

ID选择器与类选择器类似,都是针对特定属性的属性值进行匹配。ID选择器定义的是某一个特定的HTML元素,一个网页文件中只能有一个元素使用某一ID的属性值。ID选择器格式如图5-24所示。

```
#ID 选择器名称{
    样式代码;
}
```

图 5-24 ID 选择器格式

实例5 制作"量子论"网页

实例介绍

制作一个网页,添加网页内容,并在网页内部添加CSS代码,用ID选择器控制网页内容的格式。网页效果如图5-25所示。

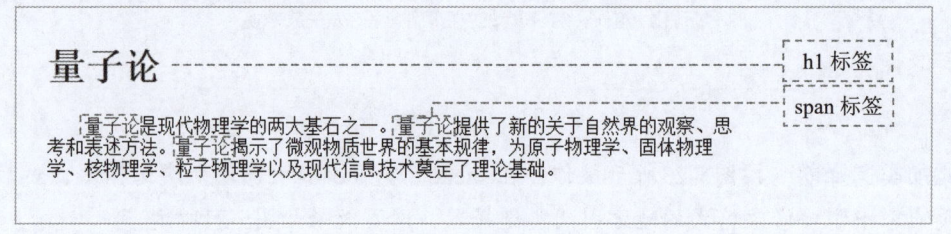

图 5-25 网页效果

该网页与"实例4"中的网页制作方法类似,不同之处在于:此网页使用的是ID选择器,其定义的格式和引用方式不一样,此处是先输入网页内容,再添加控制格式的ID选择器。

实例制作

01 新建文档 运行Dreamweaver软件,新建一个HTML文档,按图5-26所示操作,输入网页内容。

02 添加ID选择器 按图5-27所示操作,在<head>与</head>之间添加ID选择器,在网页内容中需要修改格式的地方引用ID选择器,网页效果如图5-25所示。

03 保存网页 以sl5.html为文件名保存文件。

第 5 章　使用 CSS 样式美化网页

```
量子论                     显示效果

    量子论是现代物理学的两大基石之一。量子论提供了新的关于自然界的观察、思
考和表述方法。量子论揭示了微观物质世界的基本规律，为原子物理学、固体物理
学、核物理学、粒子物理学以及现代信息技术奠定了理论基础。
```

```
1    <!doctype html>
2  ▼ <html>
3  ▼ <head>
4      <meta charset="utf-8">
5      <title>量子论</title>
6    </head>
7
8  ▼ <body>                                    输入
9       <h1>量子论</h1>
10        量子论是现代物理学的两大基石之一。量子论提供了新的关于
        自然界的观察、思考和表述方法。量子论揭示了微观物质世界的基本规律，为
        原子物理学、固体物理学、核物理学、粒子物理学以及现代信息技术奠定了理
        论基础。
11   </body>
12 </html>
```

图 5-26　输入网页内容

```
1    <!doctype html>
2  ▼ <html>
3  ▼ <head>
4      <meta charset="utf-8">
5      <title>量子论</title>            ①输入
6  ▼   <style>
7        #s1{color:red;}
8      </style>
9    </head>                          ID 选择器
10
11 ▼ <body>                          ②输入
12      <h1>量子论</h1>
13        <span id="s1">量子论</span>是现代物理学的两大基石
        之一。<span id="s1">量子论</span>提供了新的关于自然界的观察、思
        考和表述方法。<span id="s1">量子论</span>揭示了微观物质世界的基
        本规律，为原子物理学、固体物理学、核物理学、粒子物理学以及现代信息
        技术奠定了理论基础。
14   </body>
15 </html>
```

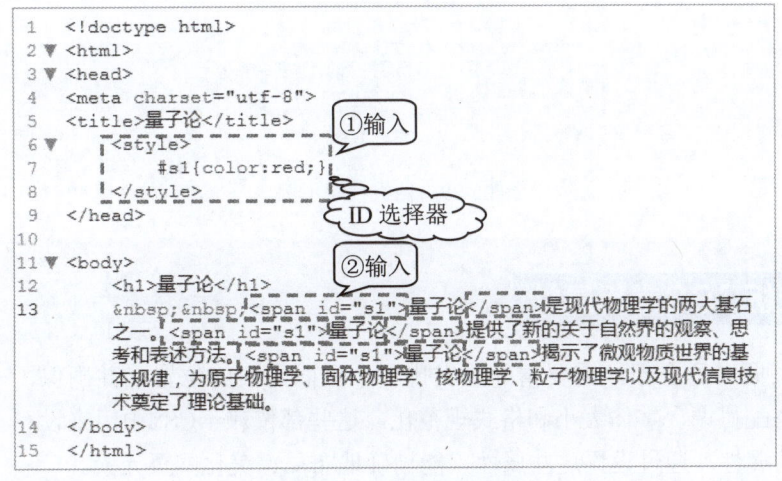

图 5-27　添加 ID 选择器

知识库

1. 分组选择器

在样式表中有很多具有相同样式的元素，为了简化代码，可以使用分组选择器，每个选择器用逗号分隔，如图 5-28 所示。

```
h1{color:green}
h2{color:green}  - - ->  h1,h2,p{color:green}
p{color:green}
```

图 5-28　分组选择器

119

2. 伪类选择器

CSS伪类用于向某些选择器添加特殊的效果，通过冒号来定义。它定义了元素的状态，如按下、悬停、松开等，通过伪类可以修改元素的状态样式。对于<a>标签，有对应的几种不同的状态，分别如下。

- link：表示超链接未被点击之前的状态。
- visited：表示超链接被点击之后的状态。
- focus：表示某个标签获得焦点时的状态。
- hover：表示光标悬停在某个标签上的状态。
- active：表示点击某个标签，鼠标未松开时的状态。

伪类代码示例如图5-29所示。

```
1   /*让超链接点击之前是红色*/
2   a:link {color: black;}
3   /*让超链接点击之后是橙色*/
4   a:visited {color: orange;}
5   /*鼠标悬停,放到标签上的时候是绿色*/
6   a:hover {color: green;}
7   /*鼠标点击链接,但是不松手的时候*/
8   a:active {color: red;}
```

图5-29 伪类代码示例

5.2.2 分析CSS常用属性

为了使页面布局合理，需要精确地安排各个页面元素的位置，并确保页面的颜色搭配协调，字体大小和格式规范化。这些都依赖于CSS中用来设置基础样式的属性。通过设置这些属性，能精确地布局、美化网页元素。

分析CSS常用属性

实例6 创建"古诗欣赏"页面

实例介绍

使用Dreamweaver软件设计制作一个"古诗欣赏"页面。本实例使用CSS控制HTML标签创建"古诗欣赏"页面，效果如图5-30所示。

创建一个"古诗欣赏"页面，该页面包含两个部分：一个是页面导航，用来表明网页类别；另一个是内容部分，包括古诗标题和具体内容。创建页面的方法有很多，可以用表格创建，也可以用列表创建，还可以使用段落创建。本实例在Dreamweaver软件中采用<p>标签结合<div>标签创建。

第 5 章　使用 CSS 样式美化网页

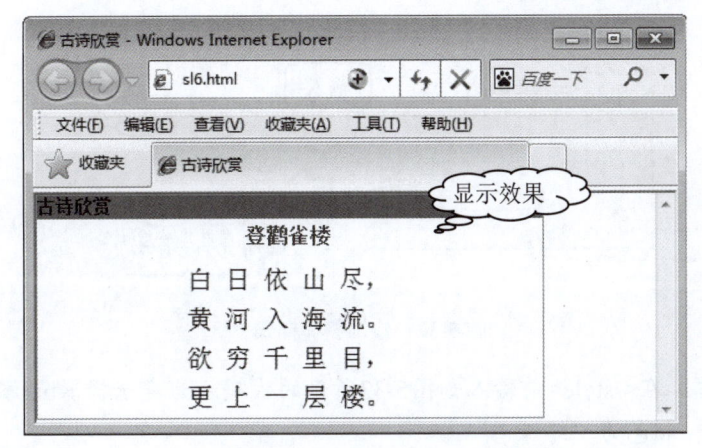

图 5-30　"古诗欣赏"网页效果

实例制作

01 构建HTML页面　运行Dreamweaver软件，新建HTML文档，制作如图5-31所示的网页。

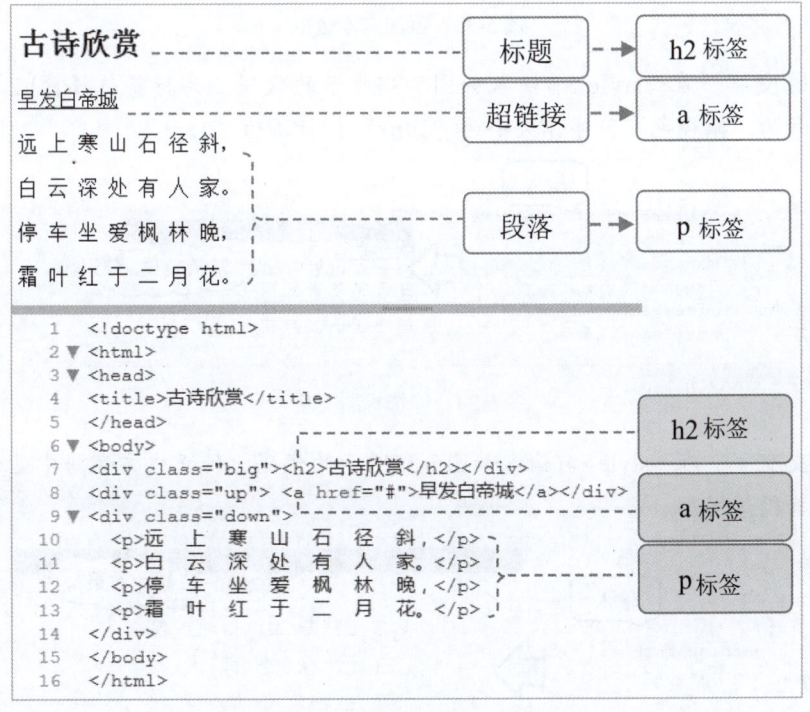

```
1  <!doctype html>
2  <html>
3  <head>
4  <title>古诗欣赏</title>
5  </head>
6  <body>
7  <div class="big"><h2>古诗欣赏</h2></div>
8  <div class="up"> <a href="#">早发白帝城</a></div>
9  <div class="down">
10     <p>远 上 寒 山 石 径 斜,</p>
11     <p>白 云 深 处 有 人 家。</p>
12     <p>停 车 坐 爱 枫 林 晚,</p>
13     <p>霜 叶 红 于 二 月 花。</p>
14  </div>
15  </body>
16  </html>
```

图 5-31　构建 HTML 页面

02 修饰整体样式　按图5-32所示操作，输入控制网页整体效果的样式代码，设置body文档内容的样式为"宋体，12px"，内容之间的间隙为0。

121

```
1  <!doctype html>
2  <html>
3  <head>
4  <title>古诗欣赏</title>
5  <style type="text/css">
6      *{padding:0px;margin:0px}
7      body{
8          font-family:"宋体";
9          font-size:12px;}
10 </style>
11 </head>
```

输入

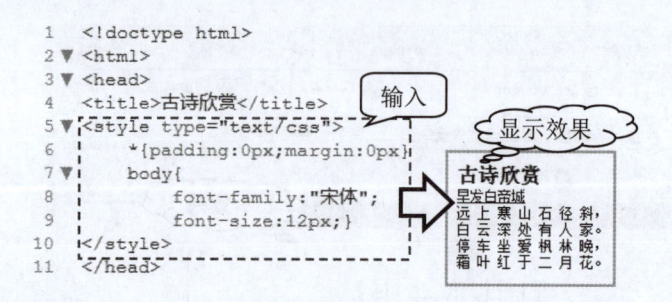

显示效果

古诗欣赏
早发白帝城
远上寒山石径斜，
白云深处有人家。
停车坐爱枫林晚，
霜叶红于二月花。

图 5-32 修饰整体样式

03 添加文本边框 在</style>前输入如图5-33所示的代码。为类选择器big添加边框，宽度为"400px"，颜色为"鲜绿色"。

```
.big{width:400px;
    border:#33CCCC 1px solid;}
```

输入

显示效果

古诗欣赏
早发白帝城
远上寒山石径斜，
白云深处有人家。
停车坐爱枫林晚，
霜叶红于二月花。

图 5-33 添加文本边框

04 修饰标题文字 在</style>前输入如图5-34所示的代码。为标签选择器h2添加矩形方框，背景为"橄榄色"，字体大小为"14px"，行高为"18px"。

```
h2{
background-color:olive;
display:block;
width:400px;
height:18px;
line-height:18px;
font-size:14px;}
```

输入

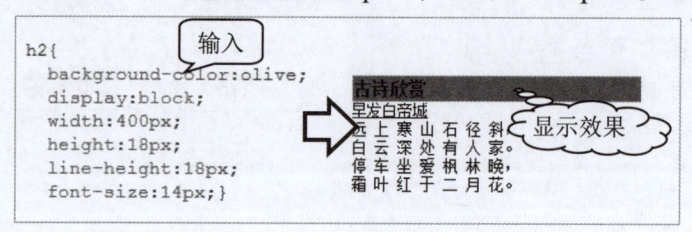

显示效果

古诗欣赏
早发白帝城
远上寒山石径斜，
白云深处有人家。
停车坐爱枫林晚，
霜叶红于二月花。

图 5-34 修饰标题文字

05 修饰正文文字 在</style>前输入如图5-35所示的代码，使正文文字居中显示，修改字号并增加段落间距。

```
.up{
    padding-bottom:10px;
    text-align:center;}
p{
    line-height:30px;
    font-size:20px;
    text-align:center;}
```

输入

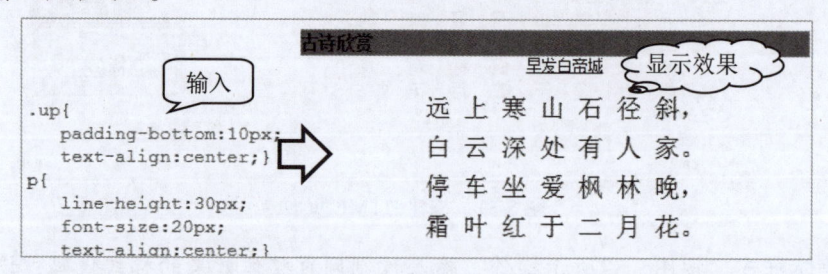

显示效果

古诗欣赏
早发白帝城
远上寒山石径斜，
白云深处有人家。
停车坐爱枫林晚，
霜叶红于二月花。

图 5-35 修饰正文文字

06 修饰超级链接 在</style>前输入如图5-36所示的代码，改变古诗标题"早发白帝城"的字号，加粗并取消下画线。

第 5 章 使用 CSS 样式美化网页

```
a{font-size:16px;
  font-weight:800;
  text-decoration:none;
  margin-top:5px;
  display:block;}
a:hover{
  color:#ff0000;
  text-decoration:underline;}
```

输入

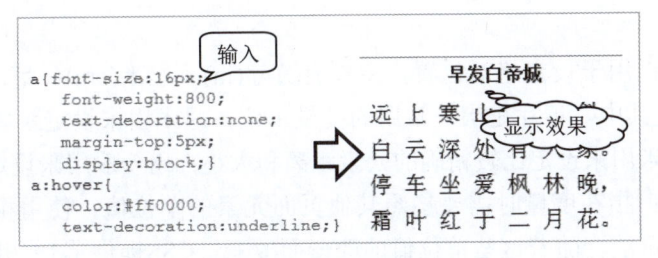

早发白帝城
远上寒山
白云深处有人家
停车坐爱枫林晚，
霜叶红于二月花。

显示效果

图 5-36　修饰超级链接

07 保存并预览　保存sl6.html文件，并按F12键预览网页效果。

知识库

1. CSS颜色单位

我们通常会为网页中的字体及背景设置颜色，在CSS中设置颜色的方法有很多，如命名颜色、使用RGB颜色、使用十六进制颜色等。

1) 命名颜色

CSS中可以直接用英文单词命名与之相对应的颜色，这种方法的优点是简单、直接、容易掌握。HTML和CSS颜色规范中定义了147种颜色(17种标准颜色和130种其他颜色)。其中，17种标准色是aqua、black、blue、fuchsia、gray、green、lime、maroon、navy、olive、orange、purple、red、silver、teal、white、yellow。

2) 使用RGB颜色

如果要使用十进制表示颜色，则需要使用RGB颜色。使用十进制表示颜色，最大值为255，最小值为0。要使用RGB颜色，必须使用rgb(R,G,B)格式，其中，R、G、B分别表示红、绿、蓝的十进制值，通过这三个值的变化结合便可以形成不同的颜色。例如，rgb(255,0,0)表示红色，rgb(0,255,0)表示蓝色，rgb(0,0,0)表示黑色，rgb(255,255,255)表示白色。

RGB设置方法一般分为两种：百分比设置和数值设置。例如，为<p>标签设置颜色，两种设置方法分别如下。

```
p{color:rgb(123,0,25)}

p{color:rgb(45%,0%,25%)}
```

3) 使用十六进制颜色

使用十六进制颜色是最常用的定义颜色的方式，十六进制数由0～9和A～F组成。十六进制颜色的基本格式为#RRGGBB，其中，R表示红色，G表示绿色，B表示蓝色。而RR、GG、BB的最大值为FF，表示十进制中的255；最小值为00，表示十进制中的0。例如，#FF0000表示红色，#00FF00表示绿色，#0000FF表示蓝色，#000000表示黑色，#FFFFFF表示白色，其他颜色通过红、绿、蓝3种基本颜色结合而成。

2. CSS长度单位

为保证页面元素能够在浏览器中完全显示并且布局合理，需要设定元素间的间距和元素本身的边界等，这就离不开长度单位的使用。在CSS中，长度单位分为绝对单位和相对单位两类。

- 绝对单位：用于设定绝对位置，主要有英寸(in)、厘米(cm)、毫米(mm)、磅(pt)和pica(pc)。其中，英寸是国外常用的度量单位；厘米用来设定距离比较大的页面元素框；毫米用来设定比较精确的元素距离和大小；磅一般用来设定文字的大小。
- 相对单位：指在度量时需要参照其他页面元素的单位值。使用相对单位所度量的实际距离可能会随着这些单位值的改变而改变。CSS提供了3种相对单位，即em、ex和px。其中，px也叫像素，是目前使用最广泛的一种单位。

5.3 使用CSS样式美化文本

常见的网站通常使用文字来展示内容，使用文本表达信息能够给人充分的想象空间，主要用于对知识进行描述性呈现。使用CSS可以设置文本的字体、大小、颜色、对齐方式、行高和间距等属性，从而使网页更加美观大方。

5.3.1 设置字体属性

一个杂乱无序、堆砌而成的网页，会使人感觉枯燥无味，进而望而止步；而一个美观大方的网页，则会让人流连忘返。使用CSS进行字体样式设置会使网页更加美观。

设置字体属性

实例7 排版网页文字

实例介绍

制作一个网页，内容包括标题和正文两部分。结合前面章节介绍的CSS知识，对网页文字进行设置，效果如图5-37所示。

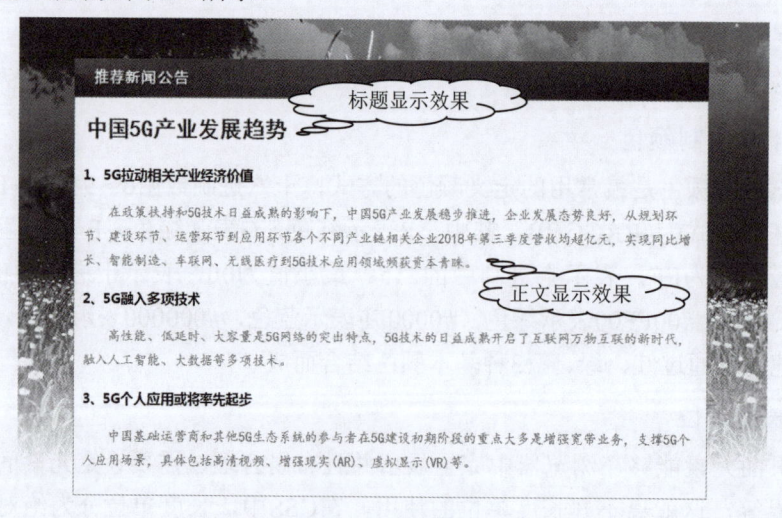

图 5-37　网页效果

网页的最上方是标题，标题下方是正文，其中正文部分包含3个段落。在设计网页时，需要将网页标题居中显示，并加大字号，以便与正文进行区分。

实例制作

01 新建HTML文档 运行Dreamweaver软件，新建HTML文档，输入如图5-38所示的代码和内容。

```
1  <html>
2  <head>
3   <meta charset="utf-8">
4   <title>推荐新闻公告</title>
5  </head>
6  <body>
7   <div class="box">
8    <div class="title">
9     <div class="news">
10     <h1>中国5G产业发展趋势</h1>
11     <h2>1、5G拉动相关产业经济价值</h2>
12      <p>在政策扶持和5G技术日益成熟的影响下，中国5G产业发展稳步推进，企业发展态势良好，从规划环节、建设环节、运营环节到应用环节各个不同产业链相关企业2018年第三季度营收均超亿元，实现同比增长，智能制造、车联网、无线医疗到5G技术应用领域频获资本青睐。</p>
13     <h2>2、5G融入多项技术</h2>
14      <p>高性能、低延时、大容量是5G网络的突出特点，5G技术的日益成熟开启了互联网万物互联的新时代，融入人工智能、大数据等多项技术。</p>
15     <h2>3、5G个人应用或将率先起势</h2>
16      <p>中国基础运营商和其他5G生态系统的参与者在5G建设初期阶段的重点大多是增强宽带业务，支撑5G个人应用场景，具体包括高清视频、增强现实(AR)、虚拟显示(VR)等。</p>
17     </div>
18    </div>
19   </div>
20  </body>
21 </html>
```

图5-38 新建HTML文档

02 引用外部样式 按图5-39所示操作，在</head>上方输入代码，引用外部样式。

```
1  <html>
2  <head>
3   <meta charset="utf-8">
4   <title>推荐新闻公告</title>
5   <link href="test.css" rel="stylesheet" type="text/css">  ←输入
6  </head>
```

图5-39 引用外部样式

03 设置首行缩进 按图5-40所示操作，分别在正文部分的3个段落的首行插入空格，使首行缩进2个字符。

```
<h1>中国5G产业发展趋势</h1>
<h2>1、5G拉动相关产业经济价值</h2>    ①输入
 <p>  在政策扶持和5G技术日益成熟的影响下，中国5G产业发展稳步推进，企业发展态势良好，从规划环节、建设环节、运营环节到应用环节各个不同产业链相关企业2018年第三季度营收均超亿元，实现同比增长、智能制造、车联网、无线医疗到5G技术应用领域频获资本青睐。</p>
<h2>2、5G融入多项技术</h2>    ②输入
 <p>  高性能、低延时、大容量是5G网络的突出特点，5G技术的日益成熟开启了互联网万物互联的新时代，融入人工智能、大数据等多项技术。</p>
<h2>3、5G个人应用或将率先起势</h2>    ③输入
 <p>  中国基础运营商和其他5G生态系统的参与者在5G建设初期阶段的重点大多是增强宽带业务，支撑5G个人应用场景，具体包括高清视频、增强现实(AR)、虚拟显示(VR)等。</p>
```

图5-40 设置首行缩进

125

04 设置字体样式　按图5-41所示操作，打开样式表文件test.css，并添加样式控制字体格式。

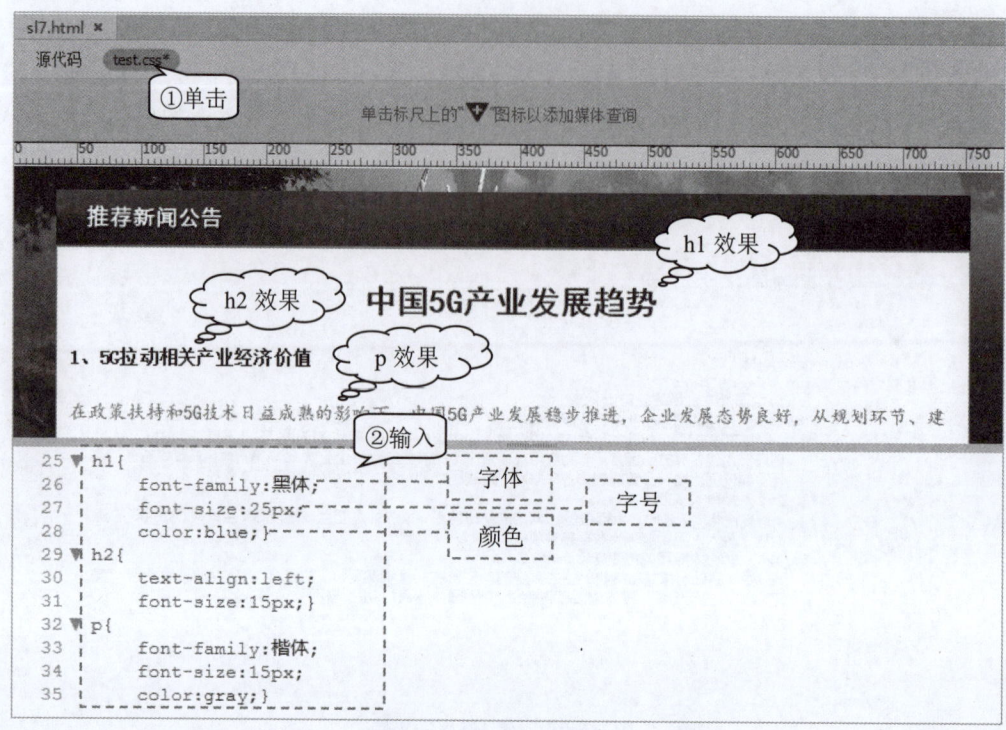

图5-41　设置字体样式

05 保存文件　以sl7.html为名保存网页，同时保存test.css文档。

知识库

1. 字体

font-family属性用于定义文字的字体类型，如宋体、黑体、隶书等。

1) 格式

```
{font-family:name}
{font-family:cursive | fantasy | monospace | serif|sans-serif}
```

通过上述语法格式可以看出，font-family有两种声明方式：第一种方式是使用name字体名称，按优先顺序排列，以逗号隔开，如果字体名称包含空格，则应使用引号括起来，在CSS中，这种声明方式比较常用；第二种方式是使用所列出的字体序列名称，如果使用fantasy序列，将提供默认字体序列。

2) 实例

输入如图5-42所示的样式代码后，使用浏览器查看效果，可以看到文字以黑体显示。

```
<html>
    <style type=text/css>
        p{font-family:黑体}
    </style>
    <body>
        <p>字体属性测试</p>
    </body>
</html>
```
代码定义

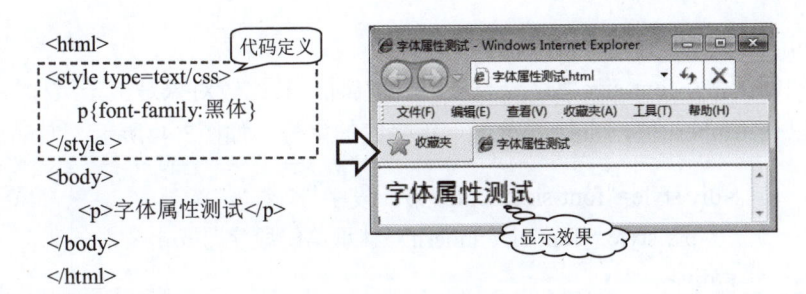

显示效果

图 5-42　字体属性测试

3) 说明

在字体显示时，如果指定了一种特殊字体类型，而在浏览器或操作系统中该类型不能正确获取，则可以通过font-family预设多种字体类型。font-family属性可以预置多个供页面使用的字体类型，即字体类型序列，每种字体之间用逗号隔开。例如，在下面的代码中，当前面的字体类型不能正确显示时，系统将自动选择后一种字体类型，以此类推。

```
p { font-family:华文彩云 ， 黑体 ， 宋体 }
```

2. 字号

通常，网页中的标题使用较大字体显示，用于引人注意，小字体用来显示正常内容，大小字体结合形成网页，既能吸引眼球，又能提高阅读速度。在CSS中，通常使用font-size设置字号。

1) 格式

```
{ font-size:数值 | inherit | xx-small | x-small |small | medium | large |…}
```

通过上述语法格式可以看出，font-size可以通过数值来定义字号，如font-size:10px定义了字号为"10px"；也可以通过medium等参数定义字号。

2) 实例

新建网页文件，输入如图5-43所示的样式代码后，使用浏览器查看效果。我们可以看到，网页中的文字被设置成不同的大小，其设置方法采用了绝对值、关键字和百分比等形式。

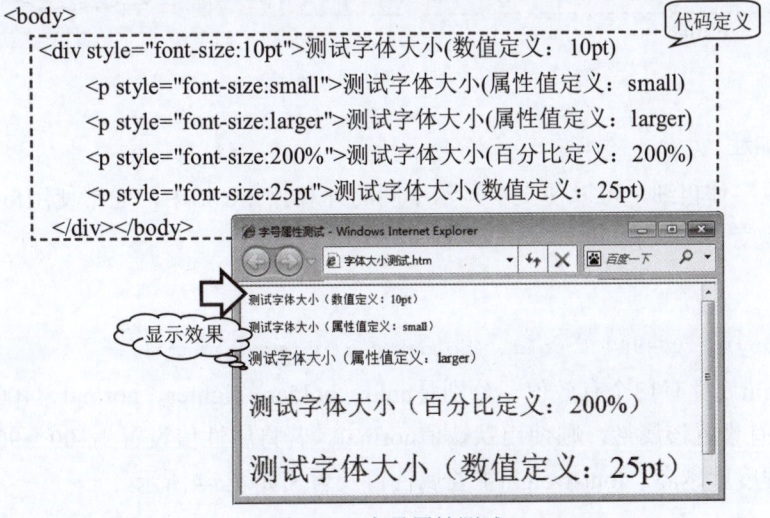

```
<body>
    <div style="font-size:10pt">测试字体大小(数值定义：10pt)
        <p style="font-size:small">测试字体大小(属性值定义：small)
        <p style="font-size:larger">测试字体大小(属性值定义：larger)
        <p style="font-size:200%">测试字体大小(百分比定义：200%)
        <p style="font-size:25pt">测试字体大小(数值定义：25pt)
    </div></body>
```

代码定义

显示效果

图 5-43　字号属性测试

3) 说明

在上面的例子中，font-size将字号设置为200%时，其比较对象是上一级标签中的10pt。此外，还可以使用inherit值，直接继承上一级标签的字号，如图5-44所示。

```
<div style="font-size:50pt">第一段字号
    p { style="font-size:inherit">继承第一段字号 </p>
</div>
```

图5-44　继承上一级标签的字号

3. 字体风格

在CSS中，通常使用font-style定义字体风格，即字体的显示样式，如斜体。

1) 格式

`{ font-style: normal | italic | oblique | inherit }`

通过上述语法格式可以看出，font-style属性值有4个，具体含义如表5-3所示。

表5-3　font-style属性值及含义

属性值	含义	属性值	含义
normal	默认值，显示一个标准的字体样式	italic	斜体的字体样式
oblique	倾斜的字体样式	inherit	从父元素继承的字体样式

2) 实例

新建网页文件，输入如图5-45所示的样式代码后，使用浏览器查看效果，可以看到网页中的文字分别显示不同的样式。

```
<html><body>
<p style="font-style:normal">白日依山尽，</p>
<p style="font-style:italic">黄河入海流。</p>
<p style="font-style:oblique">欲穷千里目，</p>
<p style="font-style:inherit">更上一层楼。</p>
</body></html>
```

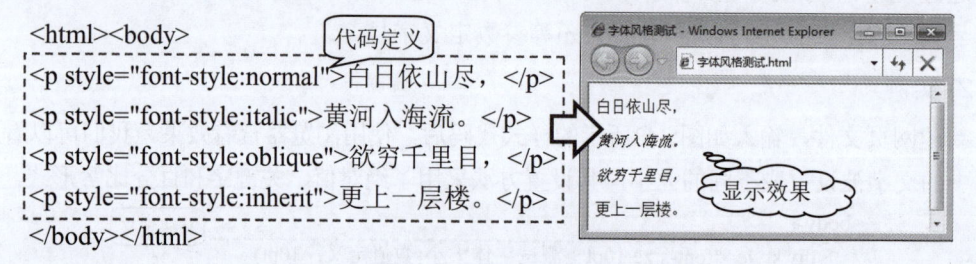

代码定义　　显示效果

图5-45　字体风格测试

4. 字体加粗

通过设置字体粗细，可以使文字显示不同的外观。在CSS中，通常使用font-weight定义字体的粗细程度。

1) 格式

`{ font-style:100-900 | bold | bolder | lighter | normal;}`

font-weight属性有13个有效值，分别是bold、bolder、lighter、normal、100、200、…、900。如果没有设置该属性，则使用默认值normal。若将属性值设置为100～900，那么值越大，加粗的程度就越高。font-weight主要属性值及含义如表5-4所示。

表5-4 font-weight主要属性值及含义

属性值	含义	属性值	含义
bold	定义粗体字体	bolder	定义更粗的字体，相对值
lighter	定义更细的字体，相对值	normal	默认，标准字体

2) 实例

新建网页文件，输入如图5-46所示的样式代码后，使用浏览器查看效果，可以看到网页中的文字居中并以不同方式加粗，其中设置了关键字和数值加粗。

```
<html><body>
<p style="font-weight: bold">离离原上草，(bold)</p>
<p style="font- weight: lighter">一岁一枯荣。(lighter)</p>
<p style="font- weight: normal">野火烧不尽，(normal)</p>
<p style="font- weight:100">春风吹又生。(100)</p>
</body></html>
```

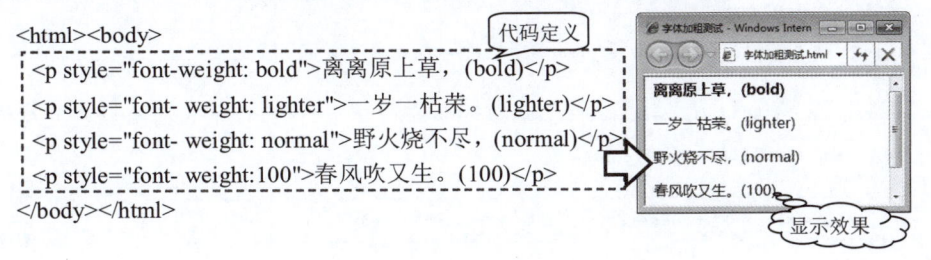

图 5-46 字体加粗测试

5.3.2 设置段落属性

网页由文字组成，而用来表达同一个意思的多个文字组合称为段落。段落是文章的基本单位，同样也是网页的基本单位。段落的放置与效果的显示会直接影响页面的布局及风格。CSS样式表提供了文本属性来实现对页面中段落文本的控制。

设置段落属性

实例8 调整网页段落样式

实例介绍

本实例将会利用前面介绍的文本和段落属性，创建一个简单的"人工智能"网页。首先要构建HTML页面，再通过CSS样式分别对页面的标题、文字、段落等元素进行美化，效果如图5-47所示。

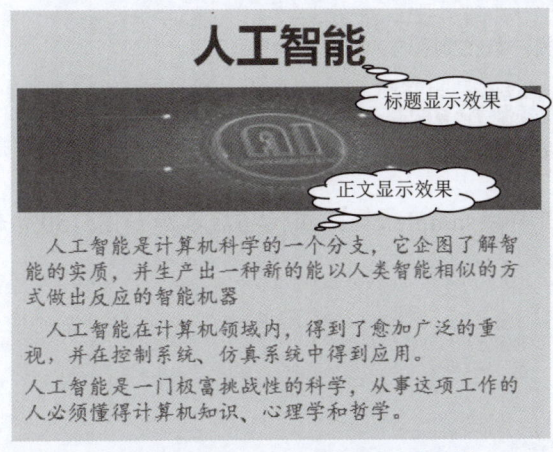

图 5-47 "人工智能"网页效果图

129

从图5-47中可以看出，网页的最上方是标题，标题下方是正文，并在正文部分显示图片。设计这个网页标题的方法与上一节相同。上述设置要求使用CSS样式属性实现。

实例制作

01 构建HTML页面 运行Dreamweaver软件，新建HTML文档，输入如图5-48所示的代码和内容。

```
1  <html>
2  <head>
3   <meta charset="utf-8">
4   <title>人工智能</title>
5   <link href="sample.css" rel="stylesheet" type="text/css">
6  </head>
7  <body>
8  <table width="400" align=center cellpadding="5">        表格
9    <tr>
10     <td><h1>人工智能</h1></td>
11   </tr>
12   <tr>                                                   行
13     <td><img src="images/ai.jpg" align="center"></td>
14   </tr>                                                  图像
15   <tr>
16     <td>                                                 单元格
17       <p>  人工智能是计算机科学的一个分支，它企图了解智能的实质，并生产出一种新的能以人类智能相似的方式做出反应的智能机器</p>
18       <p>  人工智能在计算机领域内，得到了愈加广泛的重视，并在控制系统、仿真系统中得到应用。</p>   段落
19       <p>人工智能是一门极富挑战性的科学，从事这项工作的人必须懂得计算机知识、心理学和哲学。</p>
20     </td>
21   </tr>
22  </table>
23  </body>
24  </html>
```

图5-48 构建HTML页面

02 浏览页面效果 在浏览器中浏览页面效果(见图5-49)。

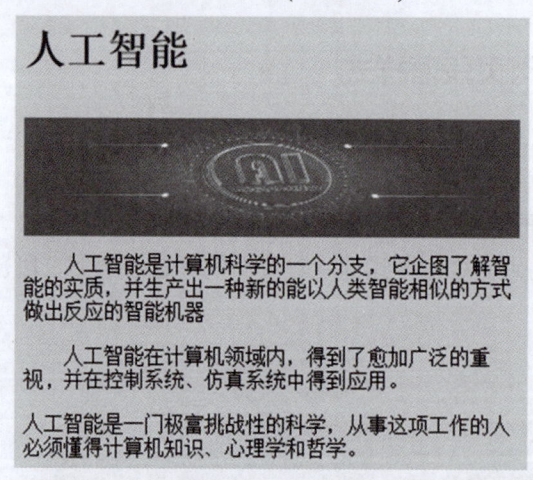

图5-49 页面效果

03 设置字体样式 打开样式sample.css，在代码后添加如图5-50所示的代码，设置字体样式。

```
 9 ▼ h1 {
10       color: #FF0000;
11  }
12 ▼ p {
13       color:dimgray;
14       font-family: 楷体;
15  }
```

图 5-50　设置字体样式

04 设置段落样式　按图5-51所示操作，添加CSS代码，设置正文文字的段落样式。

```
 9 ▼ h1 {
10       margin-bottom: 0px;--------外边距
11       padding-bottom: 0px;-------内边距
12       text-align: center;--------对齐方式
13       color: #FF0000;
14  }
15 ▼ p {
16       color:dimgray;
17       font-family: 楷体;
18       line-height: 5mm;
19       margin: 5px; --------------行间距
20  }
```

图 5-51　设置段落样式

05 浏览网页　以ls8.html为名保存网页，并使用浏览器查看设置格式美化后的页面效果。

知识库

1. 字符间距

在一个网页中，会涉及多个字符文本，字符文本之间的间距是网页设计者必须考虑的，它可以通过letter-spacing进行设置。

1) 格式

`letter-spacing:normal | length`

在CSS中，可以通过letter-spacing设置字符文本之间的距离，即在文本字符之间插入多少空间。这里允许使用负值，使字符之间更加紧凑。letter-spacing 属性值及含义如表5-5所示。

表5-5　letter-spacing属性值及含义

属性值	含义
normal	默认间距，即以字符之间的标准间隔显示
length	由浮点数字和单位标识符组成的长度值，允许为负值

2) 实例

新建网页文件，输入如图5-52所示的样式代码后，使用浏览器查看效果，可以看到字符间距以不同的大小显示。

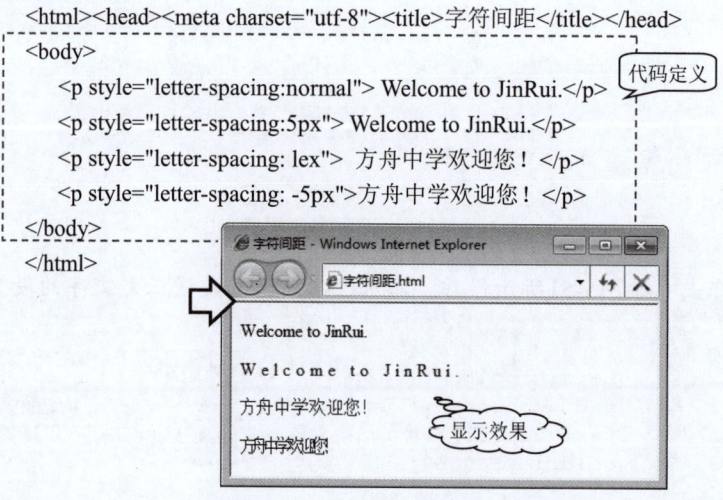

```
<html><head><meta charset="utf-8"><title>字符间距</title></head>
<body>
    <p style="letter-spacing:normal"> Welcome to JinRui.</p>
    <p style="letter-spacing:5px"> Welcome to JinRui.</p>
    <p style="letter-spacing: 1ex"> 方舟中学欢迎您！</p>
    <p style="letter-spacing: -5px">方舟中学欢迎您！</p>
</body>
</html>
```

代码定义

显示效果

图 5-52　字符间距效果图

3) 说明

从上述代码中可以看出，通过letter-spacing定义了多个字间距的效果。特别注意，当设置的字间距是负数时，所有文字就会被压缩或重叠到一起，无法完整显示。

2. 水平对齐

一般情况下，居中对齐适用于标题类文本，其他对齐方式可以根据页面布局来选择使用。根据需要，可以设置多种对齐方式，如水平方向的居中、左对齐、右对齐和两端对齐等。在CSS中，可以通过text-align属性进行设置。

1) 格式

```
{ text-align:stextalign}
```

text-align属性用于定义对象文本的对齐方式。text-align属性值及含义如表5-6所示。

表5-6　text-align属性值及含义

属性值	含义
start	文本向行的开始边缘对齐
end	文本向行的结束边缘对齐
left	文本向行的左边缘对齐
right	文本向行的右边缘对齐
center	文本在行内居中对齐
justify	文本根据text-justify的属性设置方法分散对齐，即两端对齐，均匀分布
match-parent	继承父元素的对齐方式，但有个例外：继承的start或end值是根据父元素的direction值进行计算的，因此计算的结果可能是left或right
<string>	string是一个字符，否则就忽略此设置，按指定的字符进行对齐。此属性可以与其他关键字词同时使用，如果没有设置字符，则默认值是end方式
inherit	继承父元素的对齐方式

2) 实例

新建网页文件，输入如图5-53所示的样式代码后，使用浏览器查看效果，可以看到文字在水平方向上以不同的对齐方式显示。

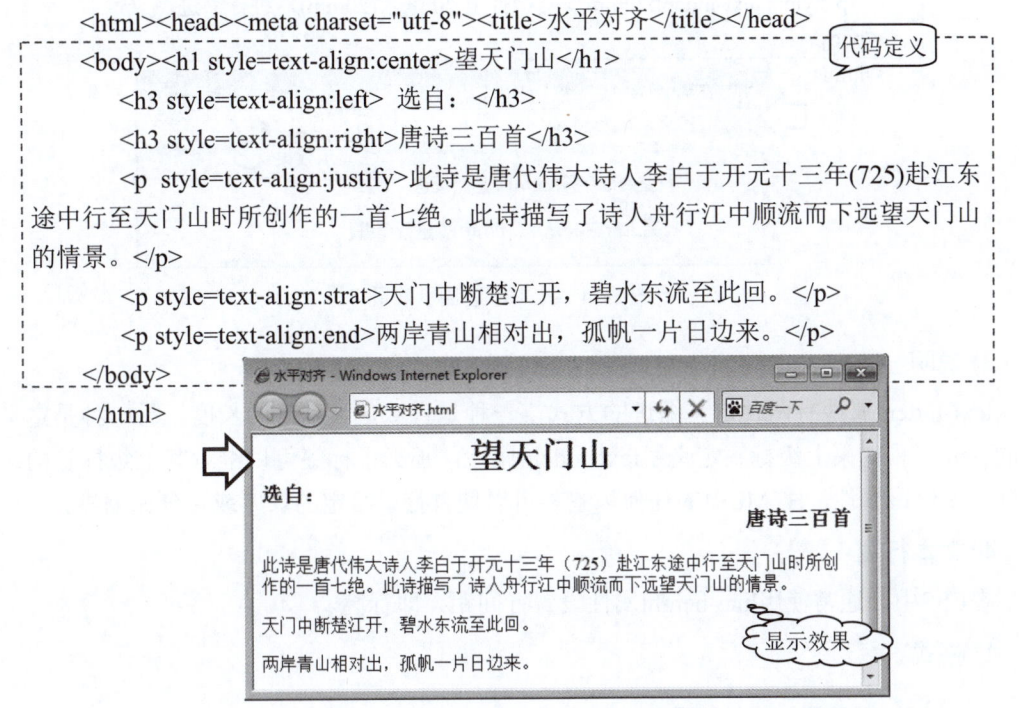

```
<html><head><meta charset="utf-8"><title>水平对齐</title></head>
<body><h1 style=text-align:center>望天门山</h1>
    <h3 style=text-align:left> 选自： </h3>
    <h3 style=text-align:right>唐诗三百首</h3>
    <p style=text-align:justify>此诗是唐代伟大诗人李白于开元十三年(725)赴江东途中行至天门山时所创作的一首七绝。此诗描写了诗人舟行江中顺流而下远望天门山的情景。</p>
    <p style=text-align:strat>天门中断楚江开，碧水东流至此回。</p>
    <p style=text-align:end>两岸青山相对出，孤帆一片日边来。</p>
</body>
</html>
```

代码定义

显示效果

图 5-53　不同的对齐方式显示效果

3) 说明

text-align属性只能用于文本块，而不能直接应用到图像标签<img>。如果要使图像和文本应用相同的对齐方式，那么必须将图像包含在文本块中。CSS只能定义两端对齐方式，并按要求显示，但对于如何分配字体空间以实现文本左右两边均对齐，CSS并没有规定。

3. 文本缩进

在普通段落中，通常首行缩进两个字符，用来表示一个段落的开始。同样，在网页的文本编辑中可以通过制定属性来控制文本缩进。CSS中的text-indent属性就是用来设定文本块首行缩进的。

1) 格式

```
text-indent: length
```

其中，length 属性值表示由百分比数字或由浮点数和单位标识符组成的长度，允许为负值。

2) 实例

新建网页文件，输入如图5-54所示的样式代码后，使用浏览器查看效果，可以看到文本以首行缩进方式显示。

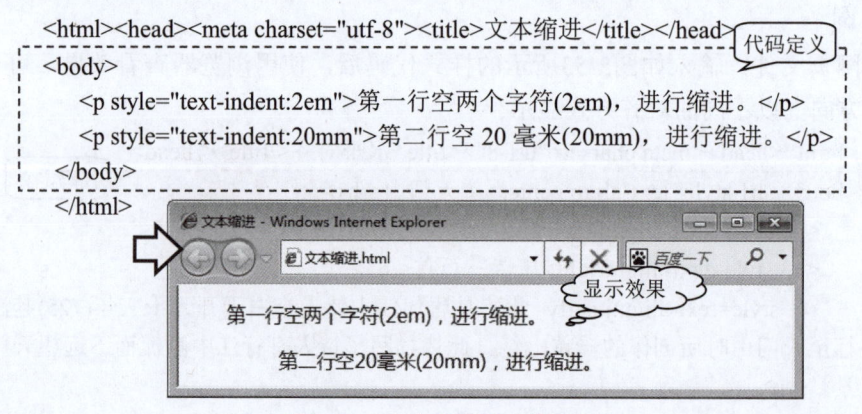

```
<html><head><meta charset="utf-8"><title>文本缩进</title></head>
<body>
    <p style="text-indent:2em">第一行空两个字符(2em)，进行缩进。</p>
    <p style="text-indent:20mm">第二行空 20 毫米(20mm)，进行缩进。</p>
</body>
</html>
```
（代码定义）

（显示效果）

图 5-54　文本缩进显示效果

3) 说明

text-indent属性有两种定义缩进的方式，一种是直接定义缩进的长度，另一种是定义缩进的百分比。如果上级标签定义了text-indent属性，那么子标签可以继承其上级标签的缩进长度。使用该属性，HTML中的任何标签都可以使首行以给定的长度或百分比缩进。

4. 文本行高

在CSS中，通常使用line-height属性设置行间距，即行高。

1) 格式

```
line-height:nomal | length
```

line-height属性值及含义如表5-7所示。

表5-7　line-height属性值及含义

属性值	含义
bold	默认行高，网页文本的标准行高
length	百分比数字或由浮点数和单位标识符组成的长度值，允许为负值。百分比取值基于字体的高度尺寸

2) 实例

新建网页文件，输入如图5-55所示的样式代码后，使用浏览器查看效果。

```
<html><head><meta charset="utf-8"><title>文本行高样式测试</title></head>
<body>
    <p style="line-height:50px">草</p>
    <p style=" line-height:normal">离离原上草，一岁一枯荣。</p>
    <p style=" line-height:50%">野火烧不尽，春风吹又生。</p>
</body>
</html>
```
（代码定义）

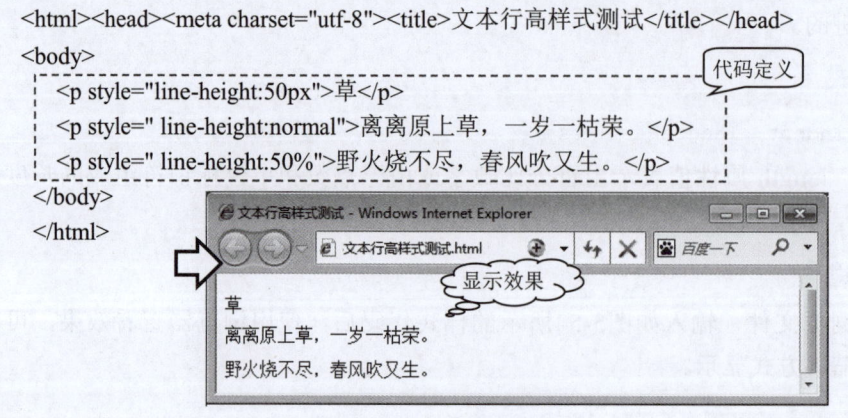

（显示效果）

图 5-55　文本行高样式测试

5.4 使用CSS样式修饰页面

CSS样式不仅可以定义和美化网页中的文字,还可以定义和美化网页中的图片、背景、边框等元素。使用CSS样式,可以轻松地设置图片属性、设置页面背景、添加边框,使网页变得更加生动、活泼。

5.4.1 设置图片样式

一个网页中如果都是文字,难免会有些单调,时间长了会使浏览者感觉枯燥,而添加合适的图片,则会给网页带来许多生趣。

设置图片样式

实例9 修饰网页图片

实例介绍

图片是直观、形象的,一张恰当的图片会给网页带来很高的点击率。在CSS中,定义了很多属性用来美化和设置图片。下面将介绍如何制作如图5-56所示的网页页面。

图 5-56 网页页面

本实例需要包含三个部分:一是标题;二是新闻发布时间;三是新闻内容。新闻内容部分应包括图片和段落文件,并需要对图片进行美化。

实例制作

01 构建HTML页面 运行Dreamweaver软件,新建HTML文档,输入如图5-57所示的代码和内容。

```html
1  <!doctype html>
2  <html>
3  <head>
4  <meta charset="utf-8">
5  <title>东方红3号</title>
6  <link href="my.css" rel="stylesheet" type="text/css">     ----- 外部 CSS
7  </head>
8
9  <body>
10 <div class=da>
11     <div>
12         <p class=bt1>静音科考！"东方红3"水下辐射噪声获全球最高等级认证</p>
13         <p class=bt2>来源：人民日报 | 2019年11月12日 06:26</p>
14     </div>
15     <div>
16         <div class="pic"><img src="tp.jpg" width="500" height="300"></div>  ----- 图片
17         <p>日前，新型深远海综合科学考察实习船"东方红3"船正式入列中国海洋大学"东方
    红"系列科考船队。该船由我国自主创新研发，配备了先进的科考装备，将有力提升
    我国在深远海的综合科考能力。</p>
18         <p>"东方红3"船被称为"国内最安静"的海洋综合科考船。它的船舶水下辐射噪声通  ----- 段落
    过了挪威船级社的权威认证，获得全球最高等级——"静音科考"级认证证书，成为国
    内首艘、国际上第四艘获得这一等级证书的海洋综合科考船，也是目前世界上获得该
    证书吨位最大的静音科考船。</p>
19     </div>
20 </div>
21 </body>
22 </html>
```

图 5-57　构建 HTML 页面

02 浏览页面效果　在浏览器中浏览页面，效果如图5-58所示。可以看到网页内容以普通样式显示，很不美观。

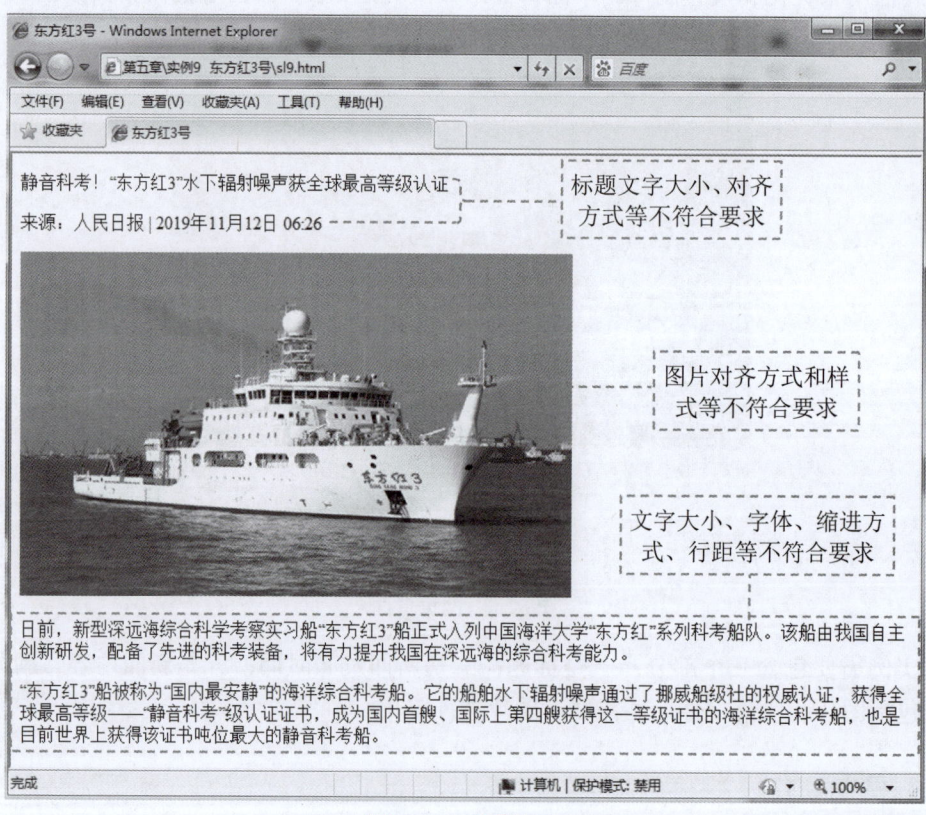

图 5-58　页面效果

03 修饰整体效果 打开CSS文档my.css，按图5-59所示操作，添加代码，设置页面宽度和对齐方式。

```
1 ▼ .da{
2      width:800px;          宽度800px
3      margin: 0 auto;       居中对齐
4 }
```

图 5-59　修饰整体效果

04 修饰标题 按图5-60所示操作，在CSS文档中添加代码，设置标题的字体、段落格式。

```
5  .bt1{color:blue;font-size:25px;text-align:center}
6  .bt2{color:gray;font-size:13px;text-align:center}
```

图 5-60　修饰标题

05 修饰图片 按图5-61所示操作，继续在my.css中插入代码，为网页中的图片添加不同的样式。

```
7 ▼ .pic{
8      text-align: center;           对齐方式
9 }
10 ▼ img{
11     border:#0033FF 2px dashed;    边框效果
12 }
```

图 5-61　修饰图片

06 设置段落格式 按图5-62所示操作，继续在my.css中插入代码，设置网页中的段落格式。

```
13 ▼ p {
14      color:dimgray;
15      font-family: 楷体;
16      line-height: 5mm;
17      margin: 5px;
18 }
```

图 5-62　设置段落格式

07 浏览网页 以ls9.html为名将网页保存到本地磁盘，并使用浏览器浏览页面效果。

知识库

1. 图片边框样式

在网页中，可以利用HTML中的border设定<img>的边框，但用这种方法设定的边框风格和颜色比较单一。如果采用CSS对边框样式进行美化，则可以产生丰富多彩的效果。

1) 格式

```
<img src="tupian.jpg" border="3">
```

137

在CSS中，使用border-style属性定义边框样式，即边框风格。例如，我们可以设置边框风格为点线式边框(dotted)、破折线式边框(dashed)、直线式边框(solid)、双线式边框(double)等。

2) 实例

新建网页文件，输入如图5-63所示的样式代码后，将其保存为.html格式文件，使用浏览器查看效果，可以看到网页中显示两张图片，其边框分别为dotted和double。

```
<html><head>
<title>图片边框</title></head>
<body>
    <img src="tupian1.jpg" border="3"  style="border-style:dashed dotted" />
    <img src="tupian2.jpg" border="3"  style="border-style:dashed double"/>
</body>
</html>
```
代码定义

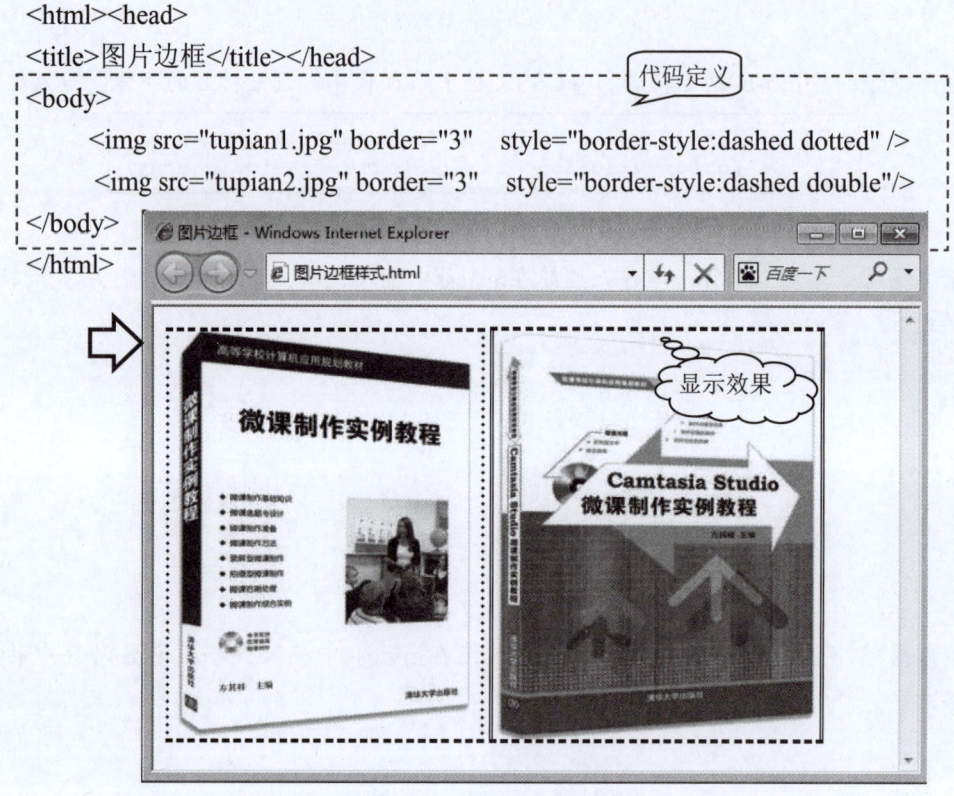

显示效果

图 5-63　图片边框样式测试

2. 缩放图片

当网页中显示一张图片时，默认情况下都是以图片的原始大小显示。如果要对网页进行排版，在通常情况下，还需要重新设定图片的大小。对于图片大小的设定，我们可以采用以下3种方式完成。

1) 使用HTML中的width和height

在HTML中，通过<img>标签的width和height属性可以设置图片大小。width和height分别表示图片的宽度和高度，其值为数值或百分比，单位是px。需要注意的是，高度属性height和宽度属性width设置要求相同。例如，设置图片宽度为200px，高度为120px，应编写如下代码。

```
<img scr="tupian.jpg" width=200 height=120>
```

2) 使用CSS中的max-width和max-height

max-width和max-height分别用来设置图片宽度的最大值和高度的最大值。在定义图片大小时，如果图片的默认尺寸超过了定义的大小，那么就以max-width所定义的宽度值显示，而且高度将同比例变化。max-height的设置也是如此。例如，只设置max-height来定义图片的最大高度，而让宽度自动缩放，如图5-64所示。如果图片的尺寸小于最大宽度或高度，那么图片就按原尺寸大小显示。

```
……
  <style>
   Img{ max-height:180px;}
  </style>
……
```

图 5-64　图片缩放

3) 使用CSS中的width和height

在CSS中，可以使用属性width和height来设置图片的宽度和高度，从而达到图片的缩放效果。例如，编写如下代码。

```
<img scr="tupian.jpg" >
<img scr="tupian.jpg" style="width=200; height=120">
```

其中，第一张图片以原始尺寸显示，第二张图片以指定大小显示。

3. 对齐图片

一个凌乱的图文网页是每个浏览者都不喜欢看到的，而一个图文并茂、排版整洁的页面，更容易让浏览者接受。可见，图片的对齐方式是非常重要的。在CSS中，图片的对齐方式主要有横向和纵向两种。

1) 横向对齐方式

图片横向对齐，就是在水平方向上进行对齐，其对齐样式和文字对齐样式比较相似，都有3种样式，分别为"左""中""右"，如图5-65所示。

```
<html><head>
<title>图片横向对齐</title>
</head>
<body>
   <p style="text-align:left"><img src="xy.jpg" style="max-width:140px;">左对齐</p>
   <p style="text-align:align"><img src="xy.jpg" style="max-width:140px;">居中对齐</p>
   <p style="text-align:right"><img src="xy.jpg" style="max-width:140px;">右对齐</p>
   <p style="font-style:italic">更上一层楼。</p>
</body></html>
```

图 5-65　图片横向对齐

在IE浏览器中浏览效果，可以看到网页中显示3张图片，它们的大小相同，但对齐方式分别为"左对齐""居中对齐""右对齐"。

2) 纵向对齐方式

纵向对齐即垂直对齐，是指在垂直方向上和文字进行搭配使用。我们通过对图片进

139

行垂直方向上的设置，可以使图片和文字的高度保持一致。在CSS中，对图片进行纵向设置，通常使用vertical-align属性来定义。

vertical-align属性用于设置元素的垂直对齐方式，即定义行内元素的基线相对于该元素所在行的基线的垂直对齐，允许指定负长度值和百分比值。在表的单元格中，该属性用于设置单元格内容的对齐方式。其格式如下。

```
vertical-align: | baseline | sub | super |…
```

新建记事本文件，输入如图5-66所示的样式代码后，保存为.html格式文件，使用IE浏览器查看效果，可以看到网页显示6张图片，垂直方向分别是baseline、bottom、middle、sub、super和数值对齐。

```
<html><head>
<title>图片纵向对齐</title>
<style> img{max-width:100;}</style></head>
<body>
    <p>纵向对齐方式：baseline<img src=pc.jpg style="vertical-align:baseline"></p>
    <p>纵向对齐方式：bottom <img src=pc.jpg style="vertical-align:bottom"></p>
    <p>纵向对齐方式：middle <img src=pc.jpg style="vertical-align:middle"></p>
    <p>纵向对齐方式：sub <img src=pc.jpg style="vertical-align:sub"></p>
    <p>纵向对齐方式：super <img src=pc.jpg style="vertical-align:super"></p>
    <p>纵向对齐方式：数值定义<img src=pc.jpg style="vertical-align:20px"></p>
</body></html>
```

图 5-66　图片纵向对齐

5.4.2　设置背景与边框

任何一个页面，首先映入浏览者眼帘的就是网页的背景色和风格，不同类型的网站有不同的背景和风格。而边框对于网页来说，可以用来区分不同的内容区域，增加视觉的层次感。通过CSS样式，能够轻松地对网页的背景和边框进行设置，包括背景的颜色、边框的宽度、样式等属性。

设置背景与边框

实例10　添加网页背景与边框

实例介绍

当我们打开各种类型的网站，最先映入眼帘的就是首页，也称为主页。作为一个网站的门户，主页一般要求版面整洁、美观大方。综合前面学习的CSS知识，运用背景和边框属性创建"舌尖上的中国"网站主页，效果如图5-67所示。

图 5-67　"舌尖上的中国"网站主页

在本实例中，主页包括标题、内容部分和底部图片3部分内容。网页中使用了背景图片，并且为文字部分添加了边框以增加视觉效果。

实例制作

01 构建HTML页面　运行Dreamweaver软件，新建HTML文档，输入如图5-68所示的代码和内容。

```html
1  <!doctype html>
2  <html>
3  <head>
4  <meta charset="utf-8">
5  <title>舌尖上的中国</title>
6  <link href="style/test.css" rel="stylesheet" type="text/css" />
7  </head>
8
9  <body>
10 <div id="box">
11     <div id="page">
12         <h2 align="center">舌尖上的中国</h2>
13         <br>
14           在吃的法则里，风味重于一切！<br>
15           中国人从来没有把自己束缚在一张乏味的食品清单上。<br>
16           人们怀着对食物的理解，在不断的尝试中寻求着转化的灵感。</div>
17 </div>
18 <div id="bottom"><img src="images/bottom.png" alt="" /></div>
19 </body>
20 </html>
```

图 5-68　构建 HTML 页面

02 设置网页的整体效果　打开test.css文件，输入如图5-69所示的CSS代码，设置网页的整体效果。

```css
1  body {
2      font-size: 18px;
3      line-height: 25px;
4      background-image: url(../images/background.jpg);   /* 网页背景 */
5  }
```

图 5-69　设置网页的整体效果

141

03 设置主体布局 继续添加如图5-70所示的CSS代码，设置主体的大小、背景图片及对齐方式等内容。

```
 8 ▼ #box {
 9      width: 1002px;            ─── 内容大小
10      height: 400px;
11      background-image: url(../images/ms.png); ─── 背景图片
12      background-position: center bottom; ─── 背景居中
13      margin: 0 auto;           ─── 布局居中
14 }
```

图5-70 设置主体布局

04 设置内容样式 继续添加如图5-71所示的CSS代码，将网页中的内容显示在一个圆角边框中，两个不同的内容块中间使用虚线隔开。

```
15 ▼ #page {
16      background:rgba(255,255,255,0.5); ─── 背景颜色(半透明)
17      width: 290px;              ─── 宽度和高度
18      height: 200px;
19      padding: 10px 60px 85px 50px; ─── 内边距和外边距
20      margin: 40px 0px 0px 160px;
21      border-style: solid;       ─── 边框线形
22      border-width:1px;          ─── 边框粗细
23      border-radius: 20px;       ─── 圆角边框
24      line-height:30px;
25      border-color:gray;
26 }
```

图5-71 设置内容样式

05 设置底部图片样式 继续添加如图5-72所示的CSS代码，设置底部图片样式。

```
27 ▼ #bottom {
28      width: 100%;
29      text-align: center;
30 }
```

图5-72 设置底部图片样式

知识库

1. 背景相关属性

在网页设计中，背景是关键的设计要素之一，背景设置包括背景颜色、背景图片等多个元素的设置，这些元素共同影响网页的整体视觉效果和用户体验。CSS在背景设置方面有强大的功能。

1) 背景颜色

background-color属性用于设定网页的背景色。与设置前景色的color属性一样，background-color属性接受任何有效的颜色值，而对于没有设定背景色的标签，默认背景色为透明(transparent)。其语法格式如下：

```
{ background-color:transparent|solor}
```

142

2) 背景图片

在网页设计中，不但可以使用背景色来填充网页背景，还可以使用背景图片来填充网页背景。通过CSS属性可以对背景图片进行精确定位。background-image属性用于设定标签的背景图片。通常情况下，其在标签<body>中应用，将图片用于整个主体中。其语法格式如下。

```
{ background-image:none|url(url) }
```

从上述语法结构可以看出，其默认属性是无背景图片，当需要使用背景图时可以用url进行导入，url可以使用绝对路径，也可以使用相对路径。使用图片填充背景时，还需要考虑"图片重复""图片显示""图片位置""图片大小""现实区域""裁剪区域"等属性。

2. 边框属性

边框就是将元素内容及间隙包含在其中的边线，类似于表格的外边线。每个页面元素的边框可以从宽度、样式和颜色3个方面描述。这3个方面决定了边框的外观。在CSS中，分别使用border-style、border-color和border-width 3个属性设定边框的样式、颜色和宽度。

1) 边框样式

border-style属性用于设定边框的样式，也就是风格。设定边框样式是边框最重要的部分，它主要用于为页面元素添加边框。其语法格式如下。

```
{ border-style:none| double| dotted| solid| … }
```

border-style属性值及含义如表5-8所示。

表5-8 border-style属性值及含义

属性值	含义	属性值	含义
none	无边框	dashed	破折线式边框
dotted	点线式边框	solid	直线式边框
double	双线式边框	groove	槽线式边框
ridge	脊线式边框	inset	内嵌效果的边框
outset	突起效果的边框		

2) 边框颜色

border-color属性用于设定边框的颜色，如果不想与页面元素的颜色相同，则可以使用该属性为边框定义颜色。其语法格式如下。

```
border-color:color
```

其中，color表示制定颜色，其颜色值可以通过十六进制和RGB等方式获取。与边框样式属性一样，border-color属性可以为边框设定一种颜色，也可以同时设定4条边的颜色。

3) 边框线宽

在CSS中，我们可以通过设定边框线宽来增强边框效果。border-width属性就是用来设定边框宽度的。其语法格式如下。

143

```
border-width:medium|thin|thick|length
```

通过上述语法格式可以看出,预设了medium、thin和thick 3种属性值,另外还可以自行设置长度(length)。

5.5 小结和习题

5.5.1 本章小结

CSS文件,也可以说是一个文本文件,它包含了一些CSS标签。网页设计者可以通过简单更改CSS文件,轻松地改变网页的整体表现形式,大大减少网页修改和维护的工作量。本章详细介绍了定义CSS样式的方法和技巧,具体包括以下主要内容。

- 了解 CSS基础知识:从一个完整的CSS定义入手,介绍了CSS样式的优点及使用方法;介绍了使用Dreamweaver编写CSS的方法;介绍了CSS的语法格式、样式规则和在HTML中使用CSS的方法,为读者进一步学习CSS样式奠定了基础。
- 编写CSS样式代码:首先介绍了CSS常用选择器,如标签选择器、类选择器、ID选择器等,通过实例详细讲解了CSS常用选择器的用法。此外,还进一步介绍了CSS常用属性,如字体、字号、颜色等,通过设置这些属性,能够精确地布局和美化网页内的各元素。
- 使用CSS样式美化文本:介绍了如何使用CSS样式美化网页文本,包括文本的字体属性和段落属性设置。字体属性主要介绍了"字体""字号""字体风格""加粗字体""字体颜色"等;段落属性重点介绍了"字符间距""水平对齐方式""文本缩进""文本行高"等。通过实例,讲解了这些常用的字体和段落属性在规范、美化网页文本方面的使用方法。
- 使用CSS样式修饰页面:通过实例详细介绍了使用CSS样式美化图片、设置背景和边框的方法和技巧,从而达到美化页面的效果。具体方法包括:改变图片的边框,设置图片的大小、位置;设置背景颜色、背景图片和实现方式;定义边框的样式、颜色、线宽等。

5.5.2 本章练习

一、选择题

1. 下列关于CSS样式表作用的叙述正确的是(   )。
A. 精减网页,提高下载速度
B. 只需修改一个CSS代码,就可改变页数不定的网页外观和格式
C. 可以在网页中显示时间和日期
D. 在不同浏览器和平台之间具有较好的兼容性

2. 下列选项中，对CSS样式的格式描述正确的是(　　)。

　　A. {body:color=black(body)}　　　　B. body:color=black

　　C. body {color: black}　　　　　　　D. {body;color:black}

3. 为了增强CSS样式代码的可读性，可以在代码中插入注释语句。下列选项中注释语句格式正确的是(　　)。

　　A. /* 注释语句 */　　　　　　　　　B. // 注释语句

　　C. // 注释语句 //　　　　　　　　　D. ' 注释语句

4. 使用CSS样式定义，将p元素中的字体定义为粗体。下列代码正确的是(　　)。

　　A. p {text-size:bold}　　　　　　　B. p {font-weight:bold}

　　C. <p style="text-size:bold">　　　D. <p style="font-size:bold">

5. 在下列CSS样式代码中适用对象是"所有对象"的是(　　)。

　　A. 背景附件　　B. 文本排列　　C. 纵向排列　　D. 文本缩进

6. 下列代码能够定义所有<P>标签内文字加粗的是(　　)。

　　A. <p style="text-size:blod">　　　B. <p style="font-size:blod">

　　C. p{ text-size:bold; }　　　　　　D. p{ font-weight:bold; }

7. 以下关于class选择器和ID选择器的说法错误的是(　　)。

　　A. class选择器的定义方法：.类名{样式};

　　B. ID选择器的应用方法：<指定标签id="id名">

　　C. class选择器的应用方法：<指定标签class="类名">

　　D. ID选择器和class选择器只是在写法上有区别，在应用和意义上没有区别

8. 在HTML文档中，引用外部样式表的正确位置是(　　)。

　　A. 文档的末尾　　　　　　B. <head>

　　C. 文档的顶部　　　　　　D. <body>部分

9. 在CSS中，为页面中的某个 <div> 标签设置样式div{width:200px;padding:0 20px;border:5px;}，则该标签的实际宽度为(　　)px。

　　A. 200　　　　B. 220　　　　C. 240　　　　D. 250

10. 下图所示的CSS样式代码段定义的样式效果是(　　)。

```
a:active {color: #000000;}
```

　　A. 默认链接是#000000颜色　　　　B. 访问过链接是#000000颜色

　　C. 鼠标上滚链接是#000000颜色　　D. 活动链接是#000000颜色

二、判断题

1. 在CSS中，border:1px 2px 3px 4px表示设置某个HTML元素的上边框为1px、右边框为2px、下边框为3px、左边框为4px。(　　)

2. 在CSS中，padding和margin的值都可以为负数。(　　)

3. 在CSS中，使用//或<!---->可以书写一行注释。(　　)

4. 由于Table布局相比DIV布局缺点较多，因此在网页制作时应当完全放弃使用Table布局。(　　)

5. 在W3C规范中，每一个标签都应当闭合，使用
</br>可以实现与段落标签<p></p>同样的效果。（   ）

6. 一个div可以插入多个背景图片。（   ）

7. 背景颜色的写法background:#ccc等同于background-color:#ccc。（   ）

8. 结构表现标准语言包括XHTML、XML和HTML。（   ）

9. 任何标签都可以通过添加style属性来直接定义它的样式。（   ）

10. 与padding属性和margin属性类似，border属性也有单侧属性，即也可以单独定义某一个方向上的属性。（   ）

11. margin不可以单独定义某一个方向的值。（   ）

12. border是CSS的一个属性，可以给能确定范围的HTML标签添加边框，但只能定义边框的样式(style)、宽度(width)。（   ）

13. CSS选择器中用户定义的类和用户定义的ID在使用上只有定义方式不同。（   ）

14. 对于自定义样式，其名称必须以点(.)开始。（   ）

15. <div>标签简单而言是一个区块容器标签。（   ）

16. position允许用户精确定义元素框出现的相对位置。（   ）

第 6 章

制作网页表单

表单用于收集浏览者输入的信息，是网站与浏览者之间互动的窗口。表单一般用于意见调查、购物订单和搜索等，通过表单，网站所有者可以收集浏览者的个人信息，从而做出合理、科学的决策。表单内设置的各个填写区域称为表单域，不同的项目称为表单对象。表单需要借助相关程序来处理浏览者输入的数据。

本章主要介绍常见的网页表单对象及其制作方法，包括表单的基础知识、创建表单、添加各种表单对象并设置属性。

本章内容：
- 初识表单
- 添加表单对象

6.1 初识表单

表单是网页中提供给浏览者填写信息的区域，通过浏览者主动填写信息，完成信息的收集，是交互式网站的基础。当浏览者填写并提交表单后，经过服务器处理后的信息将会返回给浏览者，如搜索结果、购物订单、论坛评论等。

6.1.1 认识表单对象

表单中包含用于交互的各种控件，这些控件称为表单对象，如文本框、复选框、列表和按钮等。页面中的各个表单对象组成表单域，如图6-1所示。

认识表单对象

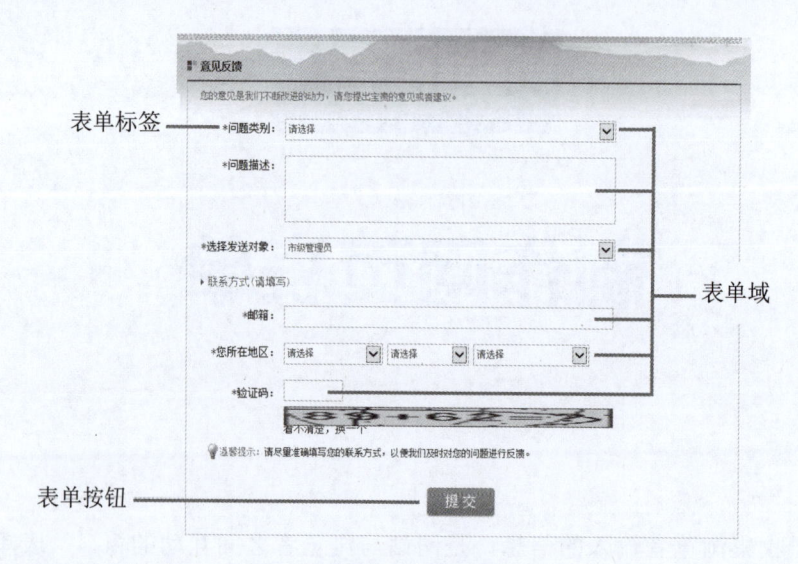

图 6-1 表单页面

一个表单通常由以下3个基本组成部分构成。
- 表单标签：包含处理表单数据的程序名称和数据提交服务器的方法。
- 表单域：常见的有文本域、密码域、文本区域和列表等。
- 表单按钮：用于将数据传输到服务器，包含提交按钮、重置按钮和普通按钮。

1. 搜索表单页

打开百度网站，输入关键词，单击"百度一下"按钮进行搜索，页面会列出相关的搜索结果，如图6-2所示。

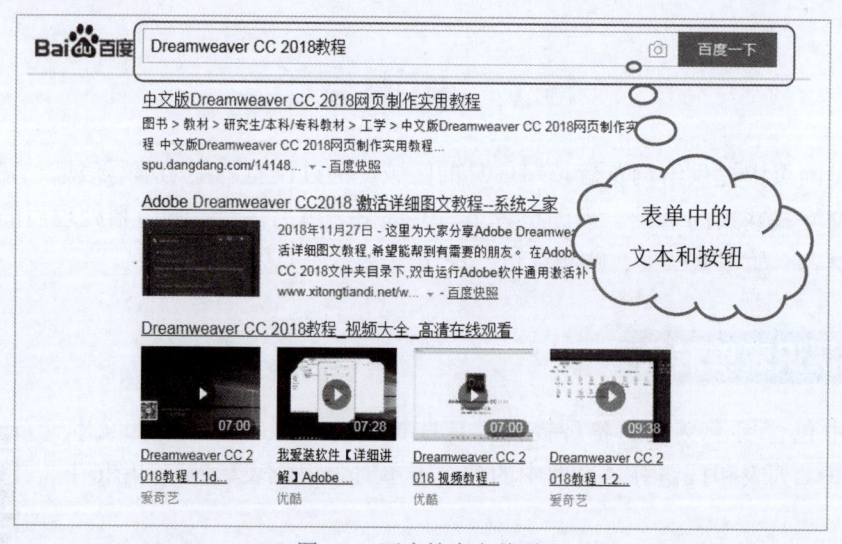

图 6-2 百度搜索表单页

搜索引擎中包含文本区域和按钮两种表单对象，这是一个基本的表单页，浏览者可以在网站返回的信息中选取自己需要的信息。

2. 注册表单页

打开网易邮箱，进入邮箱注册页面，如图6-3所示。

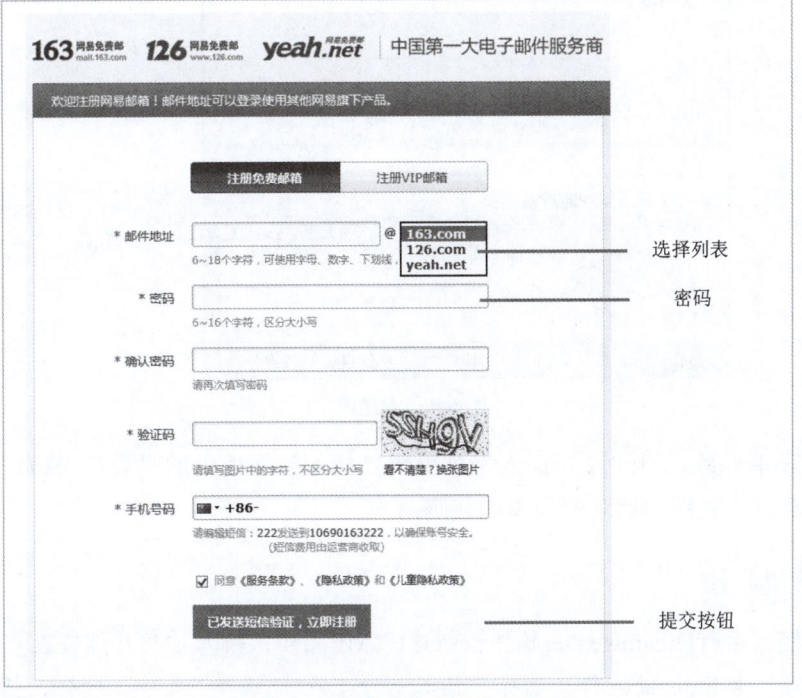

图 6-3　网易邮箱注册表单页

注册表单页一般包括文本、选项、密码和提交按钮等表单对象。

6.1.2　创建表单

浏览器处理表单的过程：浏览者在表单中输入数据→提交表单→浏览器根据表单中的设置处理浏览者输入的数据。

创建表单

实例1　创建"用户调查表"表单

实例介绍

使用Dreamweaver在"设计"视图中创建"用户调查表"空白表单，在"代码"视图中观察表单的代码，如图6-4所示。

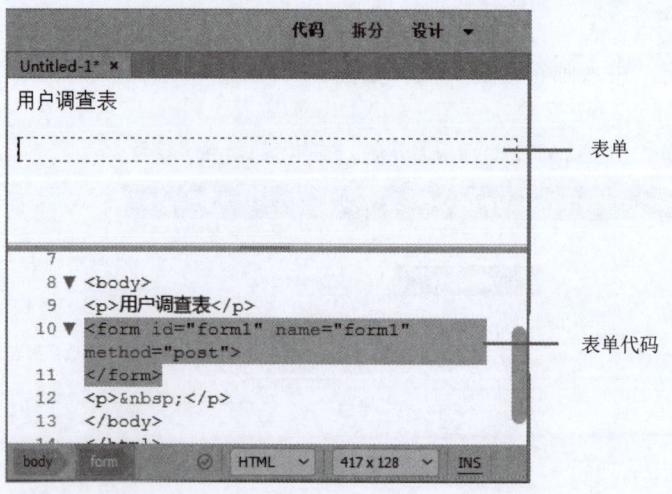

图 6-4　创建表单

先输入表单标题，再通过"插入"菜单或"插入"面板中的"表单"按钮添加表单，最后通过"拆分"视图对比观察表单的代码。

实例制作

01 新建文档　运行 Dreamweaver 软件，新建 HTML 文档，输入"用户调查表"。

02 插入表单　按 Enter 键换行，选择"插入"→"表单"→"表单"命令，插入的表单如图 6-5 所示。

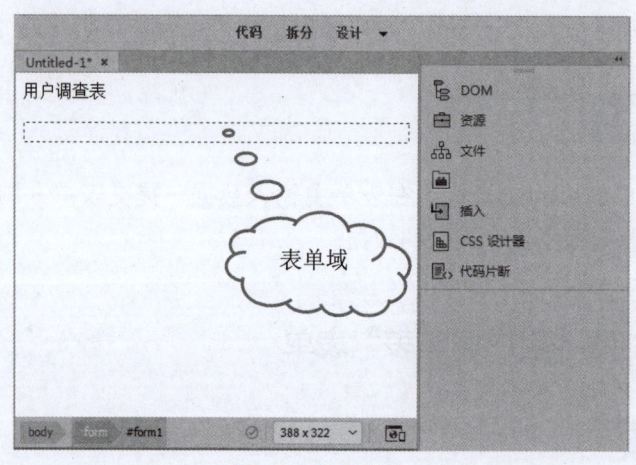

图 6-5　插入表单

03 观察代码　选择"拆分"视图，单击表单域，观察"代码"视图内对应的代码，如图 6-6 所示。

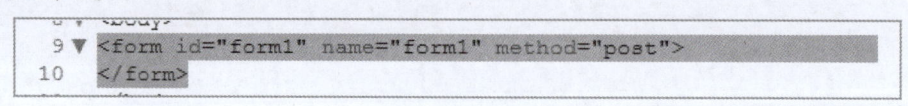

图 6-6　观察代码

知识库

1. 表单代码

表单通常设置在一个 HTML 文档中，用<form></form>标签来创建，标签之间的部分是表单内容，如图6-7所示。

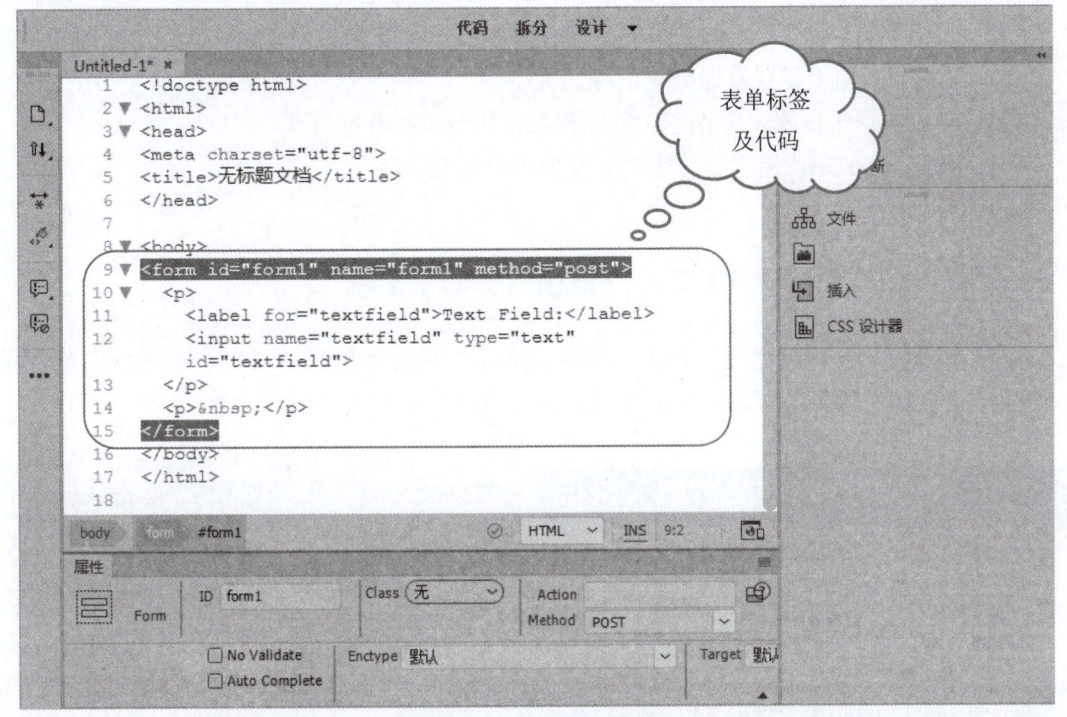

图6-7 表单标签及代码

<form>标签中的常用属性如下。

- Action：处理程序的名称，如<form action="URL">。
- Method：用来定义处理程序从表单中获取信息的方式。
- Target：用于指定目标窗口或帧。

2. 表单属性

选中表单，即可打开表单属性面板，如图6-8所示。根据制作需要设置参数后，就可以在页面中制作具有各种功能的表单。

图6-8 表单属性面板

表单属性面板中各参数的功能如下。

- ID：用于设置表单的名称。只有设置了名称的表单，才能被JS或VBS等脚本语言正确处理。

- Class：用于指定表单及表单元素的样式。
- Action：用于设置处理表单的服务器脚本路径。
- Method：用于设置表单处理后反馈页面打开的方式。
- Title：用于设置表单域的名称。
- No Validate：用于设置表单提交时是否对表单内容进行验证。
- Auto Complete：在表单项内输入内容时，显示可以自动完成输入的候选项列表。
- Enctype：用于设置发送数据的编码类型。
- Target：用于设置表单处理后的结果及使用网页打开的方式。
- Accept Charset：用于设置表单提交的字符编码。

6.2 添加表单对象

创建表单后，既可以通过"插入"面板在表单中插入各种表单对象，也可以通过"插入"菜单插入相应的表单对象。下面介绍几种常用的表单对象。

6.2.1 用文本域和密码域输入数据

"文本"是网页中用来输入单行文本的表单对象，可以是文本、字母或数字。"密码"是输入密码时主要使用的方式。

用文本域和密码域输入数据

实例2　制作"登录"表单页

实例介绍

制作一个简单的"登录"表单页，需要输入用户名和密码，如图6-9所示。设置"用户名"输入区最多显示9个字符，输入字符上限为12个。

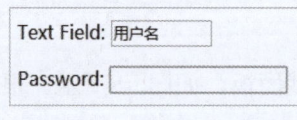

图6-9　"登录"表单页

"用户名"输入区使用▭按钮制作，"密码"输入区使用▭按钮制作。单击添加的表单域，在属性面板中可以设置字符的长度。

实例制作

01 插入表单　运行Dreamweaver软件，新建HTML文档，单击"插入"面板中的表单按钮▭，插入表单。

02 插入文本　将光标置于表单中，按图6-10所示操作，添加一个文本域。

图 6-10　插入文本

03 插入密码　按Enter键换行后，按图6-11所示操作，添加密码域。

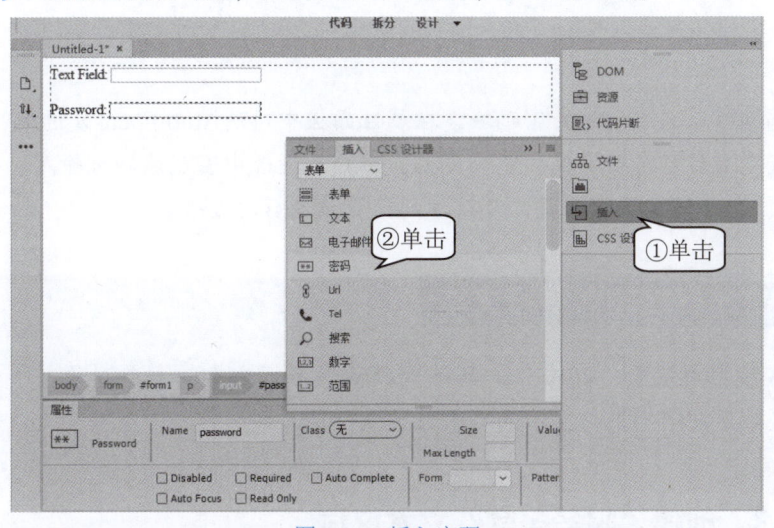

图 6-11　插入密码

04 预览网页　按F12键预览网页，并分别在文本域和密码域中输入文本，效果如图6-12所示。

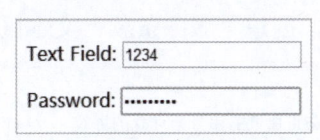

图 6-12　网页效果

05 设置文本属性　选中插入的文本域，按图6-13所示操作，设置文本框内最多显示9个字符，输入字符上限为12个，网页加载时自动填入"用户名"文本。

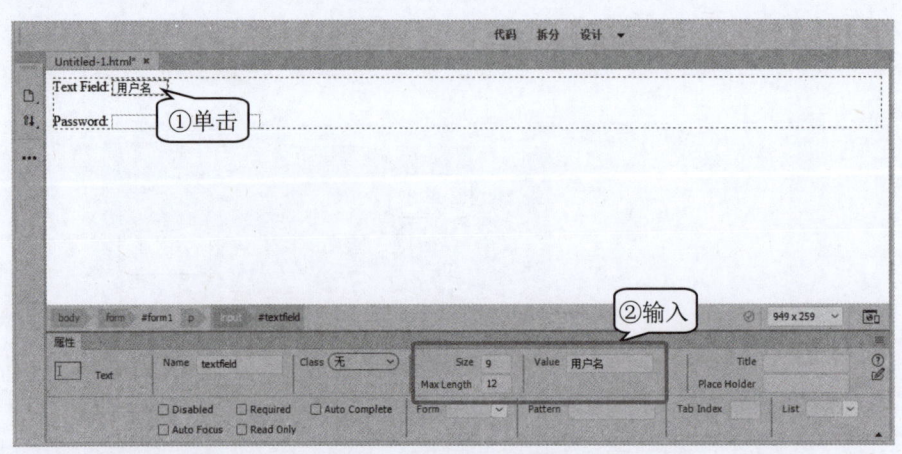

图 6-13　设置文本属性

❖ 提示：

　　Size用于设置文本框中最多显示的字符个数，Max Length用于设置文本框中最多输入的字符个数，Value用于设置网页在加载时文本框中自动填入的文本。

06　设置密码属性　选中插入的密码域，在属性面板中勾选Auto Focus复选框，勾选后，网页在加载完成后会自动定位到密码域上，用户无须选中密码域即可输入。

07　预览网页　按F12键预览网页，可以看到设置属性后的效果。

6.2.2　用文本区域输入多行文本

　　"文本区域"不同于"文本"，其是可以输入多行文本的表单对象，常见的文本区域是注册会员时显示的"服务条款"页。

用文本区域输入多行文本

实例3　创建"服务条款"文本区域

◎ 实例介绍

　　插入"文本区域"表单对象，创建"服务条款"文本区域，如图6-14所示。

图 6-14　"服务条款"文本区域

　　"服务条款"中的文字内容较多，可预先在记事本或Word中编辑好，通过复制粘贴，添加到表单的"文本区域"内。

实例制作

01 插入表单 运行Dreamweaver软件，单击 ![] 按钮，插入表单。

02 插入文本区域 将光标置于表单中，按图6-15所示操作，插入一个文本区域。

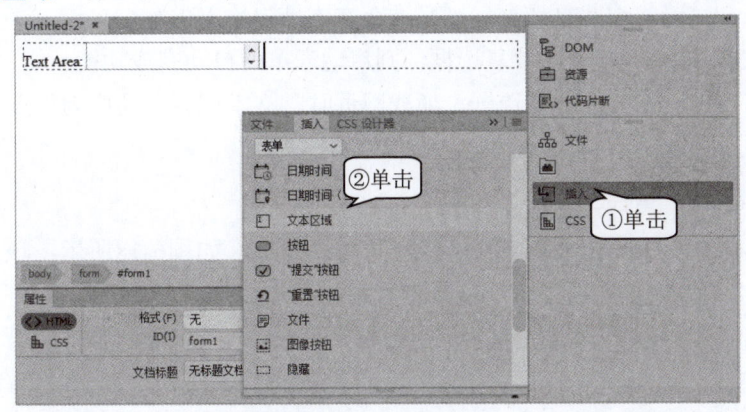

图 6-15 插入文本区域

03 添加"服务条款" 删除文本区域前的文本Text Area，按图6-16所示操作设置参数，在Value文本框中输入服务条款的内容。

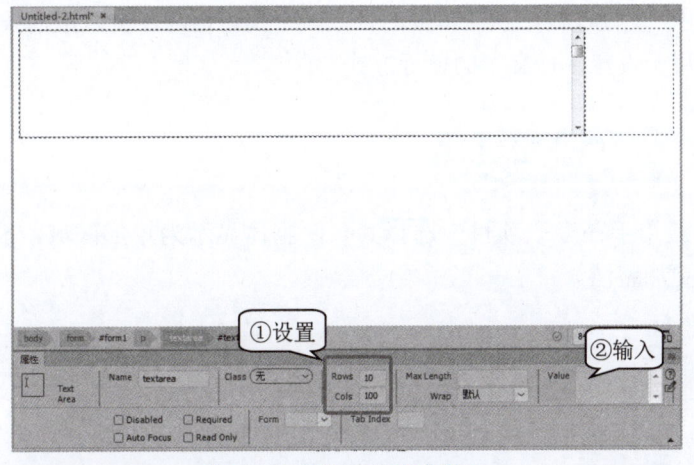

图 6-16 添加"服务条款"

04 预览网页 按F12键预览网页。

知识库

1."文本"属性

设置"文本"对象的各个属性参数，可以在网页中创建不同效果的输入栏。"文本"对象属性面板如图6-17所示。

图 6-17 "文本"对象属性面板

"文本"对象属性面板中各选项的功能如下。
- Name：用于设置文本域的名称。
- Disabled：若勾选此复选框，则禁止在文本域内输入内容。
- Required：若勾选此复选框，则必须在文本域内输入内容。
- Auto Complete：若勾选此复选框，则启动表单的自动完成功能。
- Auto Focus：若勾选此复选框，加载网页时，文本域会自动成为焦点。
- Read Only：若勾选此复选框，则设置为只读文本。

2. "文本区域"属性

选中"文本区域"表单对象，可以打开其属性面板，如图6-18所示。该属性面板中的选项与"文本"对象属性面板中的选项略有区别。具体如下。

图 6-18　"文本区域"对象属性面板

- Rows：用于设置字符宽度，即指定文本区域内横向和纵向可输入的字符个数。
- Cols：用于设置行数，当文本框的行数大于指定值时，会以滚动条的形式出现。
- Wrap：用于设置多行文本的换行方式。

6.2.3　用列表/菜单选择数据

"选择"一般用于在多个项目中选择其一，整体显示为矩形区域，能使页面布局显得更加整洁。

用列表/菜单选择数据

实例4　制作"最高学历"下拉菜单

实例介绍

在表单内插入一个"最高学历"的下拉菜单，包含初中、高中、专科、本科、硕士生、博士生6个选项，如图6-19所示。

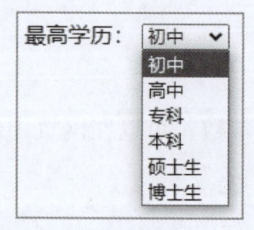

图 6-19　"最高学历"下拉菜单

在"列表值"对话框中，可通过添加项目标签来设置选项。在属性面板中，可以设置列表显示的行数。

实例制作

01 插入表单 运行Dreamweaver软件，插入表单。

02 插入选择对象 将光标置于表单中，按图6-20所示操作，插入一个选择对象。

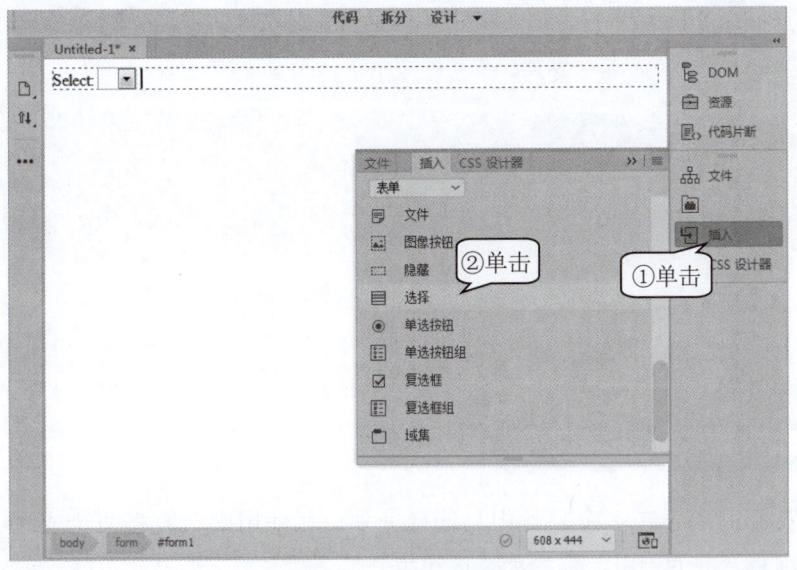

图6-20 插入选择对象

03 添加项目标签 将Select改为"最高学历"，按图6-21所示操作，在打开的"列表值"对话框中，添加标签"初中"。

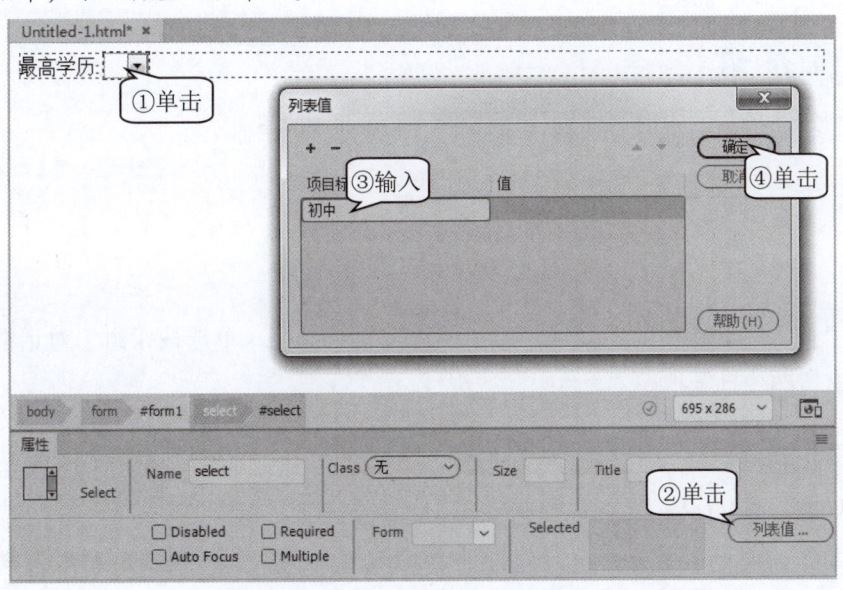

图6-21 添加"初中"项目标签

04 添加其他项目标签 单击 + 按钮，重复上面的步骤，添加如图6-22所示的其他项目标签。

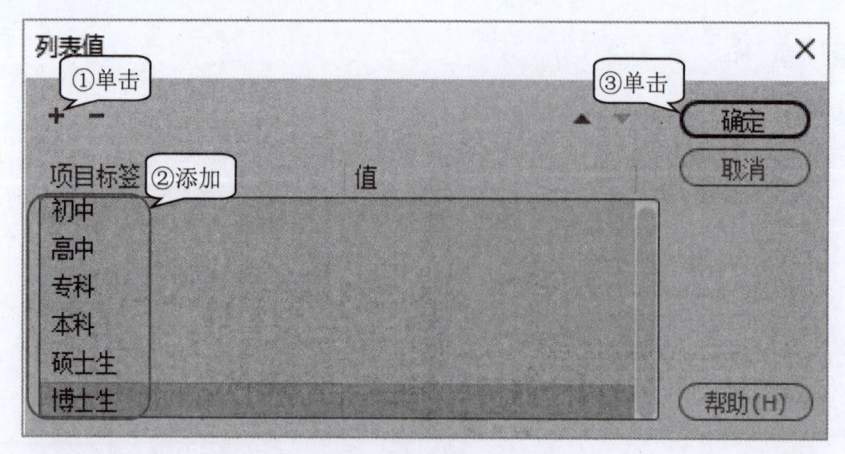

图 6-22　添加其他项目标签

05 预览网页　按F12键预览网页。

6.2.4　用单选按钮选择数据

"单选按钮"用于在多个项目中只选择一项。在使用中一般将两个或两个以上的项目合并为一组,称为单选按钮组。

用单选按钮
选择数据

实例5　制作"性别"选择框

实例介绍

制作网站注册页面中的"性别"选择框,效果如图6-23所示。

图 6-23　"性别"选择框

使用"插入"面板中的■按钮,添加单选按钮组。在"单选按钮组"对话框中,添加"男""女"两个标签项。

实例制作

01 插入表单　运行Dreamweaver软件,插入表单。

02 插入单选按钮组　将光标置于表单中,输入"性别:",按图6-24所示操作,添加"男"和"女"单选按钮。

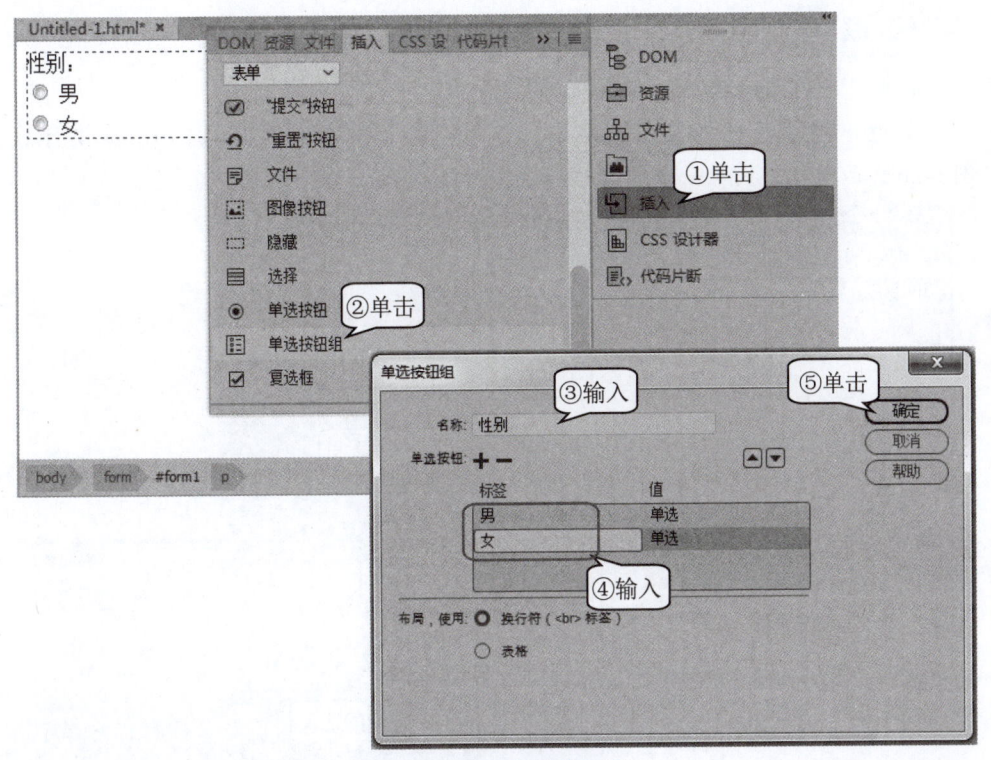

图 6-24　插入单选按钮组

03 预览网页　按F12键预览网页。

6.2.5 用复选框选择数据

"复选框"用于在列出的多个选项中选择一个或多个选项。一般将多个复选框组成一组，称为复选框组。

用复选框选择数据

实例6　制作"访问权限"选项列表

实例介绍

使用"复选框组"制作"访问权限"的选项列表，包含所有人、好友、关注的人、其他人使用密码访问4个选项，如图6-25所示。

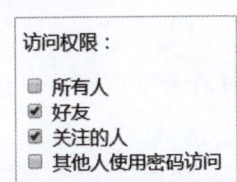

图 6-25　"访问权限"选项列表

在"复选框组"对话框中，可以设置其名称，并通过添加标签来添加选项。选择"复选框组"，在打开的属性面板中，也可以设置复选框组的名称。

159

实例制作

01 插入表单 运行Dreamweaver软件，插入表单。

02 插入复选框组 将光标置于表单中，输入"访问权限："，按Enter键换行后，按图6-26所示操作，插入一个复选框组。

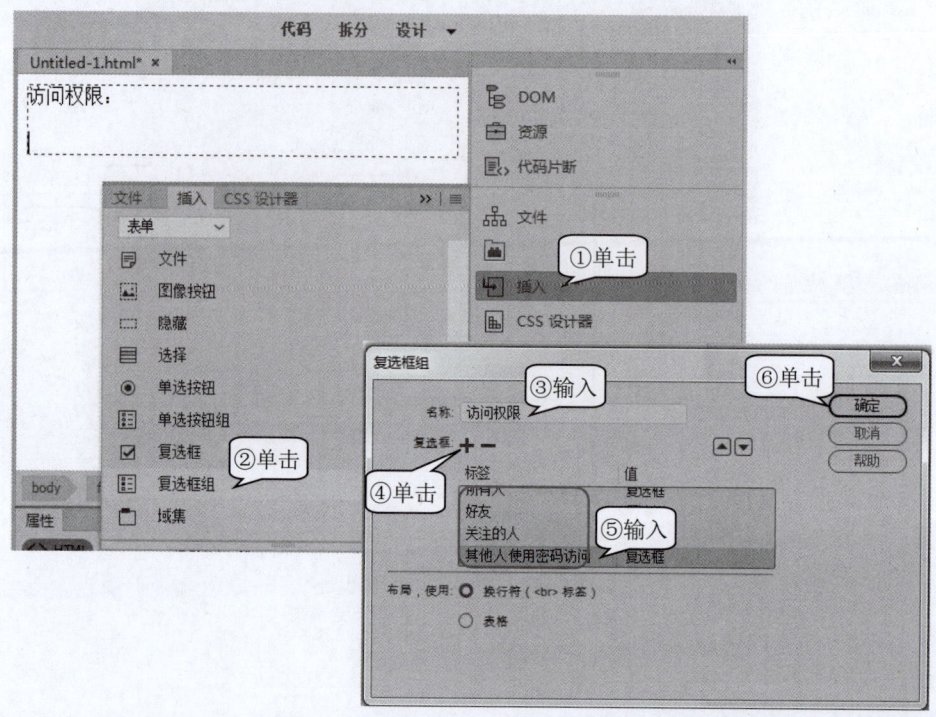

图6-26 插入复选框组

03 预览网页 添加复选框组后，表单如图6-27所示。按F12键预览网页，效果如图6-28所示。

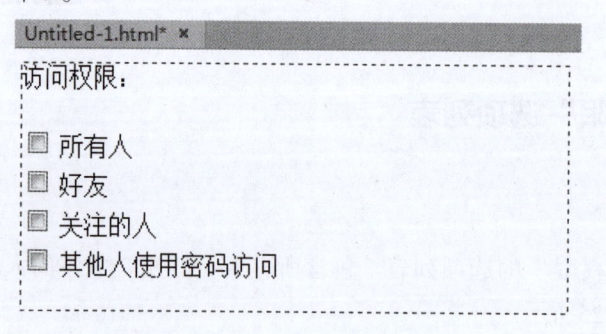

图6-27 添加"复选框组"的表单   图6-28 "访问权限"网页效果

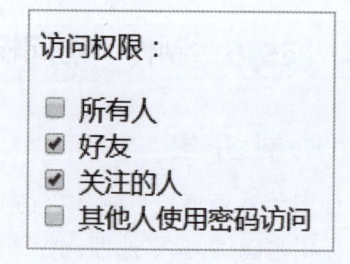

04 保存网页 选择"文件"→"另存为"命令，以fwqx.html为文件名，将文件保存到myweb文件夹中。

知识库

1. "单选按钮"和"复选框"属性参数

"单选按钮"和"复选框"两个表单对象的属性面板类似，设置方法也相同，包含的基本参数如下。

- Name：用于设置当前项的名称。
- Disabled：用于禁用当前项。
- Required：用于设置在提交表单前必须选中当前项。
- Form：用于设置当前项所在的表单。
- Checked：用于设置当前项的初始状态。
- Value：用于设置当前项被选中的值，该值会随表单提交。

2. 单选按钮组

同一组单选按钮必须设置相同的"名称"，才能成为单选按钮组，否则在表单中不能起到单选按钮组的作用。在同一组单选按钮中，只能有一个按钮的初始状态为选中，具体可通过Checked参数设置。

6.2.6 用按钮提交数据

"按钮"是表单中不可缺少的一个对象。按钮可分为普通按钮、提交按钮和重置按钮3种。我们通过按钮可以将表单内的数据提交到服务器或重置该表单。

用按钮提交数据

实例7 实现"权限"信息交互

实例介绍

在实例6的"访问权限"表单页中，添加"提交"和"重置"按钮，效果如图6-29所示。

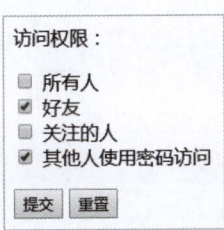

图 6-29 添加按钮的表单页

单击"插入"面板中的 ☑ 按钮和 ↺ 按钮，可以添加具有触发功能的按钮，实现信息的交互。

实例制作

01 打开网页 运行Dreamweaver软件，选择"文件"→"打开"命令，打开sl8.html。

02 插入按钮 将光标置于表单中，按Enter键换行后，按图6-30所示操作，依次添加"提交"和"重置"按钮。

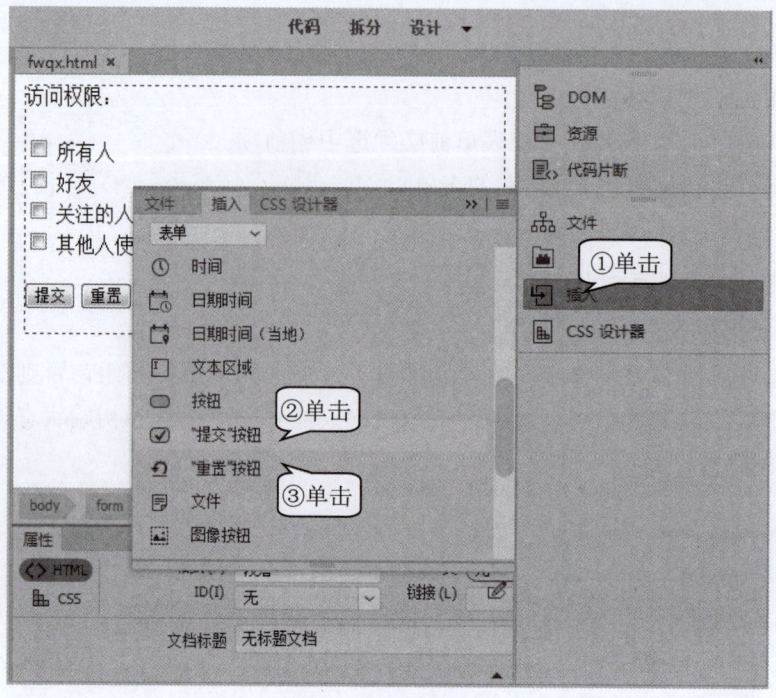

图 6-30 插入按钮

03 预览网页 添加按钮后，表单如图 6-31 所示。按 F12 键预览网页，效果如图 6-32 所示。

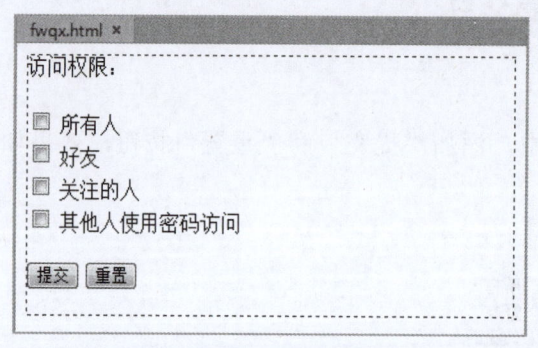

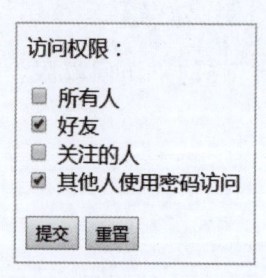

图 6-31 添加"按钮"的表单　　　　　图 6-32 添加"按钮"的网页效果

实例 8　插入"播放影片"按钮

实例介绍

新建表单页，添加"播放影片"按钮，效果如图 6-33 所示。

图 6-33 "播放影片"按钮

通过 ▭ 按钮插入的普通按钮为无动作按钮，用户可以设置按钮的名称，为按钮指定要执行的动作。

实例制作

01 插入表单 运行Dreamweaver软件，插入表单。

02 插入按钮 将光标置于表单中，按图6-34所示操作，插入"播放影片"按钮。

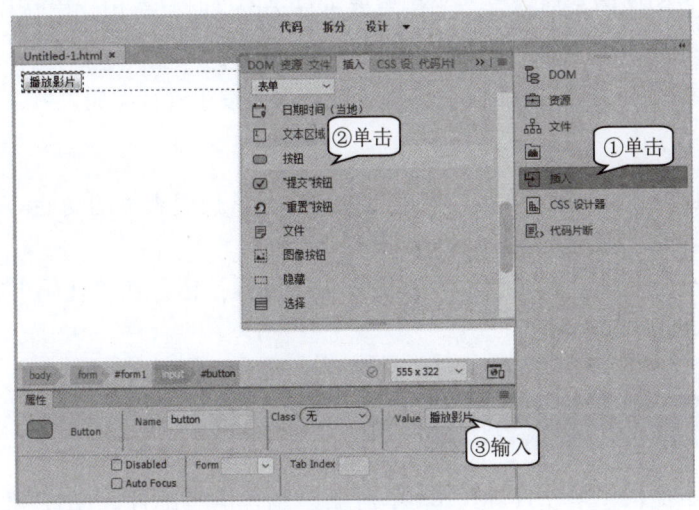

图 6-34　插入按钮

03 预览网页 按F12键预览网页，并观察按钮效果。

❖ **提示：**

"按钮"对象生成的是一个供浏览者单击的标准按钮，不能提交或重置表单。Value用于设置按钮上的文本标记。

知识库

1. 图像按钮

为了提升视觉效果，大部分网页的按钮都采用图像的形式，如图6-35所示。

图 6-35　图像按钮

163

选中图像按钮，在打开的属性面板中可以进行如下设置。

- Class：设置图像按钮应用的CSS样式。
- Src：设置图像按钮的Url地址。
- Alt：设置图像的替换文字，当浏览器不显示图像时，会用文字替换图像。
- From Action：设置提交表单时，发送数据的去向。
- 编辑图像：启动默认的图像编辑器，对该图像按钮进行编辑。

2. 图像按钮代码

使用按钮添加的"图像按钮"表单对象，不具备提交表单的功能。若要使图像按钮具备"提交"的功能，则需要进行代码编辑。

切换到"拆分"视图，在"设计"视图中单击图像按钮，在"代码"视图中的图像按钮代码末尾加上value="Submit"。

6.2.7 配置HTML5表单对象

Dreamweaver提供了多个HTML5表单对象，包含电子邮件、Url、数字、范围、颜色、日期选择器等，这些表单对象为用户提供了便捷的输入和验证功能。

配置 HTML5 表单对象

1. 电子邮件

通过按钮添加的"电子邮件"表单对象，用于输入E-mail地址，在提交表单时会自动验证浏览者输入的电子邮件对象的值。如果浏览者输入的邮件格式不正确，则提交表单时会显示提示说明，如图6-36所示。

图 6-36　验证电子邮件地址

2. Url

通过按钮添加的表单对象，用于输入Url地址，提交表单时会自动验证。如果浏览者输入的Url地址不正确，则会显示提示说明，如图6-37所示。

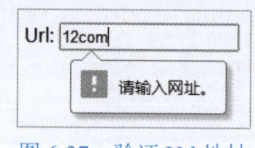

图 6-37　验证 Url 地址

3. 数字

通过按钮添加的"数字"表单对象，用于验证输入的数值，同时可以设置数字的范围、步长和默认值。如果输入错误，则会显示提示说明，如图6-38所示。

图 6-38 验证数字

4. 范围

通过 按钮添加的"范围"表单对象，用于输入一定范围内的数值，显示为滑动条，如图6-39所示。

图 6-39 "范围"对象预览效果

5. 颜色

颜色选择器用于选取颜色，使用 按钮添加，显示为下拉列表，如图6-40所示。

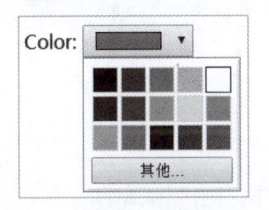

图 6-40 "颜色"对象预览效果

6. 日期选择器

日期选择器包含多个可供选择日期和时间的输入类型，如图6-41所示。用户可以根据页面需要，插入相应的对象。

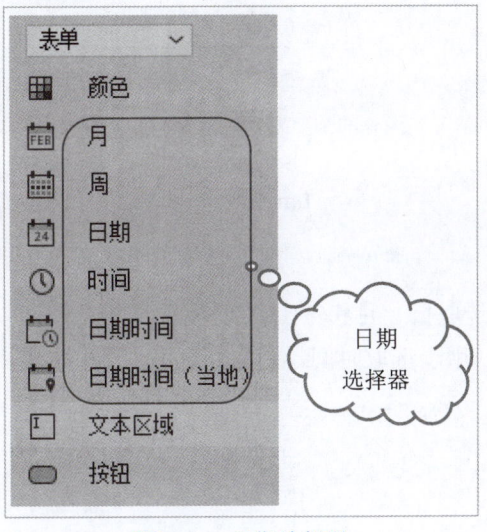

图 6-41 日期选择器

○ 月：用于选取月和年，如图6-42所示。

图 6-42 "月"对象预览效果

- 周：用于选取周和年，如图6-43所示。

图 6-43 "周"对象预览效果

- 日期：用于选取日、月和年，如图6-44所示。
- 时间：用于选取时间，包含小时和分钟，如图6-45所示。

图 6-44 "日期"对象预览效果

图 6-45 "时间"对象预览效果

- 日期时间：用于选取日、月和年(UTC时间)。
- 日期时间(当地)：用于选取时间，包含小时和分钟，如图6-46所示。

图 6-46 "日期时间（当地）"对象预览效果

> **知识库**

1. 其他表单对象

除常见的表单对象外，还有以下一些表单对象供用户在不同的制作需求下使用。

- 文件域：用于建立一个文件地址的输入选择框，便于在网页中制作附加文件项目，如上传附件。
- 隐藏：用于使浏览器与服务器在后台交换信息，在浏览器中不显示。通常可以为表单处理程序提供有用的参数。在"设计"视图中以占位符的形式呈现。
- 标签：用于设置表单控件间的关系。例如，一个图标对应某一按钮对象，在浏览器中单击该图标可以触发按钮。属性参数for，用来命名一个目标表单对象的ID。
- 域集：用于将一组表单元素组成一个域集。

2. 表单自动验证

通过设置HTML5中表单对象的属性，可以实现提交表单时的自动验证，这主要涉及以下两个参数。

- Required：可以用于大多数表单对象，但隐藏对象和图像表单不适用。提交表单时，若对象内容为空，则不能提交。
- Pattern：适用于文本、密码、搜索、Url、Tel和电子邮件对象，用于指定表单对象的内容模式(正则表达式)，验证输入字段是否符合标准。

6.3　小结与习题

6.3.1　本章小结

表单为网站管理者提供了从网页浏览者个人处收集信息的渠道，在网页中以各种可以填写信息的区域呈现给浏览者。表单是网站交互功能的重要体现。本章介绍了表单的基础知识及使用方法，具体包括以下主要内容。

- 初识表单：通过介绍常见网站的页面，使读者对表单对象有一个初步认识，进而介绍了表单的创建方法和属性设置。
- 添加表单对象：主要介绍了文本域、密码域、文本区域、选择(列表/菜单)、单选按钮、复选框、按钮和HTML5表单元素等基本的表单对象。

6.3.2　本章练习

一、思考题

1. 结合属性面板中的各个选项，你认为"图像按钮"能否起到提交的作用？
2. 处理表单的方式有哪些？使用电子邮件处理表单有哪些利与弊？

二、操作题

浏览门户网站邮箱的注册页面，尝试制作一个邮箱注册表单页，参考图如图6-47所示。

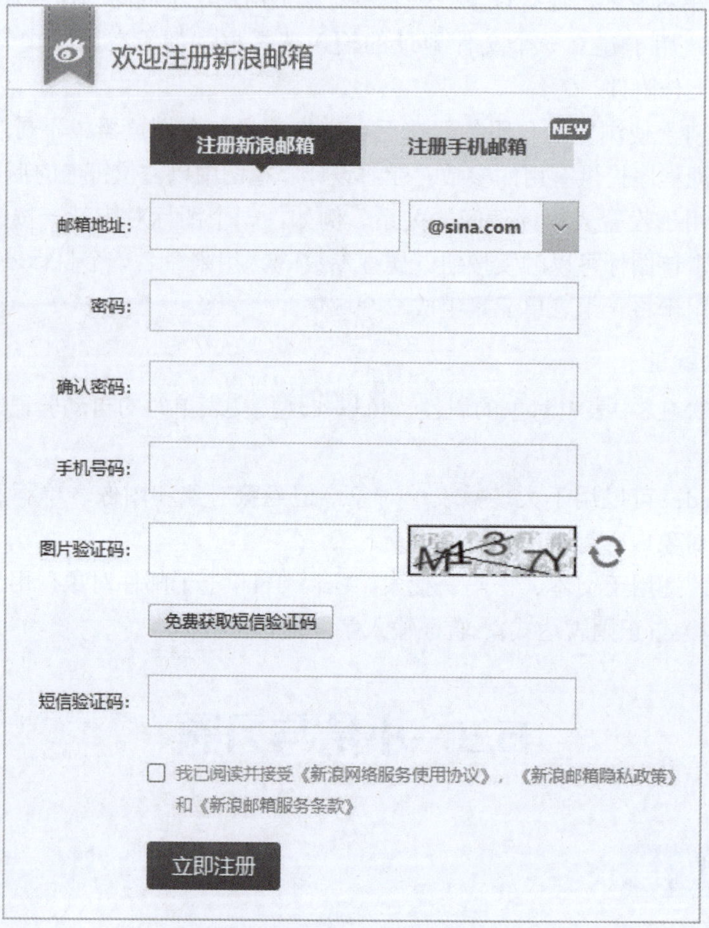

图6-47　邮箱注册表单页参考图

第 7 章

规划布局网页

网页设计主要包括配色、字体、布局3个方面，其中最主要的是布局。在进行网页设计时，我们需要对网页的版面布局进行整体的规划。

网页布局是指在一个网页中对文字、图片、链接及其他多媒体元素进行排列和组合，以构建一个有组织、易导航、视觉美观的用户界面。网页布局是网页设计中至关重要的环节，它不仅关系网页的美观程度，而且直接影响用户的体验和使用效率。良好的布局能提供清晰的信息架构，使用户能够轻松地找到他们需要的内容；能够有效地组织和突出重要内容，帮助用户理解信息的层次和关系；能够使网页更具吸引力，吸引用户的注意力；能够适应不同的设备和屏幕尺寸，为用户提供一致的体验。

为确保网页美观大方，在布局过程中，一般要遵循正常平衡、异常平衡、对比、凝视、空白和尽量用图片解说等原则。例如，网页的白色背景太虚，可以加一些色块；版面零散，可以用线条和符号串联；左面文字过多，可以在右面插一些图片保持平衡；表格过于规矩，可以改用导角增强视觉效果。

本章通过多个实例，使读者掌握表格、框架和DIV+CSS布局网页的方法和特点，并详细介绍在Dreamweaver中进行网页布局的具体步骤和方法。

本章内容：
- 网页布局基础知识
- 表格布局
- DIV+CSS布局
- 自适应布局

7.1 网页布局基础知识

与网站的颜色一样，网站的布局也是影响网站整体效果的一个重要因素。简洁、清晰的布局结构不仅便于浏览者查找所需信息，而且能够呈现结构美，提升网站的访问量。

7.1.1 网页布局类型

我们通过观察一些网站呈现的内容、导航及标题Logo区域，便能够看出网页的布局结构。下面介绍一些常见的网页布局类型，以便初学者能够更快地了解常见的布局结构及其特点。

网页布局类型

1．"国"字型布局

"国"字型布局也称"同"字型布局，页面的最上面是网站的标题及横幅广告条，中间是网站的主要内容(左右分列两条内容，中间是主要部分)，最下面是网站的一些基本信息、联系方式、版权声明等。这是一种比较常见的网页布局类型，适用于网站的首页(如新浪、腾讯等首页)，非常正式，结构清晰。这种布局的缺点是信息量大、内容多，给人目不暇接的感觉。"国"字型布局网页效果图如图7-1所示。

图7-1　"国"字型布局网页效果图

2．"三"字型布局

"三"字型布局是一种简洁明快的网页布局，在国外用得比较多，国内比较少见。这种布局的特点是，在页面上由横向两条色块将网页整体分割为3部分，色块中大多放置广告条、更新和版权提示。这种布局适用于企业网站。"三"字型布局网页效果图如图7-2所示。

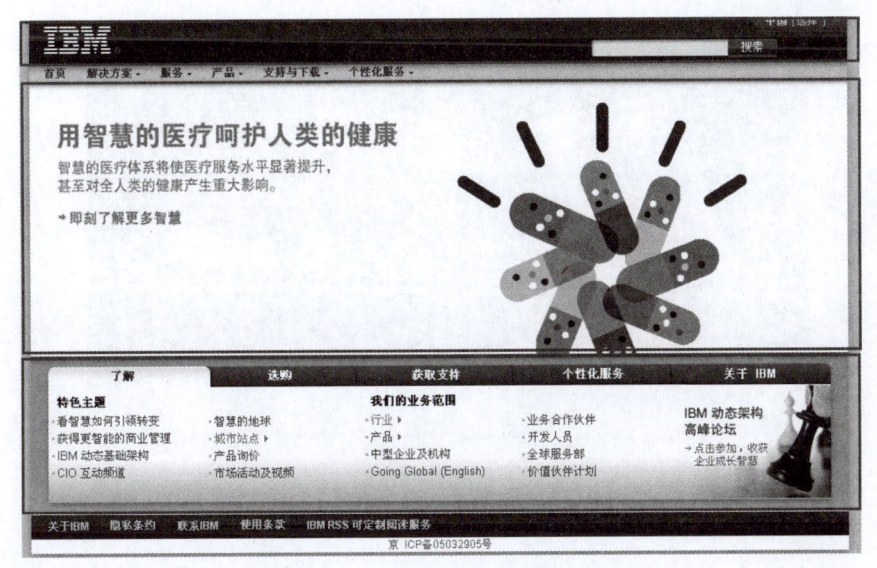

图 7-2 "三"字型布局网页效果图

3. "川"字型布局

"川"字型布局使整个页面在垂直方向分为3列，网站的内容按栏目分布在这3列中，其优点是可以最大限度地突出主页的索引功能。这种布局的使用率不高，适用于大型活动网站。"川"字型布局网页效果图如图7-3所示。

图 7-3 "川"字型布局网页效果图

4. 海报型布局

海报型布局一般应用于网站的首页，其主体部分多为精美的平面视觉元素。该布局的特点在于：仅在小型动画区域设置少量简易的链接，或者仅保留一个"进入"链接，甚至直接在首页主视觉图上设置无文字提示的隐形链接。其缺点是不易处理，但如果处理得好，则会给人带来赏心悦目的感觉。这种布局适用于企业网站和个人主页。海报型布局网页效果图如图7-4所示。

图 7-4　海报型布局网页效果图

5. Flash 布局

Flash 布局的特点是整个网页就是一个 Flash 动画，画面一般比较绚丽、有趣，是一种比较新潮的布局方式。Flash 布局所表达的信息更丰富，如果其视觉效果及听觉效果处理得当，则会呈现一种非常有魅力的网页效果。其缺点是技术性高，难以处理好。这种布局适用于儿童类的网站。Flash 布局网页效果图如图 7-5 所示。

图 7-5　Flash 布局网页效果图

6. 标题文本型布局

标题文本型布局的特点是，内容以文本为主，页面的最上面往往是标题，下面是正文。其优点是布局简洁、方便，事件集中、明确。这种布局适用于文章页面和注册页面。标题文本型布局效果图如图 7-6 所示。

图 7-6　标题文本型布局效果图

7. 框架型布局

框架型布局采用框架布局结构，常见的有左右框架型、上下框架型和综合框架型。由于兼容性差和美观度不高等因素，这种布局目前已不被许多专业设计人员采用，不过在一些大型论坛上还是比较受青睐的。此外，一般网站的后台管理页面常采用这种布局。框架型布局效果图如图 7-7 所示。

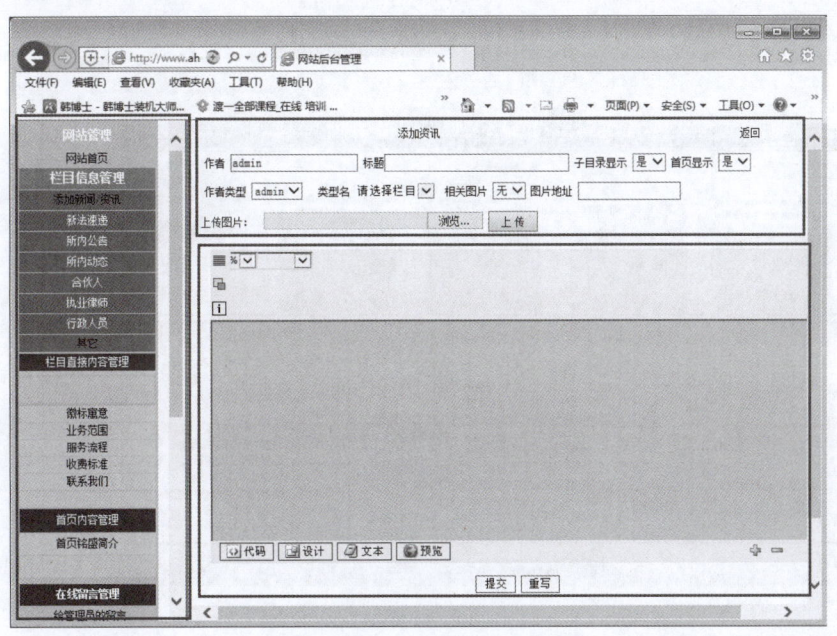

图 7-7　框架型布局效果图

7.1.2　网页布局途径

在选择好布局类型后，就可以通过网页布局方法设计出来，布局方法有纸上布局法和软件布局法两种。

网页布局途径

1. 纸上布局法

纸上布局法指使用纸和笔绘制出想要的页面布局和原型,如图7-8所示。我们只需要根据网站的设计要求绘制布局即可,不需要担心绘制的布局能否实现,因为目前基本上所有可以想到的布局都可以使用HTML来实现。

图7-8 纸上布局法

2. 软件布局法

软件布局法指使用一些软件(如Photoshop、Visio等)来绘制布局示意图。使用软件布局法需要先确定页面尺寸,考虑网站Logo、导航等元素在网页中的位置,如图7-9所示。

图7-9 软件布局法

7.1.3 网页布局方式

在Dreamweaver中,主要使用HTML和CSS技术对网页进行布局,根据布局元素的不同,可以分为表格、框架和DIV+CSS等方式。

网页布局方式

1. 基于表格的HTML布局技术

表格布局是非常流行的网页布局方式之一，因为用表格定位图片和文本比CSS方便，而且不用担心不同对象之间的影响。其缺点是必须通过表格嵌套才能实现较好的布局，当表格层次嵌套过深时，会影响页面下载速度。图7-10是一个在Dreamweaver中使用表格布局的例子。

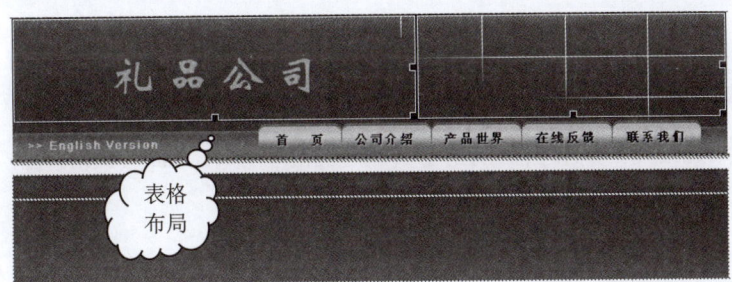

图 7-10　表格布局实例

2. 基于框架的布局技术

一般情况下，可以用框架来固定网页中的几个核心部分，如网页大标题、导航栏、主体内容等。如图7-11所示，插入嵌套框架进行布局，在顶部框架中插入banner图片，在嵌套框架的左侧制作导航条，在右侧输入介绍文字。

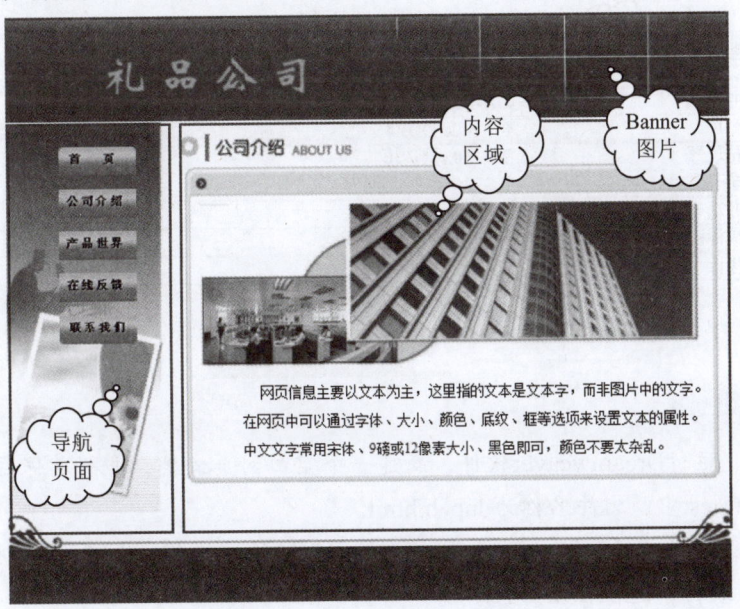

图 7-11　基于框架的布局技术

3. 基于DIV+CSS的布局技术

基于DIV+CSS的布局技术是目前比较流行的布局技术之一，它使用HTML的层<div>标签作为容器，使用CSS技术的精确定位属性来控制层中元素的排列、层与层之间的放置关系等。其特点是布局灵活、加载速度快，但是需要设计人员对CSS进行深入的理解和掌握。在本书后面的内容中，会详细介绍如何使用DIV+CSS进行布局设计。

175

7.2 表格布局

表格是网页设计与制作时不可或缺的元素。在设计页面时，往往利用表格来布局和定位网页元素，以清晰地展示数据间的关系。表格能以简洁明了和高效快捷的方式，将数据、文本、图像、表单等元素有序地显示在页面上。

7.2.1 插入编辑表格

在Dreamweaver中，可以选择"插入"→"表格"命令，插入表格，输入数据，以便查询和浏览。

插入编辑表格

实例1　制作家庭计算机配置表

实例介绍

新建一个HTML5文档，在页面中插入一个9行3列的家庭计算机配置表，在其中输入数据，效果如图7-12所示。

项目	指标	价格
CPU	酷睿i5 7400盒装	1250
主板	GA-B250-HD3	705
内存	8G 2400 DDR4	685
显示器	27寸IPS无边框	1230
固态硬盘	KST256G	515
机箱电源	WD601	588
鼠标键盘	键鼠套件	85
合计		5058

图7-12　家庭计算机配置表

实例制作

01 新建网页　运行Dreamweaver软件，新建一个空白网页文档，并将其保存到事先建立的站点文件夹test中，文件名称为dnpzb.html。

02 创建表格　选择"插入"→Table命令，按图7-13所示操作，创建一个9行3列，宽度为600像素的表格，边框粗细为1像素。

03 输入数据　在"家庭计算机配置表"中输入数据，效果如图7-12所示。

04 保存网页　保存网页，并按F12键预览网页。

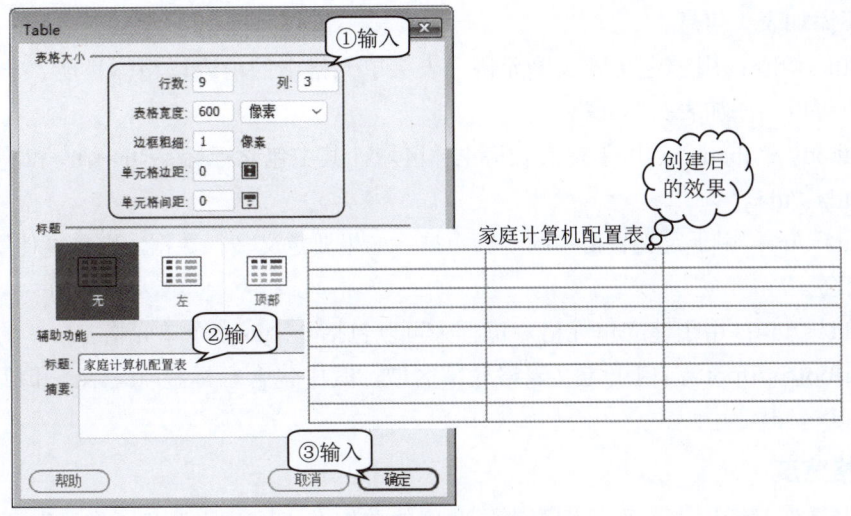

图 7-13　创建表格

知识库

1. 表格的结构

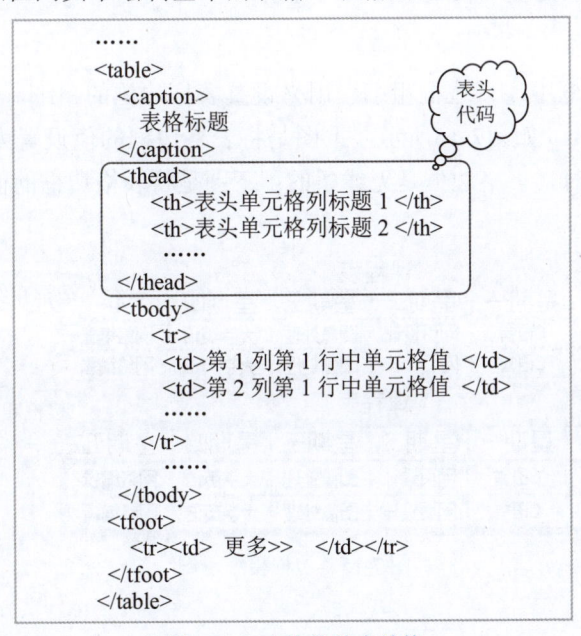

在HTML5中，通过表格标签<table></table>、<caption></caption>、<tr></tr>、<th></th>、<td></td>，可以在网页中绘制基本的表格。表格的基本结构如图7-14所示。

```
……
<table>
    <caption>
        表格标题
    </caption>
    <thead>
        <th>表头单元格列标题 1 </th>
        <th>表头单元格列标题 2 </th>
        ……
    </thead>
    <tbody>
        <tr>
            <td>第 1 列第 1 行中单元格值 </td>
            <td>第 2 列第 1 行中单元格值 </td>
            ……
        </tr>
        ……
    </tbody>
    <tfoot>
        <tr><td> 更多>>　</td></tr>
    </tfoot>
</table>
```
（表头代码）

图 7-14　表格的基本结构

- <table></table>：用于定义表格，一个表格中可以有一个或多个<tr>、<td>和<th>等标签。
- <caption></caption>：用于定义表格标题区域，一个表格中只有一个该标签。
- <thead></thead>：用于定义表头信息，其中包含<th></th>标签。一个表格中可以不添加表头信息。

- `<th></th>`：用于定义表头单元格，表头单元格中的内容以粗体呈现。一个表格中也可以不添加表头单元格。
- `<tbody></tbody>`：用于定义表格主体区域，其中包含行标签`<tr></tr>`和单元格标签`<td></td>`。
- `<tr></tr>`：用于定义表格中的一行数据，如果要定义多行数据，则重复使用`<tr></tr>`标签。
- `<td></td>`：用于建立单元格，每行中可以包括一个或多个单元格。
- `<tfoot></tfoot>`：用于定义表格底部区域，其中包含行标签`<tr></tr>`和单元格标签`<td></td>`。

2. 表格宽度

在"表格"对话框中，用于设置表格宽度的单位有"百分比"和"像素"两种。"百分比"单位是指以浏览器窗口的宽度为基准；"像素"单位是指表格的实际宽度。在不同的情况下，需要使用不同的单位。例如，在表格嵌套时多以"百分比"为单位。

如果设置表格宽度为浏览器窗口宽度的100%，那么当浏览器窗口大小变化的时候，表格的宽度也会随之变化。

如果设置表格宽度为指定像素，那么无论浏览器窗口大小如何改变，表格的宽度都不会发生变化。当前网页宽度一般设置为1000像素。

3. 边框粗细

在"表格"对话框中，"边框粗细"用来设置表格边框的粗细。在插入表格时，表格边框的默认值为1像素。如图7-15所示，上图是将表格边框的值设置为0，边框呈现虚线，当在浏览器窗口预览时，表格边框是无线条的；下图是将表格边框的值设置为5，边框明显宽了许多。

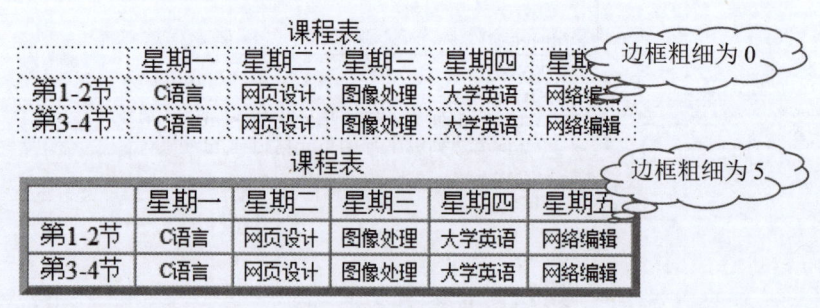

图 7-15　边框粗细示例

4. 单元格边距

单元格边距是指单元格中的内容与边框的距离。如图7-16所示，上图是将单元格边距设置为默认值，此时单元格中的内容与边框的距离很近；下图是将单元格边距设置为5，此时单元格中的内容与边框之间存在一定的距离。

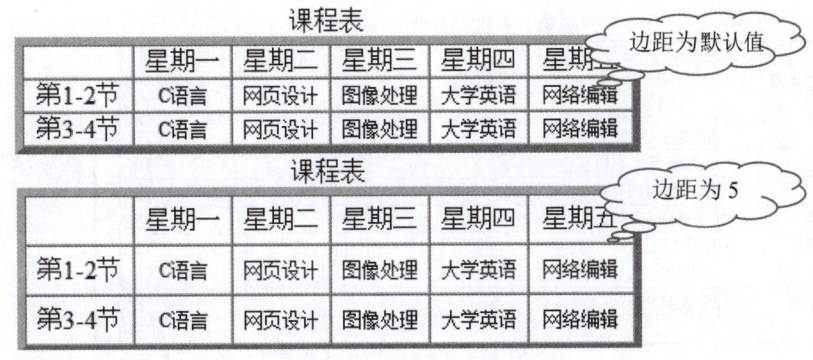

图 7-16　单元格边距示例

5. 单元格间距

单元格边距和单元格间距是两个不同的概念。单元格间距是指单元格与单元格、单元格与表格边框的距离。在属性面板中，将单元格间距分别设置为0和5的效果对比如图7-17所示。

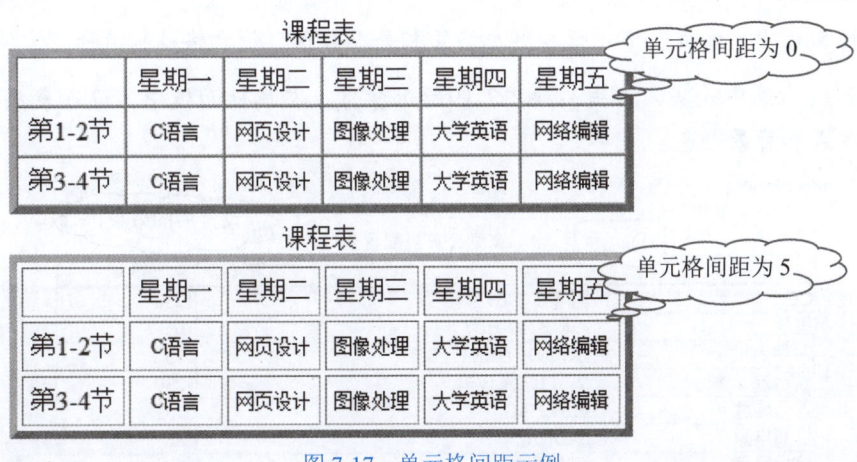

图 7-17　单元格间距示例

7.2.2　美化设置表格

在页面中插入表格后，可以在属性面板中对表格进行美化设置，其中有些属性与"表格"对话框中的属性是一样的。此外，还可以设置表格的"背景颜色""边框颜色""对齐方式"等属性。

美化设置表格

实例2　美化家庭计算机配置表

实例介绍

打开前面制作的dnpzb.html文件，设置列宽、对齐方式和背景等，具体参数如图7-18所示。

家庭计算机配置表

项目	指标	价格
CPU	酷睿i5 7400盒装	1250
主板	GA-B250-HD3	705
内存	8G 2400 DDR4	685
显示器	27寸IPS无边框	1230
固态硬盘	KST256G	515
机箱电源	WD601	588
鼠标键盘	键鼠套件	85
合计		5058

表头属性：水平和垂直居中，背景颜色为#A4CBFB

单元格属性：右对齐

列宽：120像素　　列宽：380像素　　列宽：100像素

图7-18　设置表格属性

实例制作

1. 属性设置

在属性面板中，设置表格、行和单元格的相关参数值，使表格结构清晰，方便阅读。

01 设置表头　选中表头，右击，按图7-19所示操作，在属性面板中，设置表头的格式、对齐方式和背景颜色。

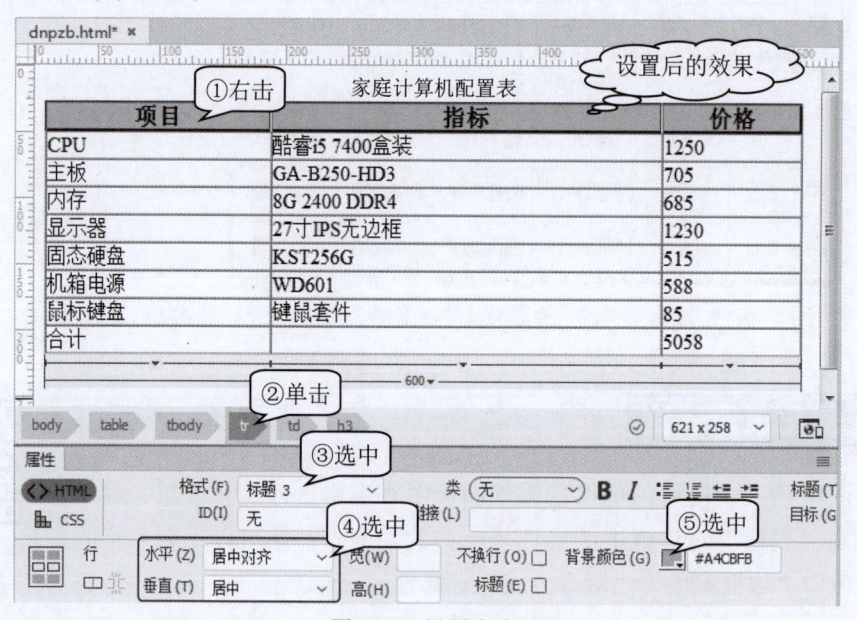

图7-19　设置表头

02 调整列宽　按图7-20所示操作，设置表格第1列的列宽为120像素。按照同样的方法，将第2、3列的列宽分别设置为380、100像素。

03 设置单元格　按图7-21所示操作，设置单元格中的内容水平"右对齐"。

第 7 章 规划布局网页

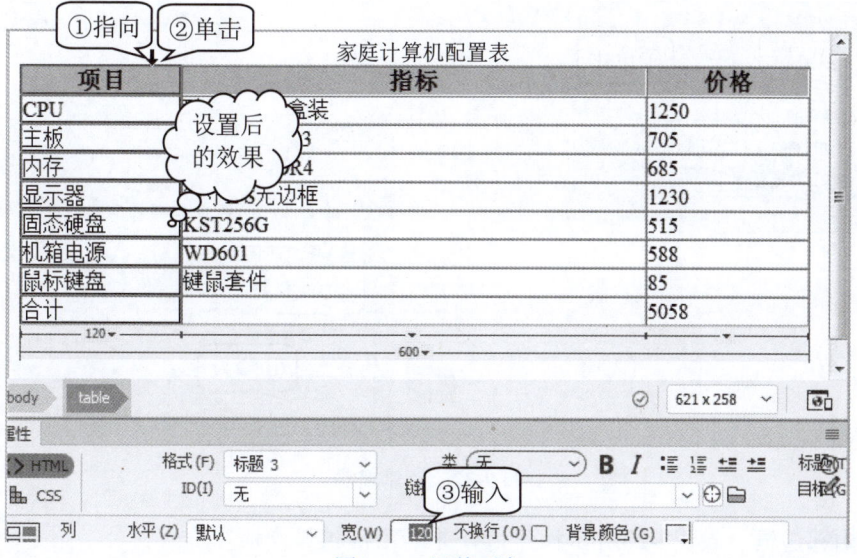

图 7-20 调整列宽

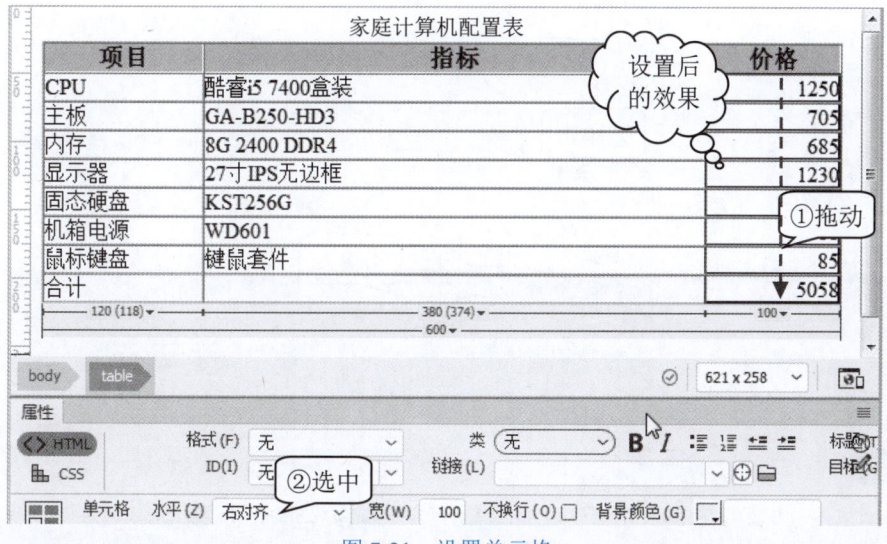

图 7-21 设置单元格

04 保存网页 按Ctrl+S键保存网页。

2. 设计表格CSS

通过设计CSS来设置表格框线，为table和td元素分别定义边框，能够使表格内外结构显得富有层次，更加美观。

05 新建规则 在窗口右侧面板中，选择"CSS设计器"，按图7-22所示操作，在"选择器"窗格中新建规则table和table td。

181

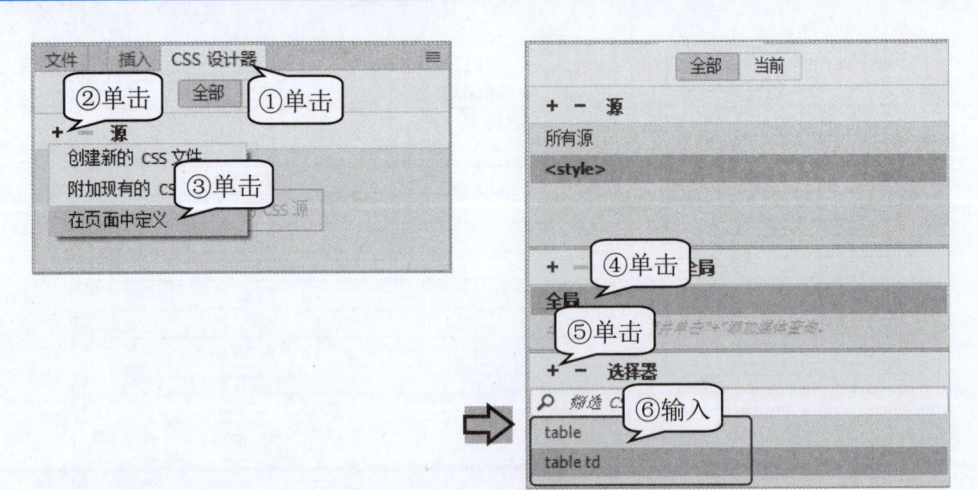

图7-22 新建规则

06 合并相邻边框 按图7-23所示操作,合并单元格相邻边框。

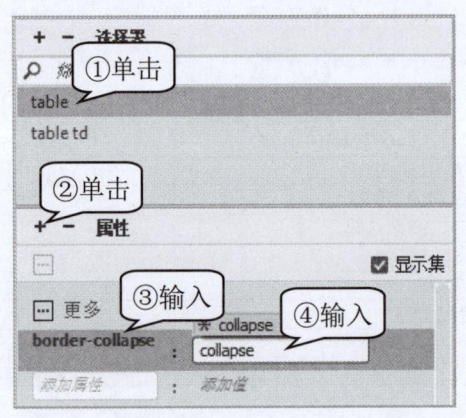

图7-23 合并相邻边框

❖ 提示：

　　table 元素设置的边框是表格的外边框,而单元格边框才可以分隔数据单元格。相邻边框会发生重叠,形成粗线框,因此应使用border-collapse属性合并相邻边框。

07 设置外边框 按图7-24所示操作,设置表格外边框为"粗线3px、样式solid(实线)、颜色值#00367A"。

08 设置单元格边框 按图7-25所示操作,设置单元格边框为"粗线1px、样式solid(实线)、颜色值#00367A"。

09 保存网页 按Ctrl+S键保存网页,并按F12键预览网页。

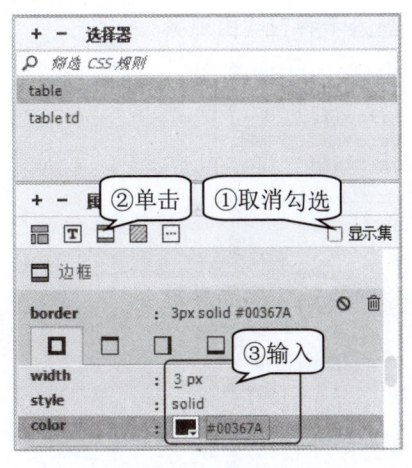

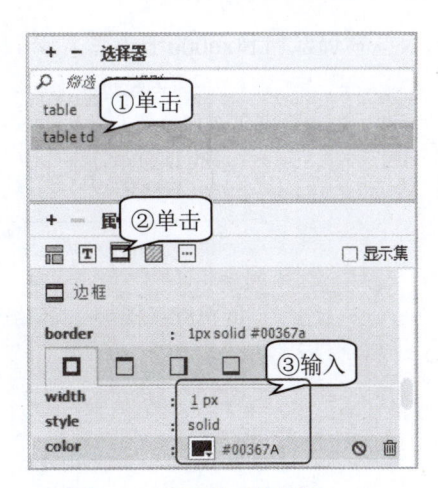

图 7-24　设置外边框　　　　　　　　图 7-25　设置单元格边框

知识库

1. 表格相关属性面板

在Dreamweaver中插入表格后，可以通过"表格属性"面板和"单元格属性"面板对表格进行修改和相关属性的设置。

- 表格属性：选择table标签，右击表格，选择"属性"命令，打开"表格属性"面板，对表格属性进行设置，如图7-26所示。

图 7-26　"表格属性"面板

- 单元格属性：选择tbody标签，右击表格，选择"属性"命令，打开"单元格属性"面板，对表格的单元格属性进行设置，如图7-27所示。

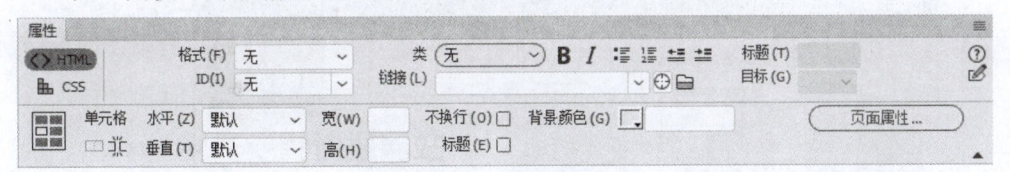

图 7-27　"单元格属性"面板

2. 增删行或列

如果要增加行，首先把光标置于要插入行的单元格，然后右击，在弹出的快捷菜单中选择"插入行"命令，则在当前行的上方插入一行。按照同样的方法，选择"插入列"命令，可以在当前列的左方插入一列；选择"删除行/列"命令，可以删除当前的行或列。

3. 设置表格框线

通过border-style属性可以为表格添加很多框线样式，如点线、虚线等，具体如图7-28所示。

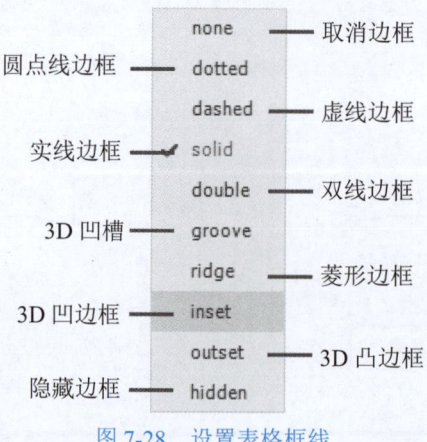

圆点线边框	none —— 取消边框
	dotted
	dashed —— 虚线边框
实线边框 ——	solid ✓
	double —— 双线边框
3D 凹槽 ——	groove
	ridge —— 菱形边框
3D 凹边框 ——	inset
	outset —— 3D 凸边框
隐藏边框 ——	hidden

图 7-28　设置表格框线

7.2.3　制作表格网页

表格是最常见的网页布局方式。在表格中，通过对行和列进行调整，可以对网页中的元素进行精确定位，使网页布局更加轻松、便捷。

制作表格网页

实例3　制作"方舟工作室"首页

实例介绍

"方舟工作室"首页如图7-29所示。通过表格将整个网页进行了功能区的划分，使网页中的各个元素更加整齐、美观。

图 7-29　"方舟工作室"首页效果图

整个网站首页被划分为顶部、导航栏、主体内容和底部4个部分，每个部分通过表格进行布局，最后添加图像、文字和视频元素。

实例制作

> ❖ **提示：**
>
> 可以选择"插入"→HTML→"插件"命令，使用插件方式插入各种格式的音频和视频文件。

1. 制作网页顶部

当前显示器大多数是宽屏的，网页宽度一般为1000像素。为此，在网页顶部插入一个1行1列的表格，其中包括网站的Logo和Banner。

01 新建文档 运行Dreamweaver软件，新建HTML文档并保存，名称为index.html。

02 创建表格 选择"插入"→Table命令，创建一个1行1列、宽度为1000像素的表格，边框粗细为0，单元格边距、间距均为0，并将表格居中对齐。

03 插入图片 单击单元格，选择"插入"→Image命令，按图7-30所示操作，插入文件夹"实例4 用表格布局网页"中的首页顶部图片top.jpg。

04 设置页面属性 单击页面，在属性面板中单击 页面属性... 按钮，按图7-31所示操作，设置外观(HTML)：背景为"灰色"、文本为"黑色"、左边距为0、上边距为0。

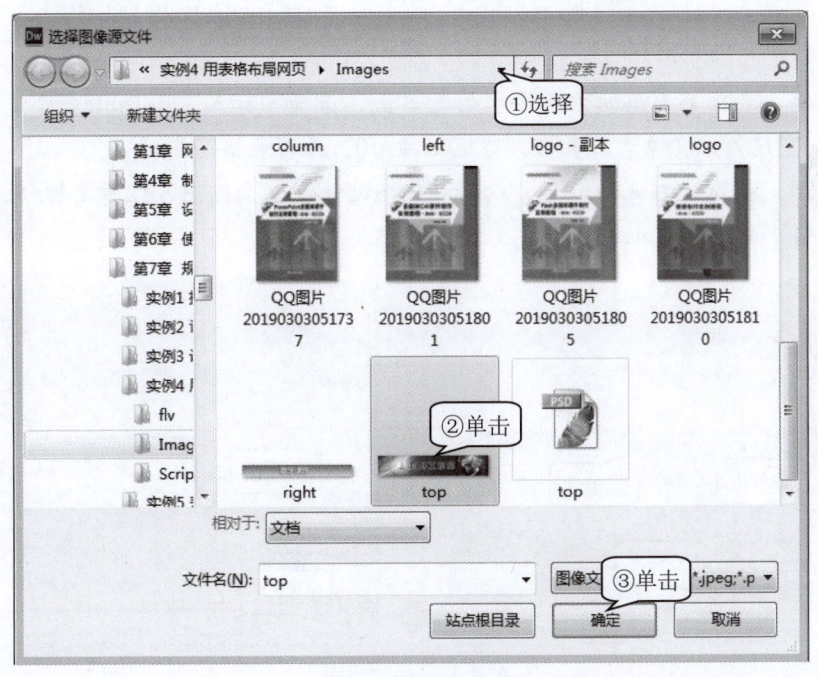

图7-30　插入图片

185

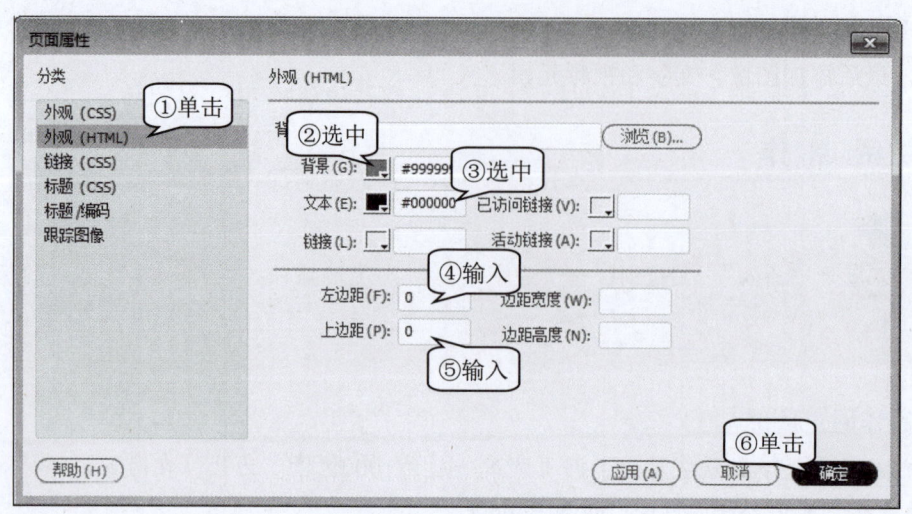

图 7-31 设置页面属性

> ❖ **提示:**
>
> 将页面的左边距设为0,可以使表格在浏览器窗口中水平居中;将上边距设为0,可以让表格紧贴浏览器窗口的顶部,消除空隙,以增强美观性。

2. 制作导航栏

网站的导航栏俗称"导航条",是网站的总栏目,其中包含若干个子栏目。一个网站的结构是通过导航栏组织的。

|05| **插入表格** 在顶部表格的右下方空白处单击,选择"插入"→Table命令,创建一个1行7列,宽度为1000像素的表格,边框粗细为0,并将表格居中对齐。

|06| **新建规则** 在窗口右侧面板中,选择"CSS设计器",按图7-32所示操作,在"选择器"窗格中新建规则.nav。

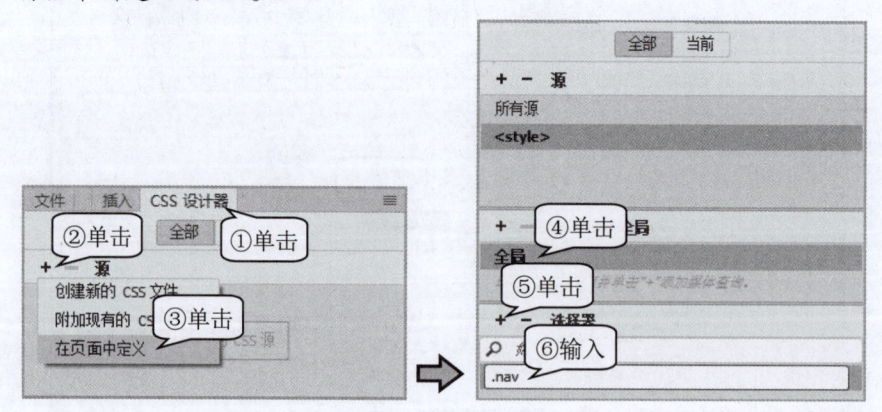

图 7-32 新建规则

07 添加规则属性　单击第1个单元格，按图7-33所示操作，添加规则属性：字体为"幼圆"、大小为"18px"、颜色为"白色"、对齐方式为"居中"、背景颜色值为"#000066"。

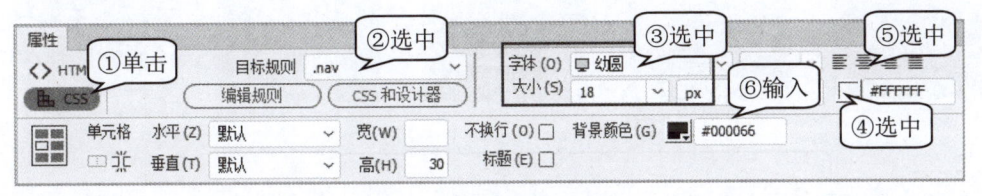

图7-33　添加规则属性

08 应用规则　单击导航栏表格标签<table>，选中表格，按图7-34所示操作，将导航栏表格的各单元格应用规则设置为.nav。 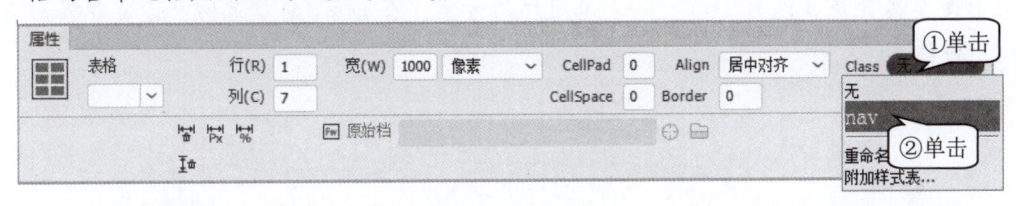

图7-34　应用规则

09 输入导航文字　单击第1个单元格，在属性面板中设置高为30，输入文字"首页"，定位并输入其他单元格文字；调整"首页"单元格宽度为100，其他单元格宽度为150，效果如图7-35所示。 

图7-35　输入导航文字

3. 制作网页主体

在网页主体区域，一般通过嵌套表格设置网站主要栏目的文章列表区、视频宣传区或图片展示区。此外，还可以设置其他链接区和搜索条等。

10 创建表格　在导航栏的右下方空白处单击，选择"插入"→Table命令，创建一个2行1列、宽度为1000像素的表格，边框粗细为0，并将表格居中对齐。

11 插入小表格　选中新建的表格的第一行，选择"插入"→Table命令，插入一个1行5列的小表格A，边框粗细为0，居中对齐；选中第二行，插入一个2行5列的小表格B，边框粗细为0，居中对齐。

12 设置小表格A　单击小表格A的第1个单元格，建立规则.webzt，设置高度为240，居中对齐，选中5个单元格，输入背景颜色值为#f4f9fc，按Enter键，选中该表格，应用此规则。

13 插入图片　单击小表格A的第1个单元格，插入图片6-UP.jpg，分别在其他单元格中插入对应的图片，效果如图7-36所示。

图 7-36　插入图片

14 **调整小表格B**　选中小表格B，调整列宽：第1列为300像素、第2列为10像素、第3列为380像素、第4列为10像素、第5列为300像素。

15 **合并单元格**　在小表格B中，按图7-37所示操作，合并第2列单元格，并在属性面板中设置其背景颜色为"白色"。用同样的方法，合并第4列单元格，设置背景颜色为"白色"。

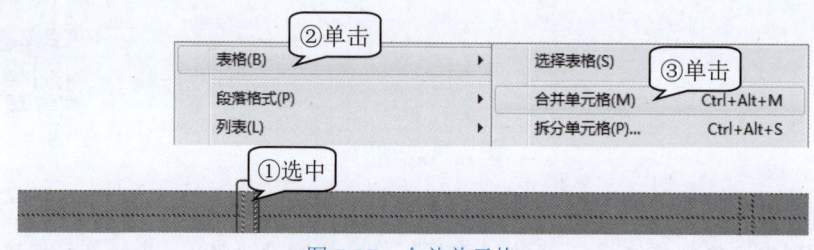

图 7-37　合并单元格

16 **插入栏目图**　选中小表格B上行的第1、3、5单元格，从Images文件夹中分别插入图片left.gif、column.gif和right.gif，效果如图7-38所示。

图 7-38　插入栏目图

17 **插入媒体**　单击小表格B下行的第1个单元格，在属性面板中设置背景颜色值为#f4f9fc，按图7-39所示操作，在第1个单元格中插入媒体gfsr.flv。

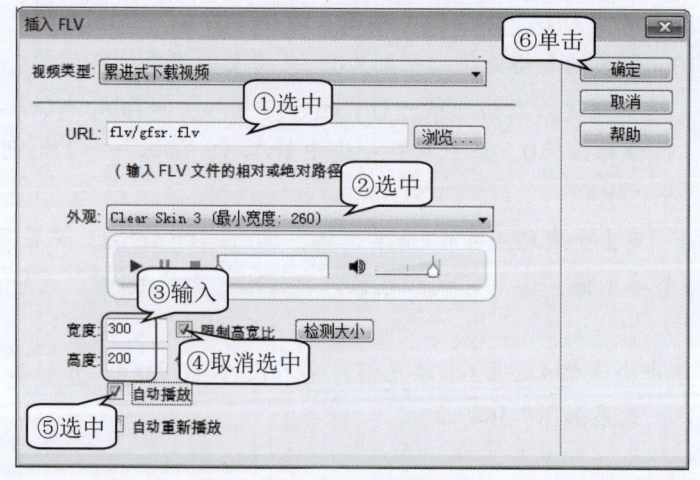

图 7-39　插入媒体

第 7 章 规划布局网页

18 输入列表文字 选中小表格B下行的第3、5单元格,在属性面板中设置背景颜色值为#f4f9fc,在第3、5单元格中分别输入如图7-40所示的列表文字内容。

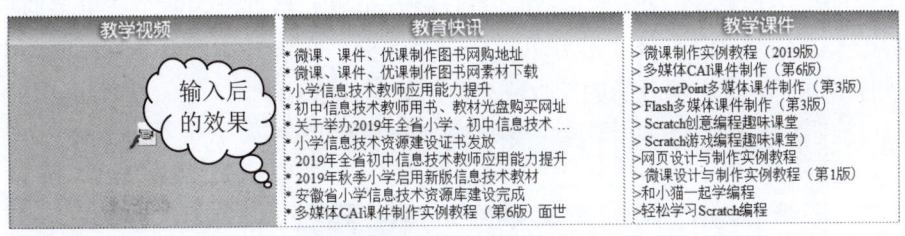

图 7-40 输入列表文字

4. 制作网页底部

网页的底部是网站的版权栏,一般包括版权声明、联系地址、联系方式、备案信息等。

19 创建表格 在主体表格的右下方空白处单击,选择"插入"→Table命令,创建一个1行1列、宽度为1000像素的表格,并将表格居中对齐。

20 插入图片 单击单元格,选择"插入"→"图像"命令,插入底部图片bottom.jpg,效果如图7-41所示。

图 7-41 插入图片

21 保存并预览 保存并预览网页,测试效果。

知识库

1. 合并单元格

在属性面板中,单击"合并"按钮后,可以将所选的多个连续单元格、行或列合并为一个单元格。所选多个连续单元格、行或列应该是矩形,如图7-42所示。

(a) 合并前的效果　　　　　　　　(b) 合并后的效果

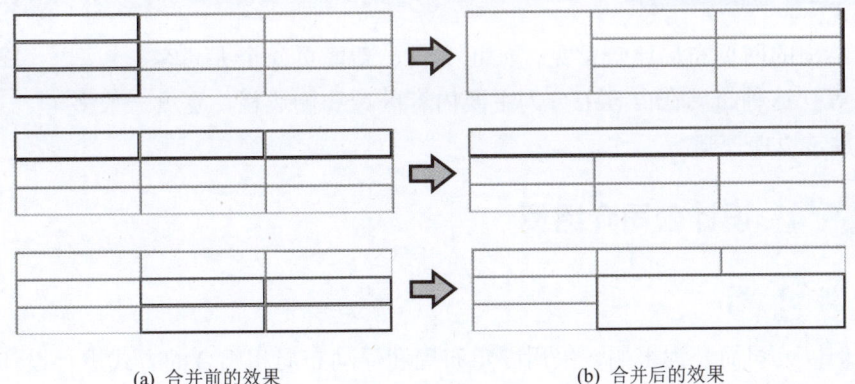

图 7-42 合并单元格

189

2. 拆分单元格

在属性面板中，单击"拆分"按钮可以将一个单元格拆分为两个或更多的单元格。单击"拆分"按钮后会打开"拆分单元格"对话框。在该对话框中，可以将选中的单元格拆分成行或列，并设定拆分后的行数或列数，如图7-43所示。

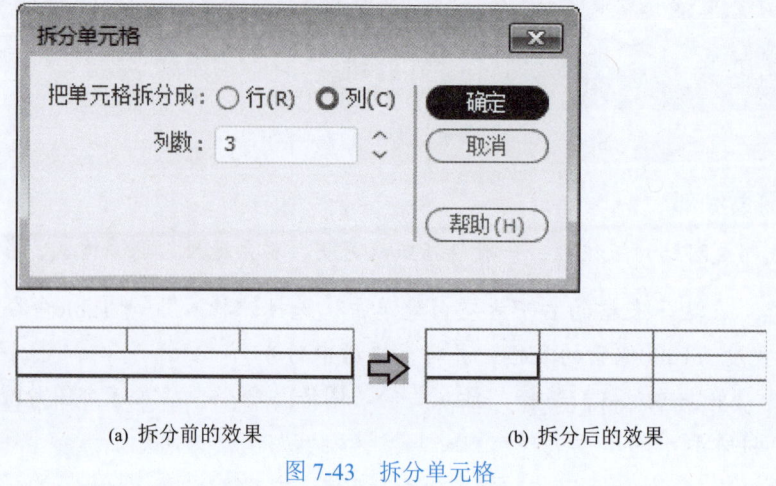

(a) 拆分前的效果　　　　(b) 拆分后的效果

图 7-43　拆分单元格

7.3　DIV+CSS布局

利用DIV+CSS布局网页，就是通过CSS定义大小不一的盒子及其嵌套关系来编排网页，常见的页面版式有单列、两列或多列等不同形式。运用这种方式排版，网页代码更简洁，更新更方便，并能兼容更多的浏览器，越来越受到网页开发者的欢迎。

7.3.1　两列结构布局

两列结构的网页布局比较常见，如正文页、新闻页、个人博客、新型应用网站等。这种布局在内容上分为主要内容区域和侧边栏，宽度一般多为固定宽度，以便控制。

两列结构布局

实例4　设计公司介绍页

实例介绍

本实例以公司简介为主题，采用固定布局和浮动布局相结合的方式进行设计。页面头部和底部采用固定布局，主体部分则采用浮动布局，效果如图7-44所示。

190

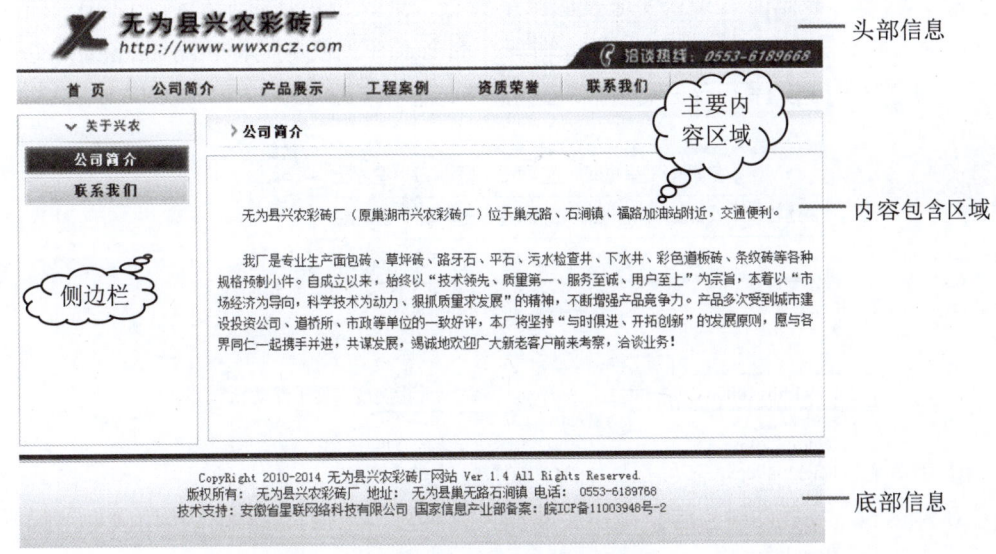

图 7-44 公司介绍页效果图

公司介绍页面分为上、中、下3个部分，分别对应头部信息、内容包含区域及底部信息。其中，内容包含区域又分为主要内容区域和侧边栏。我们可使用<div></div>标签构建标准的三行两列结构。

实例制作

01 新建文档 启动Dreamweaver软件，新建一个网页文档并保存，名称为introduct.html。

02 输入结构代码 在<body>标签的下方输入如图7-45所示的结构代码。其中，正文内容省略，主要显示网页三层HTML嵌套结构，详细内容请参阅源文件中的实例资源。

03 定义页面规则 在<head>标签内添加<style type="text/css">标签，定义一个内部样式表，并设置<body>标签样式，如图7-46所示。

04 输入左栏样式代码 为Col定义固定宽度并居中显示，left-col在Col层内进行左浮动，样式代码如图7-47所示。其他元素的样式请参阅源文件中的实例资源。

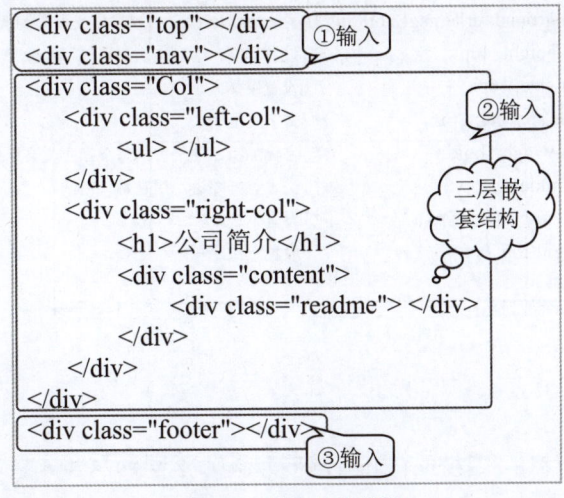

```
<div class="top"></div>
<div class="nav"></div>
<div class="Col">
    <div class="left-col">
        <ul> </ul>
    </div>
    <div class="right-col">
        <h1>公司简介</h1>
        <div class="content">
            <div class="readme"> </div>
        </div>
    </div>
</div>
<div class="footer"></div>
```

图 7-45 输入结构代码

课程表

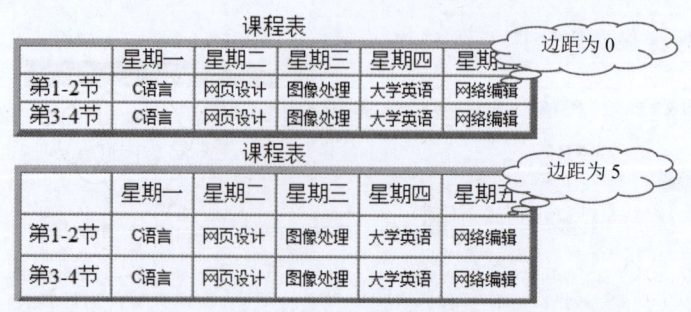

	星期一	星期二	星期三	星期四	星期五
第1-2节	C语言	网页设计	图像处理	大学英语	网络编辑
第3-4节	C语言	网页设计	图像处理	大学英语	网络编辑

边距为 0

课程表

	星期一	星期二	星期三	星期四	星期五
第1-2节	C语言	网页设计	图像处理	大学英语	网络编辑
第3-4节	C语言	网页设计	图像处理	大学英语	网络编辑

边距为 5

图 7-46　定义页面规则

```
.Col { width: 1000px; }          ①输入    /* 浮动元素的父元素宽度，便于浮动元素居中 */
.left-col {                      ②输入
    width: 220px;                         /* 左边浮动元素的宽度 */
    height: 400px;                        /* 左边浮动元素的高度 */
    background: url(images/bt5_1.jpg) no-repeat left top;   /* 定义背景图像，
                                                               衬托内部纵向导航 */
    float: left;                          /* 子元素左浮动 */
    border: 1px solid #CACACA;            /* 设置边框线颜色 */
    font-weight: bold;                    /* 设置字体加粗 */
    font-size: 16px;                      /* 设置字体大小 */
    letter-spacing: 3px;                  /* 内部导航文字间距 */
}
```

图 7-47　输入左栏样式代码

05 输入右栏样式代码　设置right-col在Col层内进行右浮动，并设置其中的标题元素样式，样式代码如图7-48所示。其他元素的样式请参阅源文件中的实例资源。

```
.right-col {                     ①输入
    width: 765px;                         /* 右边浮动元素的宽度 */
    float: right;                         /* 子元素右浮动 */
    text-align: left                      /* 文本左对齐 */
}
                                 ②输入
.right-col h1 {
    width: 765px;                         /* 右栏标题宽度，与其父元素一致 */
    height: 46px;                         /* 设置高度，用于显示背景的空间 */
    background: url(images/bt8.jpg) no-repeat left top;   /* 定义背景图像 */
    line-height: 46px;                    /* 设置行高，与高度大小可以不一致 */
    font-size: 16px;                      /* 设置字体大小 */
    letter-spacing: 2px;                  /* 文字间距 */
    font-weight: bold;                    /* 字体加粗，便于突出与下面正文文字的不同 */
    text-indent: 46px;                    /* 文本首行缩进，用它替代左间距 */
    margin-bottom: 5px;                   /* 设置下边距 */
    margin-top: 0px;                      /* 设置上边距 */
}
```

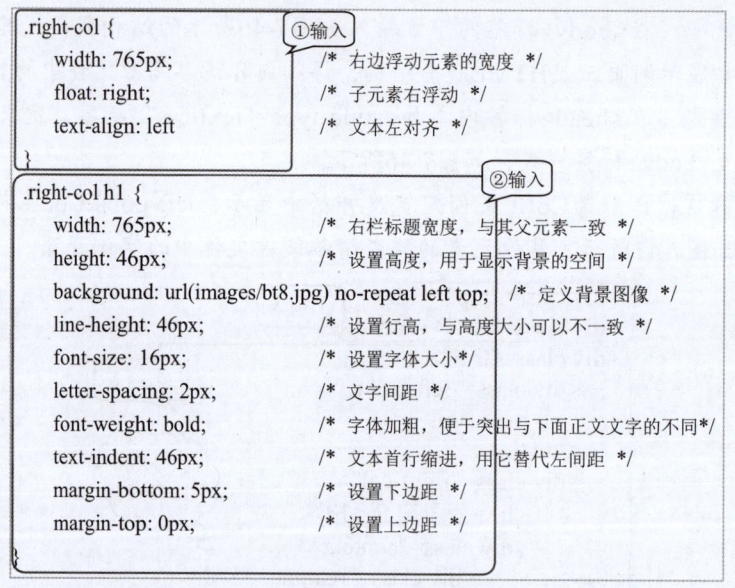

图 7-48　输入右栏样式代码

❖ **提示：**

　　right-col层用于存放左栏公司导航对应的内容，左栏高度已定义，右栏高度随着段落内容的增加而逐渐增加。

06 保存并预览网页 按Ctrl+S键保存网页，并按F12键预览网页。

7.3.2 多列结构布局

常见的多列布局是三列结构，一般应用于网站首页。三列结构的页面布局由三个独立的列组合而成，也可以将其视为两列结构的嵌套。

多列结构布局

实例5 设计公司网站首页

实例介绍

如图7-49所示，这是用DIV+CSS布局的公司网站首页半成品，包括页头、导航条、主体和页尾4个部分。本实例重点制作主体1部分，讲解三列结构的布局方法和技巧。

图 7-49 公司网站首页半成品效果图

整个页面都采用<div></div>标签布局结构，采用CSS代码定义样式。

实例制作

01 打开网页 启动Dreamweaver软件，打开半成品首页文件index.html。

02 输入结构代码 切换到"代码"视图，在<body>标签的下方输入如图7-50所示的结构代码。其中，正文内容省略，主要显示网页主体的三列结构布局，详细内容请参阅源文件中的实例资源。

03 定义页面规则 在<head>标签内添加<style type="text/css">标签,定义一个内部样式表,并设置<body>标签样式,如图7-51所示。页头、导航条、主体2和页尾样式请参阅源文件中的实例资源。

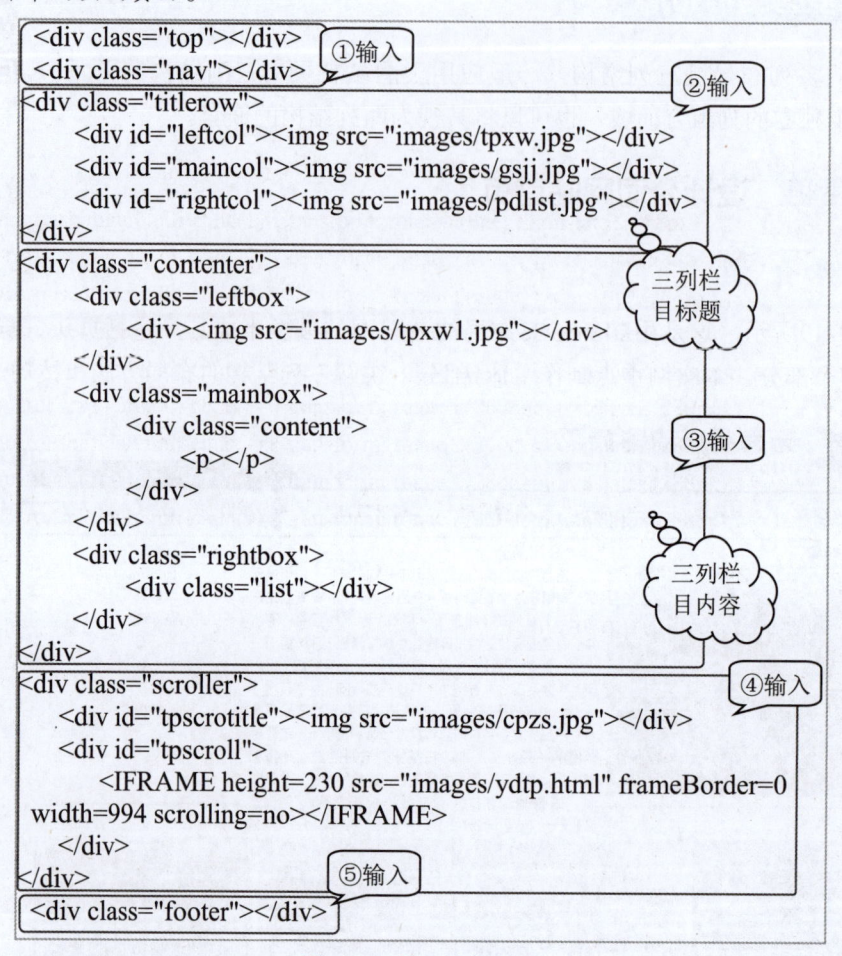

```
<div class="top"></div>                                    ①输入
<div class="nav"></div>
                                                           ②输入
<div class="titlerow">
    <div id="leftcol"><img src="images/tpxw.jpg"></div>
    <div id="maincol"><img src="images/gsjj.jpg"></div>
    <div id="rightcol"><img src="images/pdlist.jpg"></div>
</div>
                                                           三列栏
<div class="contenter">                                    目标题
    <div class="leftbox">
        <div><img src="images/tpxw1.jpg"></div>
    </div>
    <div class="mainbox">
        <div class="content">                              ③输入
            <p></p>
        </div>
    </div>
                                                           三列栏
    <div class="rightbox">                                 目内容
        <div class="list"></div>
    </div>
</div>
<div class="scroller">                                     ④输入
    <div id="tpscrotitle"><img src="images/cpzs.jpg"></div>
    <div id="tpscroll">
        <IFRAME height=230 src="images/ydtp.html" frameBorder=0
        width=994 scrolling=no></IFRAME>
    </div>
</div>                                                     ⑤输入
<div class="footer"></div>
```

图 7-50 输入结构代码

```
<style type="text/css">                ①添加
body {                                 ②输入
    text-align: center;        /* IE 及使用其内核的浏览器居中 */
    margin: 0;                 /* 清除外边距 */
    padding: 0;                /* 清除内间距 */
    font-family: "宋体", arial; /* 设置字体类型 */
    font-size: 14px;           /* 初始化字体大小 */
}
div { margin: 0 auto; }        /* 设置页面水平居中 */

……
</style>
```

图 7-51 定义页面规则

04 定义栏目标题规则 为三列结构的栏目标题定义如图7-52所示的规则。在层内，左栏和主栏标题盒子进行左浮动，右栏标题盒子进行右浮动。

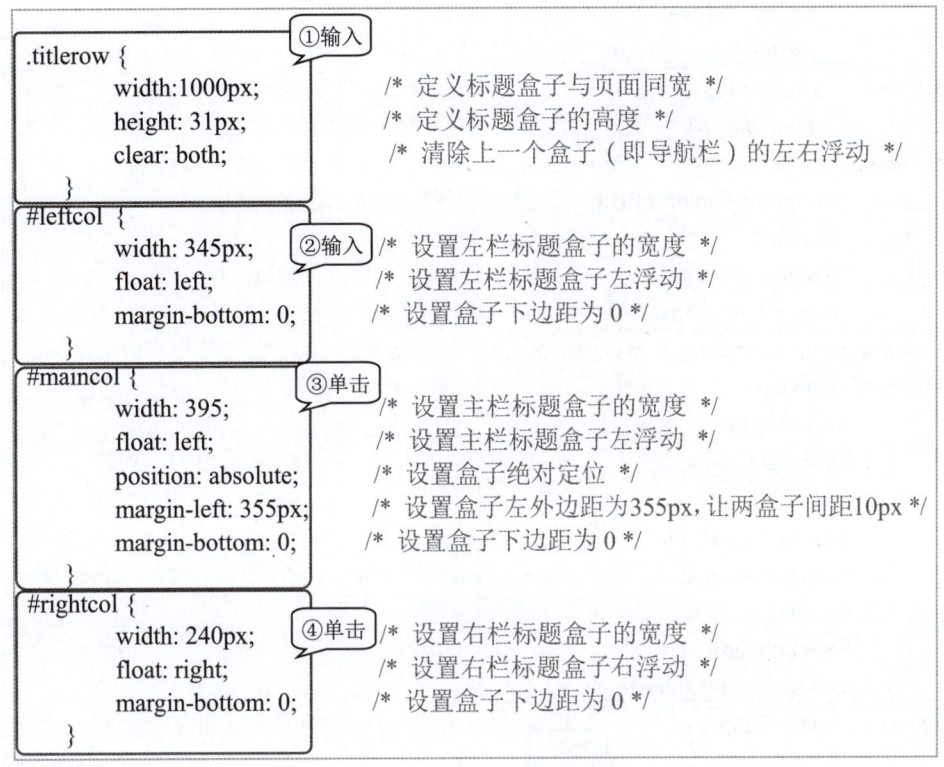

```
.titlerow {                  ①输入
        width:1000px;              /* 定义标题盒子与页面同宽 */
        height: 31px;              /* 定义标题盒子的高度 */
        clear: both;               /* 清除上一个盒子（即导航栏）的左右浮动 */
}
#leftcol {
        width: 345px;        ②输入 /* 设置左栏标题盒子的宽度 */
        float: left;               /* 设置左栏标题盒子左浮动 */
        margin-bottom: 0;          /* 设置盒子下边距为0 */
}
#maincol {                   ③单击
        width: 395;                /* 设置主栏标题盒子的宽度 */
        float: left;               /* 设置主栏标题盒子左浮动 */
        position: absolute;        /* 设置盒子绝对定位 */
        margin-left: 355px;        /* 设置盒子左外边距为355px，让两盒子间距10px */
        margin-bottom: 0;          /* 设置盒子下边距为0 */
}
#rightcol {
        width: 240px;        ④单击 /* 设置右栏标题盒子的宽度 */
        float: right;              /* 设置右栏标题盒子右浮动 */
        margin-bottom: 0;          /* 设置盒子下边距为0 */
}
```

图7-52 定义栏目标题规则

❖ **提示：**

为指定对象(如这里的主栏标题盒子)声明position:absolute;样式，即可设计该元素为绝对定位显示。

05 定义栏目内容规则 为三列结构的栏目内容定义如图7-53所示的规则。在层内，左栏和主栏内容盒子进行左浮动，并采用绝对定位。

❖ **提示：**

其中，3个盒子(leftbox、mainbox、rightbox)的宽度与其之间的间距之和为父盒子(contenter)的宽度1000px。

06 保存并预览网页 按Ctrl+S键保存网页，并按F12键预览网页，效果如图7-49所示。

```
.contenter { clear: both;              /* 清除栏目标题盒子的左右浮动 */
             width:1000px;             /* 栏目内容宽度与页面宽度一致 */
             height: 257px;            /* 设置栏目的高度 */
             margin-bottom: 10px; }    /* 设置栏目内容盒子下外边距为 10px */
.leftbox {   width: 345px;             /* 设置左栏内容盒子的宽度 */
             float: left; }            /* 设置左栏内容盒子左浮动 */
.mainbox {   width: 395;               /* 设置主栏内容盒子的宽度 */
             background-color: #ffffff;/* 设置背景色为白色 */
             float: left;              /* 设置主栏内容盒子左浮动 */
             position: absolute;       /* 设置主栏内容盒子绝对定位 */
             margin-left: 355px; }     /* 设置主栏内容盒子左外边距为 355px */
.mainbox .content {padding: 0; width: 395px;}  /* 设置主栏内容子盒子的宽度和内边距 */
.mainbox .content p {                  /* 设置主栏内容子盒子中的 p 元素样式 */
             color: #484848;
             line-height: 26px;
             font-size: 14px;
             padding-bottom: 0px;
             padding-top: 0px;
             text-indent: 2em;
             text-align: justify;
             text-justify: inter-ideograph; }
.rightbox { width: 240px;              /* 设置右栏内容子盒子的宽度和内边距 */
            float: right; }
.rightbox .list {  padding:0 60px 0 0; /* 设置右内边距为 60px，上下左内边距为 0 */
                   color:#484848; }    /* 设置盒内文字颜色值为#484848 */
```

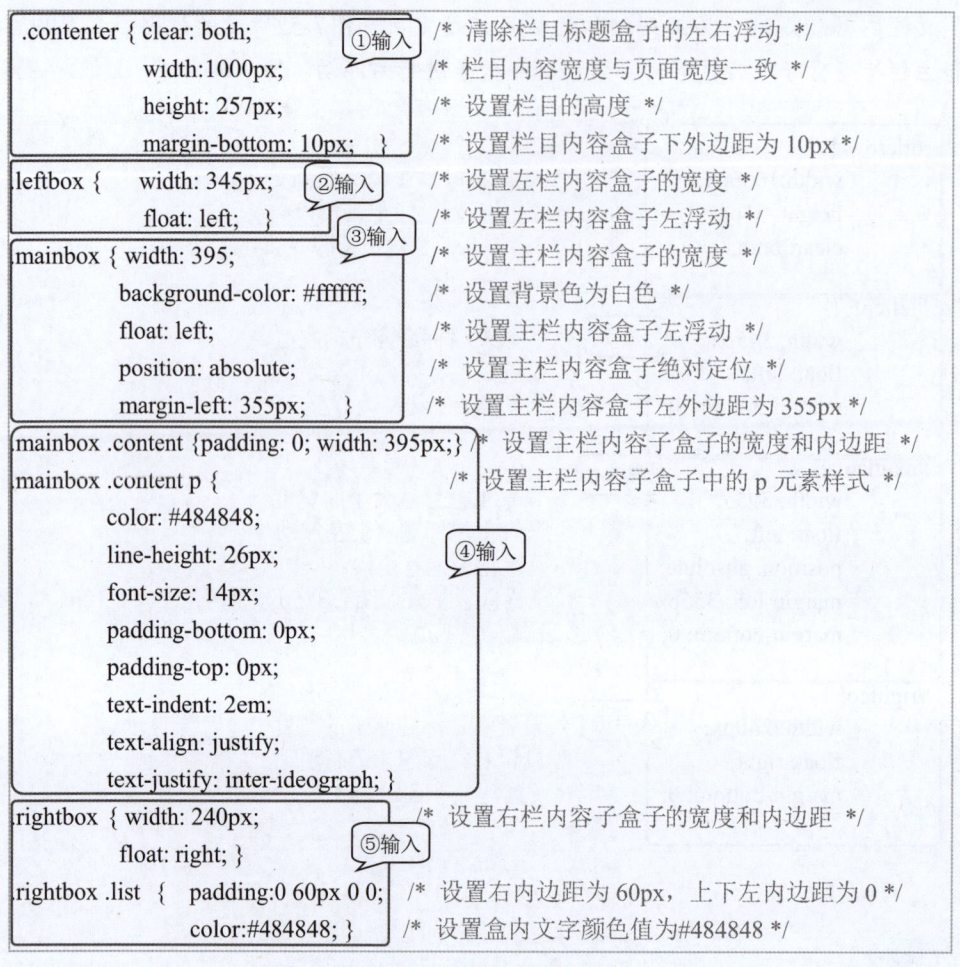

①输入 ②输入 ③输入 ④输入 ⑤输入

图 7-53　定义栏目内容规则

知识库

1. 利用CSS定义盒子

网页中的表格或其他区块(如 <div> 标签)都具备内容(content)、填充(padding)、边框(border)、边界(margin)等基本属性，一个CSS盒子也具备这些属性。CSS盒子模型如图7-54所示。在利用DIV+CSS布局网页时，需要利用CSS定义大小不一的CSS盒子及盒子嵌套。

图 7-54　CSS 盒子模型

2. 设置float浮动

CSS的float属性用于改变块元素(block)对象的默认显示方式。当使用float(浮动)时，可以用一个大盒子(容器)将多个浮动的小盒子组织在一起，使它们在同一行中显示，以达到更好的布局效果。

3. 清除float浮动

在应用浮动的盒子后，当需要开始新的一行布局时，应使用clear(清除)属性清除上一个盒子的左右浮动。

4. 使用浮动方法的要点

使用浮动方法进行网页布局的3个要点：容器(多列需要容器)、浮动float(一行显示多个盒子需要设置float属性)、清除clear(浮动之后必须进行消除，以恢复正常的文档流)。

5. 绝对定位

绝对定位是一种常用的CSS定位方法。Dreamweaver中的层布局(AP Div)就是一种简单的绝对定位方法，绝对定位的基本思想和层布局基本相同，但是功能更加强大。

绝对定位在CSS中的写法是：position:absolute。它应用top(上)、right(右)、bottom(下)、left(左)进行定位。默认的坐标是相对于整个网页(<body>标签)的，如果对象的父容器定义了position:relative，则对象相应的坐标就相对于其父容器。

6. 相对定位

相对定位的position为relative。position:relative可以定义HTML元素的子元素，绝对定位的原点为该HTML元素，而不是默认的body。

相对定位的元素并没有脱离文档流。如果网页中的某个HTML元素设置了相对定位，并对top、left、right或bottom的值进行了设置，假设其子元素没有绝对定位，那么该网页中所有其他部分的显示效果和位置都不变，只是设置了相对定位的元素位置发生了偏移，并有可能与其他部分重叠。

7.4 自适应布局

自适应布局网页能使网页能够根据不同设备的屏幕大小和分辨率自动调整布局和样式，从而提供良好的用户体验。自适应布局通过流式布局、弹性盒子布局和媒体查询布局等方式实现，确保网页在不同设备上都能良好显示。

7.4.1 流式布局

流式布局是一种制作自适应网页的方法，它使用百分比来设置元素的宽度和高度，使元素能够根据屏幕尺寸自动调整大小。同时，可以使用max-width属性来限制元素的最大宽度，防止在大屏幕上过度拉伸。

流式布局

实例6　我的日志网站

实例介绍

本案例展示了一个简单的流式布局网页(见图7-55)，包括一个导航栏和一个主要内容区域。通过设置容器的宽度为100%并限制最大宽度，确保了页面在不同设备上的自适应显示。同时，利用媒体查询技术，在屏幕宽度小于600像素时调整导航栏的布局，使其适应移动设备的显示。

实例制作

01 新建文档　启动Dreamweaver软件，新建一个HTML文档，将其命名为"我的日志网站.html"。

02 样式设置　按照图7-56所示代码，通过<style>标签设置全局样式、容器样式、导航栏样式、主要内容区域样式。

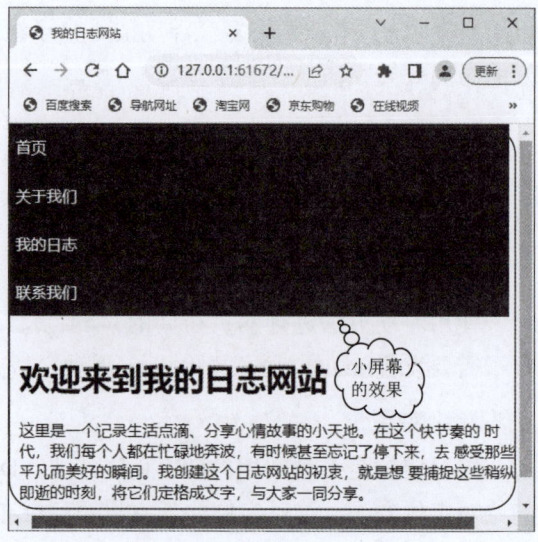

图7-55　流式布局网页示例

```
<style>
    /* 全局样式 */
    body {
        margin: 0;
        padding: 0;
        font-family: Arial, sans-serif;
    }

    /* 容器样式 */
    .container {
        width: 100%;
        max-width: 1200px; /* 可选的最大宽度 */
        margin: 0 auto; /* 居中对齐 */
    }

    /* 导航栏样式 */
    .navbar {
        background-color: #333;
        overflow: hidden;
    }

    .navbar a {
        float: left;
        display: block;
        color: white;
        text-align: center;
        padding: 14px 16px;
        text-decoration: none;
    }

    /* 主要内容区域样式 */
    .main-content {
        width: 100%;
        padding: 20px;
    }
```

（全局样式设置）

图7-56　样式设置

03 **响应页面设置**　按照图7-57所示代码，设置当浏览器小于600px时网站的布局方式。

```css
@media screen and (max-width: 600px) {
    .navbar a {
        float: none;
        display: block;
        text-align: left;
    }
}
```

（响应页面设置）

图 7-57　响应页面设置

04 **主体内容设置**　根据需要，设置网站的主体内容，如图7-58所示。

```html
<body>
    <div class="container">
        <!-- 导航栏 -->
        <div class="navbar">
            <a href="#">首页</a>
            <a href="#">关于我们</a>
            <a href="#">我的日志</a>
            <a href="#">联系我们</a>
        </div>

        <!-- 主要内容区域 -->
        <div class="main-content">
            <h1>欢迎来到我的日志网站</h1>
            <p>这里是一个记录生活点滴、分享心情故事的小天地。在这个快节奏的时代，我们每个人都在忙碌地奔波，有时候甚至忘记了停下来，去感受那些平凡而美好的瞬间。我创建这个日志网站的初衷，就是想要捕捉这些稍纵即逝的时刻，将它们定格成文字，与大家一同分享。</p>
        </div>
    </div>
</body>
```

（网页显示内容）

图 7-58　主体内容设置

05 **保存并预览网页**　按Ctrl+S键保存网页，并按F12键预览网页。

7.4.2　弹性盒子布局

弹性盒子布局是一种CSS布局模型，用于轻松地创建自适应网页。通过将容器的display设置为flex，并使用flex属性来控制子元素的伸缩性，可以实现网页元素的自动调整和对齐。弹性盒子布局能够简化多列布局、自适应网格布局的实现过程。

弹性盒子布局

实例7　制作电影快报网站

实例介绍

本案例展示了一个简单的弹性盒子布局网页(见图7-59)，包括一个导航栏和一个主要内容区域。通过将容器的display属性设置为flex，并使用flex-wrap、justify-content和align-items等属性来实现弹性盒子布局。

图 7-59　弹性盒子布局网页示例

导航栏通过设置flex: 1来占据剩余空间，而主要内容区域使用flex: 3来占据更多的空间。这样设计确保了在不同设备上的自适应展示。

实例制作

01 新建文档　启动Dreamweaver软件，新建一个HTML文档，将其命名为"电影快报.html"。

02 全局样式设置　按照图7-60所示代码，设置全局样式。

```css
body {
    margin: 0;
    padding: 0;
    font-family: Arial, sans-serif;
}
```

图 7-60　全局样式设置

03 弹性盒子布局　按照图7-61所示代码，使用弹性盒子布局设置容器样式。

```css
.container {
    display: flex; /* 使用弹性盒子布局 */
    flex-wrap: wrap; /* 允许项目换行 */
    justify-content: space-between; /* 水平方向分布项目 */
    align-items: stretch; /* 垂直方向上拉伸项以填充容器 */
    width: 100%;
    max-width: 1200px; /* 可选的最大宽度 */
    margin: 0 auto; /* 居中对齐 */
}
```

图 7-61　使用弹性盒子布局设置容器样式

04 弹性比例布局　根据需要，使用弹性比例设置网站的导航样式，如图7-62所示。

```css
.navbar {
    background-color: #0B3BF5;
    overflow: hidden;
    flex: 1; /* 设置弹性比例为1，占据剩余空间 */
}
```

图 7-62　弹性比例布局

05 主体内容设置　根据需要，设置网站的主体内容，如图7-63所示。

```
<body>
    <div class="container">
        <!-- 导航栏 -->
        <div class="navbar">
            <a href="#">首页</a>
            <a href="#">正在热映</a>
            <a href="#">经典影片</a>
            <a href="#">怀旧影片</a>
        </div>
        <!-- 主要内容区域 -->
        <div class="main-content">
            <h1>欢迎来到我们的网站</h1>
            <p>这是一个综合性的电影资讯平台，提供最新的电影新
               闻、影评、票房数据以及独家专访等内容。</p>
        </div>
    </div>
</body>
```

图 7-63 主体内容设置

06 保存并预览网页 按Ctrl+S键保存网页，并按F12键预览网页。

7.4.3 媒体查询布局

媒体查询是CSS3中的一个功能，它可以根据不同的媒体类型和特性应用不同的样式。通过媒体查询功能，可以根据屏幕尺寸、分辨率、方向等条件应用不同的样式。例如，可以根据屏幕宽度设置不同的字体大小、布局方式、隐藏或显示某些元素等。

媒体查询布局

实例8　设计故事大王网站

实例介绍

本案例展示了一个简单的媒体查询布局网页(见图7-64)，包括标题、导航栏、主要内容区域和页脚。通过媒体查询功能，我们可以针对不同设备的屏幕尺寸应用不同的样式。在这个例子中，当屏幕宽度大于或等于768像素时，导航栏将显示，而主要内容区域会占据剩余空间。

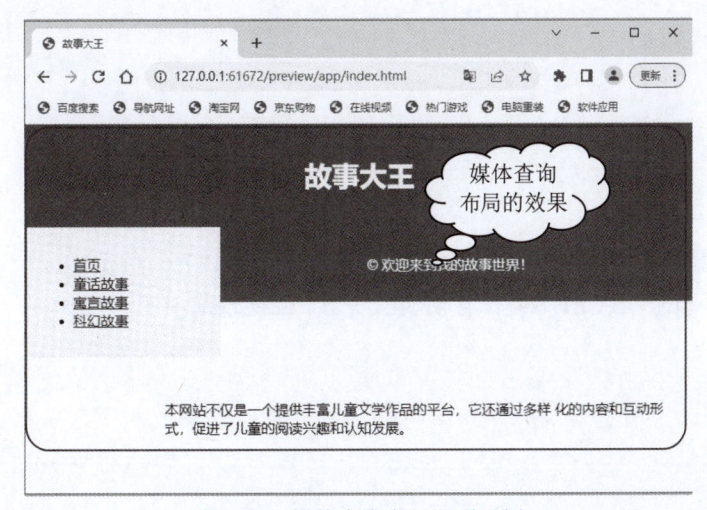

图 7-64 媒体查询布局网页示例

实例制作

01 新建文档 启动Dreamweaver软件，新建一个HTML文档，将其命名为"故事大王.html"。

02 全局样式设置 按照图7-65所示代码，设置全局样式。

```css
body {
    font-family: Arial, sans-serif;
    margin: 0;
    padding: 0;
}

header {                              /* 页首样式 */
    background-color: #079E22;
    color: white;
    text-align: center;
    padding: 1em;
}

nav {
    display: none;  /* 默认隐藏导航栏 */
}

main {
    padding: 2em;
}

footer {
    background-color: #0A79FF;
    color: white;
    text-align: center;
    padding: 1em;
}
```

图7-65 全局样式设置

03 媒体查询布局 按照图7-66所示代码，使用媒体查询设置容器样式。

```css
@media screen and (min-width: 768px) {
    nav {
        display: block;  /* 当屏幕宽度大于等于768px时显示导航栏 */
        float: left;
        width: 25%;                    /* 设置自适应宽度 */
        background-color: #f4f4f4;
        padding: 1em;
    }
    main {
        float: right;
        width: 75%;
    }
}
```

图7-66 使用媒体查询设置容器样式

04 主体内容设置 根据需要，设置网站的主体内容，如图7-67所示。

05 保存并预览网页 按Ctrl+S键保存网页，并按F12键预览网页。

```
<body>
    <header>
        <h1>故事大王</h1>
    </header>
    <nav>
        <ul>
            <li><a href="#">首页</a></li>
            <li><a href="#">童话故事</a></li>
            <li><a href="#">寓言故事</a></li>
            <li><a href="#">科幻故事</a></li>
        </ul>
    </nav>
    <main>
        <p>本网站不仅是一个提供丰富儿童文学作品的平台，它还通过多样
           化的内容和互动形式，促进了儿童的阅读兴趣和认知发展。</p>
    </main>
    <footer>
        <p>&copy；欢迎来到我的故事世界！</p>
    </footer>
</body>
```

（网页显示内容）

图 7-67　主体内容设置

7.5　小结和习题

7.5.1　本章小结

网站的设计，不仅体现在具体内容和细节的设计制作上，还需要对其框架进行整体的把握。在进行网站设计时，我们需要对网站的版面与布局进行整体性的规划。本章介绍了网页布局的相关知识，具体内容如下。

- 网页布局基础知识：主要介绍了常见的布局结构，如"国"字型布局、"三"字型布局、"川"字型布局等；介绍了纸上布局法和软件布局法的应用；介绍了基于表格、框架和DIV+CSS的布局技术。
- 表格布局：主要介绍了在页面中插入表格、设置表格属性、认识表格标签、用表格布局网页和表格模式等内容。
- DIV+CSS布局：详细介绍了DIV+CSS布局网页的两种方法。DIV+CSS布局是一种基于Web标准的网页设计方法，现已广泛应用于网页设计，国内外绝大多数大中型网站都采用这种基于Web标准的方法进行设计。
- 自适应布局：主要介绍了流式布局、弹性盒子布局和媒体查询布局3种自适应网页布局方式。

7.5.2 本章练习

一、选择题

1. 在定义表格的属性时，在<table>标签中用于设置表格边框颜色属性的是(   )。
A. border   B. bordercolor
C. color   D. colspan

2. 某一站点主页面index.html的代码如下所示，下列选项中关于这段代码的描述正确的是(   )。

```
6   <body>
7   <iframe src="top.html" name="topFrame" width="1000"
    height="200" scrolling="No"></iframe>
8   <iframe src="left.html" name="leftFrame" width="240"
    height="600"></iframe>
9   <iframe src="right.html" name="rightFrame"
    width="760" height="600" scrolling="No"></iframe>
10  </body>
```

A. 该页面共分为三部分

B. top.html显示在页面上部分，其宽度与窗口宽度一致

C. left.html显示在页面左下部分，其高度为100像素

D. right.html显示在页面右下部分，其高度小于窗口高度

3. 某网页主体部分的代码如下所示，下列说法正确的是(   )。

```
<body>
<div>
    <iframe src="top.html" name="topFrame"
    width="1000" height="220" scrolling="No">
    </iframe>
    <div class="framediv">
        <div class="leftdiv">
            <iframe src="left.html"
            name="leftFrame" width="244"
            height="600">
            </iframe>
        </div>
        <div class="rightdiv">
            <iframe src="right.html"
            name="rightFrame" width="750"
            height="600" scrolling="No">
            </iframe>
        </div>
    </div>
</div>
</body>
```

A. 这是DIV+CSS布局的页面，其中topFrame框架有滚动条

B. 这是DIV+CSS布局的页面，其中leftFrame框架无滚动条

C. 这是DIV+CSS布局的页面，其中rightFrame框架有滚动条

D. 这是DIV+CSS布局的页面，其中leftFrame框架有滚动条

4. 下面关于层的说法，错误的是(   )。

A. 使用层进行排版是一种非常自由的方式

B. 层可以将网页在一个浏览器窗口中分割成几个不同的区域，在不同的区域内显示不同的内容

C. 可以在网页上任意改变层的位置，实现对层的精确定位

D. 层可以重叠，因此可以利用层在网页中实现内容的重叠效果

5. CSS样式代码如下所示，其定义的样式效果是(　　)。

$$a:link \{color:\#ff0000;\}$$
$$a:visited\{color:\#00ff00;\}$$
$$a:hover\{color:\#0000ff;\}$$
$$a:active\{color:\#000000;\}$$

A. 默认链接是绿色，访问过的链接是蓝色，鼠标悬停时链接是黑色，被选择的链接是红色

B. 默认链接是蓝色，访问过的链接是黑色，鼠标悬停时链接是红色，被选择的链接是绿色

C. 默认链接是黑色，访问过的链接是红色，鼠标悬停时链接是绿色，被选择的链接是蓝色

D. 默认链接是红色，访问过的链接是绿色，鼠标悬停时链接是蓝色，被选择的链接是黑色

二、判断题

1. 在HTML语言中，<head></head>标签的作用是通知浏览器该文件含有HTML标记。　　　　　　　　　　　　　　　　　　　　　　　　　　　　(　　)

2. 在用表格布局网页时，一般将表格的边框粗细、单元格边距、间距设置为0，并将表格居中对齐。　　　　　　　　　　　　　　　　　　　　　　　　　(　　)

3. CSS样式不仅可以在一个页面中使用，而且可以用于其他多个页面。　(　　)

4. CSS技术可以对网页中的布局元素(如表格)、字体、颜色、背景、链接效果和其他图文效果进行更加精确的控制。　　　　　　　　　　　　　　　　　　(　　)

5. 在Dreamweaver中，不可以把已经创建的仅用于当前文档的内部样式表转化为外部样式表。　　　　　　　　　　　　　　　　　　　　　　　　　　　(　　)

第 8 章

添加网页特效

在设计网页时,恰到好处地添加一些创意特效,就如同给网页注入了新鲜的"血液",可以使其散发别样的魅力。这些特效能够使网页看起来更加生动有趣,就像平静湖面上泛起的涟漪,让用户在浏览时有一种愉悦的互动体验。例如,当鼠标悬停在某个按钮上时,按钮缓缓变色或轻微震动,这种细腻的动效不仅使主题更加突出,还能提升用户操作的直观性和流畅度。

在设计网页特效时,有多种方法可以选择。CSS样式是一种简单而强大的工具,能够实现各种静态和动态的视觉效果,如渐变背景、阴影效果等。此外,JavaScript和Flash等技术也提供了丰富的特效设计选择,可以创造出更加复杂和引人入胜的动画效果,如3D旋转、动态图表等。

添加网页特效时,应当遵循自然、和谐、可用的原则。特效的运用应当如同微风拂面,而非狂风暴雨,以免破坏整体的页面设计美感。例如,过于复杂的动画可能会分散用户的注意力,甚至引发视觉疲劳,从而降低用户体验。

本章将重点介绍一些常用的网页特效设计方法,并通过具体的案例分析和实践操作,探讨如何巧妙地运用这些特效,使网页设计更加富有层次感和动态感,同时又不失其简洁和易用性。通过对这些方法的学习和实践,读者可以更好地掌握网页特效设计的精髓,为网站增添无限的魅力和吸引力。

本章内容:
- 使用CSS设计动画特效
- 使用行为添加网页特效
- 使用HTML5添加动画特效

8.1 使用CSS设计动画特效

CSS动画分为变换、关键帧和过渡3种类型,它们都是通过改变CSS属性值来创建动画效果的。CSS 变换呈现的是变形效果，过渡呈现的是渐变效果，如渐显、渐隐、快慢等，使用CSS animations可以创建类似于Flash的关键帧动画。

8.1.1 设计变换动画特效

添加变换动画特效可以对文字、图像等网页对象进行变形处理，如网页对象的旋转、缩放、倾斜和移动等。

设计变换动画特效

实例1 设计学校网站导航特效

实例介绍

本例使用CSS设计动画，当鼠标悬停在导航上时，原导航放大1.2倍，背景变为红色，文字颜色变为白色，如图8-1所示。这种特效能够突出浏览者选择的导航，起到很好的导航效果。

图 8-1 导航特效

首先插入顶部图片，然后在层上插入导航列表，设计变形动画：当鼠标悬停在导航上时，导航放大1.2倍，以红底白字显示。

实例制作

01 新建文件 运行Dreamweaver软件，打开8-1-0.html文件，另存为8-1-1.html。

02 插入图片 将图片1z.jpg复制到站点img文件夹下，新建图层，插入1z.jpg图片。

03 插入项目列表项 单击"插入"菜单，选择项目列表创建<ul>，再单击列表选项，分别创建列表内容的导航列表，输入如图8-2所示的脚本。

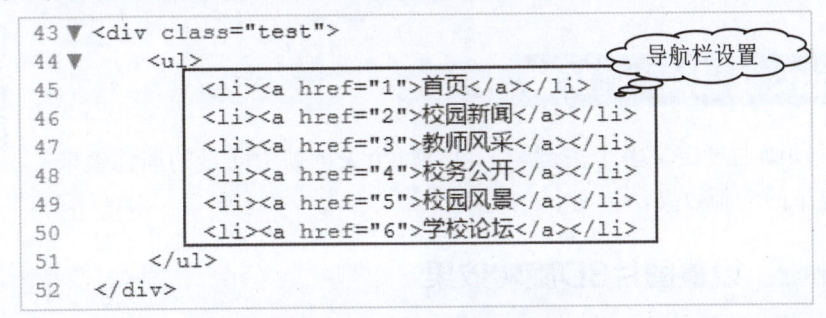

```
43 ▼ <div class="test">
44 ▼     <ul>
45          <li><a href="1">首页</a></li>
46          <li><a href="2">校园新闻</a></li>
47          <li><a href="3">教师风采</a></li>
48          <li><a href="4">校务公开</a></li>
49          <li><a href="5">校园风景</a></li>
50          <li><a href="6">学校论坛</a></li>
51      </ul>
52 </div>
```

导航栏设置

图 8-2 插入项目列表项

04 设计test类样式 在属性中设置变换动画函数scale()，如图8-3所示。

```
6 ▼ .test ul {                      26 ▼ .test a:visited {
7       list-style: none;           27      color: #666;
8  }                                28      text-decoration: underline;
9 ▼ .test li {                      29  }
10      float: left;                30 ▼ .test a:hover {
11      width: 100px;               31      color: #FFF;
12      background: #CCC;           32      font-weight: bold;
13      margin-left: 3px;           33      text-decoration: none;
14      line-height: 30px;          34      background: #F00 no-re
15  }                               35      /*设置a元素在鼠标经过时变形*/
16 ▼ .test a {                      36      transform:scale(1.2,1.2);
17      display: block;
18      text-align: center;
19      height: 30px;
```

图 8-3　设计 test 类样式

05 保存并预览网页　保存文件，并按 F12 键预览网页，观察导航变形效果。

知识库

1. transform 属性

transform 属性用来定义变形效果，主要包括旋转(rotate)、扭曲(skew)、缩放(scale)、移动(translate)及矩阵变形(matrix)，基本语法格式如下。

```
transform:none | <transform-function>[<transform-function>]
```

transform 属性值及功能说明如表 8-1 所示。

表 8-1　transform 属性值及功能说明

属性值	功能说明
none	不进行变换
transform-function	scale()函数：能够缩放元素，该函数包含两个参数值，分别用来定义宽和高的缩放比例，语法格式：scale(<number>[,<number>]) translateZ(z)函数：定义 3D 转换，只是用 z 轴的值 rotateY(n)函数：n 表示对象围绕 y 轴旋转的角度值，正值表示顺时针旋转，负值表示逆时针旋转

2. transform 函数

根据设计需要，变换动画可能会同时使用多个函数。在使用这些函数时，需要用空格将它们隔开。其他函数的使用说明请参见 CSS 手册。

8.1.2　设计关键帧动画特效

关键帧动画通过定义多个关键帧，以及每个关键帧中元素的属性值来实现更加复杂的动画效果。

设计关键帧动画特效

实例 2　设置图片 3D 旋转效果

实例介绍

本例使用 CSS 设计动画，实现 9 张图片立体旋转的效果，即在页面中插入 9 张图片，使图片向右立体旋转，当鼠标悬停在图片上时，停止旋转，并且图片由原来的灰色变为彩色，原图放大1.2倍，如图8-4所示。这种特效常用于网页首页，能够起到很好的导航效果。

图 8-4　3D 旋转效果

制作过程：在网页中插入并设置图片，新建类选择器，设置并应用类样式，新建并应用过渡效果。

实例制作

01 新建文件　运行Dreamweaver软件，打开8-1-0.html文件，另存为8-1-1.html。

02 插入图片　将图片01～09复制到站点img文件夹下，切换到"代码"视图，在<div id="carousel">标签中输入如图8-5所示的代码。

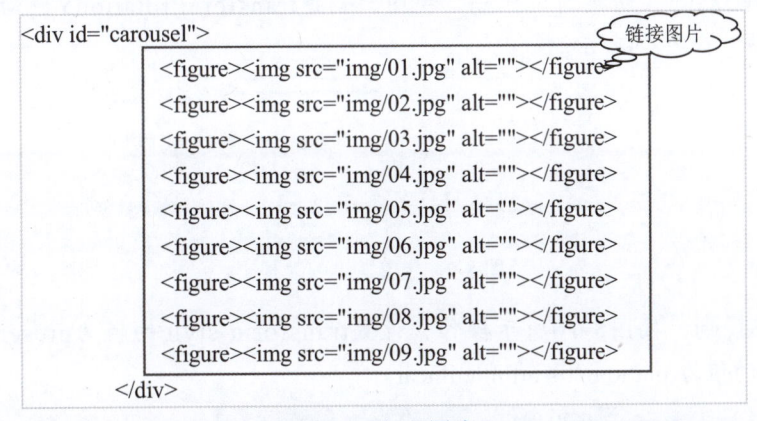

```
<div id="carousel">
    <figure><img src="img/01.jpg" alt=""></figure>    链接图片
    <figure><img src="img/02.jpg" alt=""></figure>
    <figure><img src="img/03.jpg" alt=""></figure>
    <figure><img src="img/04.jpg" alt=""></figure>
    <figure><img src="img/05.jpg" alt=""></figure>
    <figure><img src="img/06.jpg" alt=""></figure>
    <figure><img src="img/07.jpg" alt=""></figure>
    <figure><img src="img/08.jpg" alt=""></figure>
    <figure><img src="img/09.jpg" alt=""></figure>
</div>
```

图 8-5　插入图片

03 设计img类样式　在img样式中，输入如图8-6所示的脚本。首先使用滤镜将图片变为灰色，然后将鼠标指针设为手指模式，并设置所有元素平滑过渡5秒。

```
img{
    -webkit-filter: grayscale(1);        图片去色显示
    cursor: pointer;                      鼠标指针模式
    transition: all .5s ease;             设置所有元素平滑过渡
}
```

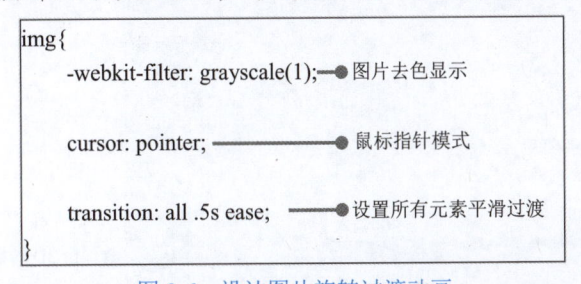

图 8-6　设计图片旋转过渡动画

04 设计img:hover样式　在img:hover{}标签中输入如图8-7所示的脚本，当鼠标悬停在图片上时，图片变为彩色，图片尺寸变为原来的1.2倍。

209

```
img: hover{
    -webkit-filter: grayscale(0);     ● 图片变为彩色
    transform: scale(1.2,1.2);        ● 图片尺寸变为原来的 1.2 倍
}
```

图 8-7　设计 img:hover 样式

05 设置图片3D排列　在"代码"视图中,输入如图8-8所示的脚本,设置图片3D排列。

```
#carousel figure:nth-child(1) {transform: rotateY(0deg) translateZ(288px);}   ● 3D旋转
#carousel figure:nth-child(2) { transform: rotateY(40deg) translateZ(288px);}
#carousel figure:nth-child(3) { transform: rotateY(80deg) translateZ(288px);}
#carousel figure:nth-child(4) { transform: rotateY(120deg) translateZ(288px);}
#carousel figure:nth-child(5) { transform: rotateY(160deg) translateZ(288px);}
#carousel figure:nth-child(6) { transform: rotateY(200deg) translateZ(288px);}
#carousel figure:nth-child(7) { transform: rotateY(240deg) translateZ(288px);}
#carousel figure:nth-child(8) { transform: rotateY(280deg) translateZ(288px);}
#carousel figure:nth-child(9) { transform: rotateY(320deg) translateZ(288px);}
```

图 8-8　设置图片 3D 排列

06 定义关键帧动画　切换到"代码"视图,创建transform:rotationY帧动画,从0°到360°旋转,如图8-9所示。

```
79  @keyframes rotation{                       ● 关键帧动画名
80      from{
81          transform: rotateY(0deg);          ● 沿 y 轴旋转 0°
82      }
83      to{
84          transform: rotateY(360deg);        ● 沿 y 轴旋转 360°
85      }
```

图 8-9　定义关键帧动画

07 添加CSS规则　按图8-10所示操作,设置transform-style的值为preserve-3d;设置animation的值为rotation 20s infinite linear。

```
+ -  选择器：#carousel
  筛选 CSS 规则
  .container
  #carousel            ①选中

+ -  属性
                                           ☑ 显示集
  width        : 100 %
  height       : 100 %
  position     : absolute

  □ 更多
                          ②输入
  transform-style : preserve-3d         ● 保留 3D 转换
  animation       : rotation 20s infinite li...  ● 设置帧动画
                                                   线性运动20
                                                   秒,无限次
```

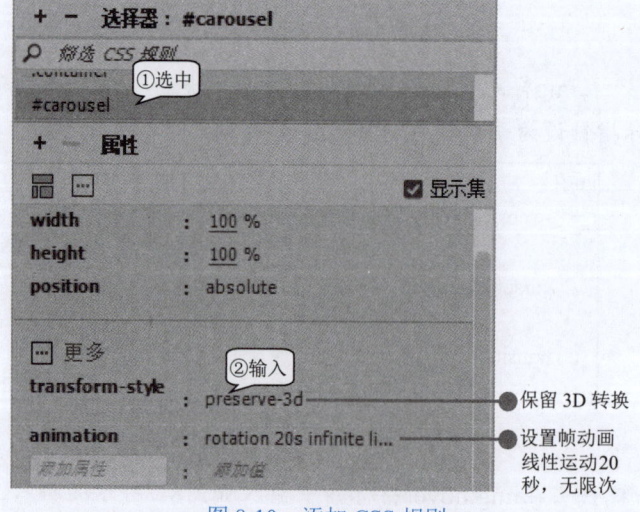

图 8-10　添加 CSS 规则

08 **保存并预览网页** 保存文件，并按F12键预览网页，查看效果。

知识库

1. animation属性

CSS的animation 属性是一个简写属性，用于定义元素的动画效果。它可以一次性设置多个动画相关的子属性，使代码更简洁。animation属性值及功能说明如表8-2所示。

表8-2 animation属性值及功能说明

属性值	功能说明
animation-name	指定@keyframes动画的名称(必需)
animation-duration	规定动画周期时长(如2s，必需，否则默认为0，动画不生效)
animation-timing-function	规定动画速度曲线(如ease、linear)
animation-delay	规定动画开始前的延迟时间(如1s)
animation-iteration-count	规定动画重复的次数(如infinite表示无限循环)
animation-direction	规定动画的方向(如normal、reverse、alternate)
animation-fill-mode	规定动画结束后元素的样式状态(如forwards保留最后一帧)
animation-play-state	控制动画运行或暂停(如paused)

2. 使用@keyframes创建动画

@keyframes规则用于创建动画。在@keyframes中，规定某项CSS样式，可以实现从当前样式逐渐过渡到新样式的动画效果。我们可以改变任意多的样式、次数。用%来规定变化发生的时间，也可以使用关键词"from"和"to"，它们分别等同于0和100%。0表示动画的开始，100%表示动画的结束。

@keyframes的语法格式如下。

```
@keyframes animationname {keyframes-selector {css-styles;}}
```

8.1.3 设计过渡动画特效

使用CSS过渡动画效果，可以在元素的样式属性值发生变化时，使页面元素的变化过程可见。也就是说，可以观察到页面元素从旧的属性值逐渐变为新的属性值的效果。transition(转变)属性可以使页面元素慢慢地(不是立即)从一种状态变为另外一种状态，从而表现出一种动画过程。

设计过渡动画特效

实例3 制作气球上升效果

实例介绍

本例应用CSS的transition属性定义过渡动画，当鼠标指针悬浮在图片和背景上时，图片会移动到上方，并且背景会变为蓝白过渡色，如图8-11所示。

图 8-11　鼠标指针悬浮过渡动画效果

制作过程：插入图层，设置图层样式，在图层上插入图片，当鼠标指针悬浮在图片和背景上时，图片移动到上方，背景颜色由灰色变为蓝白过渡色。

实例制作

01 打开文件　运行Dreamweaver软件，打开8-1-3.html文件。

02 设计<img>标签　切换到"代码"视图，在<img>标签中添加代码transition:top is linear，如图8-12所示。

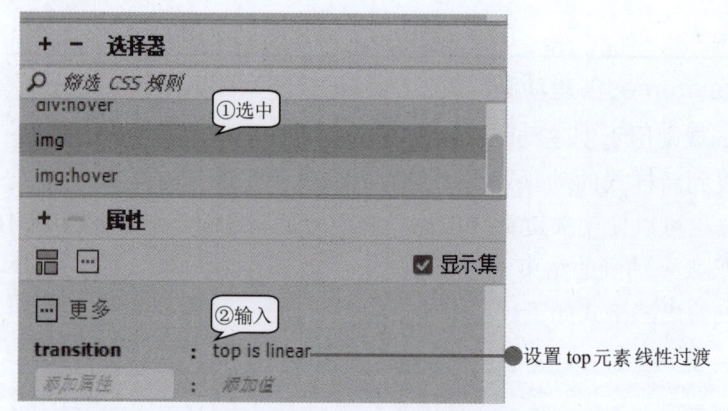

图 8-12　设计 <img> 标签

03 设计<div>标签　切换到"代码"视图，在<div>标签中添加代码transition:all 1s linear，如图8-13所示。

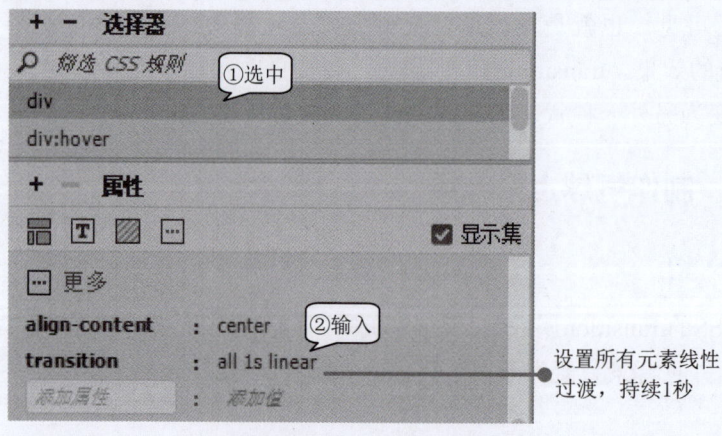

图 8-13　设计 <div> 标签

04 **保存并预览网页** 保存文件,并按F12键预览网页,查看设计效果。

> 知识库

1. transition(转变)属性

transition属性允许CSS属性值在一定的时间区间内平滑地过渡。transition属性值及功能说明如表8-3所示。

表8-3 transition属性值及功能说明

属性值	功能说明
transition-property	用来指定当元素的其中一个属性改变时,执行transition效果
transition-duration	用来指定元素转换过程的持续时间,单位为s(秒),默认值是0,也就是说变换是即时的
transition-timing-function	允许根据时间的推进去改变属性值的变换速率,如ease(逐渐变慢,默认值)、linear(匀速)、ease-in(加速)、ease-out(减速)、ease-in-out(加速然后减速)、cubic-bezier(自定义一个时间曲线)
transition-delay	用来指定动画开始执行的时间

2. transition与animation的区别

animation的功能与transition的功能相同,都是通过改变元素的属性值来实现动画效果。它们的区别在于:使用transition时只能通过指定属性的开始值与结束值,并在这两个属性值之间进行平滑过渡来实现动画效果,因此不能实现比较复杂的动画效果;而animation则通过定义多个关键帧,以及每个关键帧中元素的属性值来实现更加复杂的动画效果。

8.2 使用行为添加网页特效

在网页中,行为就是一段JavaScript代码,当某个事件触发它时,将执行这段代码实现一些动态效果。使用Dreamweaver内置的行为,可以自动生成JavaScript代码,实现复杂的网页特效。

8.2.1 交换图像

"交换图像"就是图像切换,当有外界事件(如单击、鼠标经过等)触发时,即可将当前图片切换为另外一张图片。用户可以通过行为窗口自定义图片在网页中交换的触发方式,当操作满足自定义的触发方式时,就可以实现图像切换。此类特效常用于图片导航、条幅广告等。

交换图像

213

实例4　交换网页中的校园图像

实例介绍

　　交换图像是一种动态响应式效果，可以增强页面的视觉效果，提升用户体验。如图8-14所示，最初网页中显示的是教学楼的正面图，当鼠标指针移到图片上后变成了教学楼的背面图。

图8-14　交换图像示例

　　制作过程：在网页中插入一张图片，在"行为"中添加"交换图像"，并设置该行为为鼠标指针移到图片上时显示第2张图片；鼠标指针移出图像区域时显示第1张图片。

实例制作

01 打开文件　运行Dreamweaver软件，打开文件8.2.1.html。

02 插入图像　选择"插入"→"图像"命令，系统弹出"选择图像源文件"对话框，选择要插入的图像将其插入网页。

03 添加行为　选择"窗口"→"行为"命令，打开"行为"面板，按图8-15所示操作，添加新的行为。

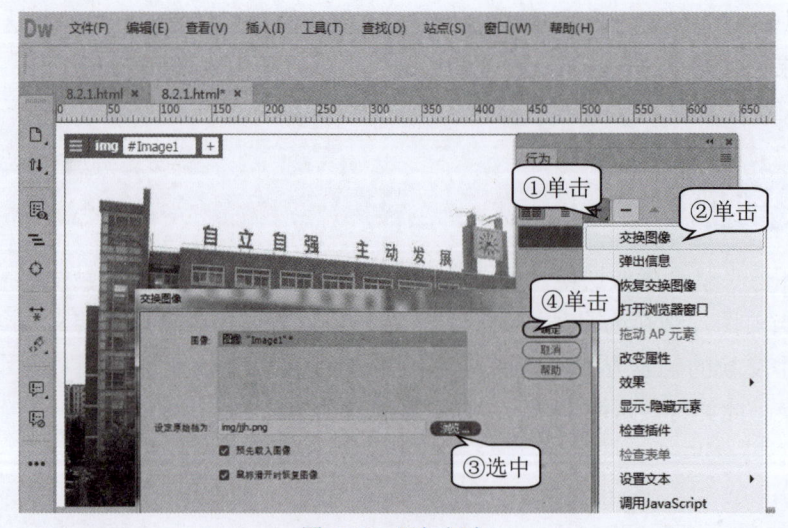

图8-15　添加行为

04 保存并预览网页　保存文件，并按F12键预览网页，查看设计效果。

8.2.2 弹出信息

使用"弹出信息"行为命令后，用户在浏览网页并触发相应事件后，系统会弹出一个信息提示对话框，常用于显示欢迎文字或向用户提供提示信息。

弹出信息

实例5 弹出网站欢迎信息

实例介绍

系统弹出的信息提示对话框，实际上只是一个JavaScript提示框，只有一个"确定"按钮。因此，"弹出信息"行为可以提供给用户一些信息，而不能提供选择项。"弹出信息"行为效果图如图8-16所示。

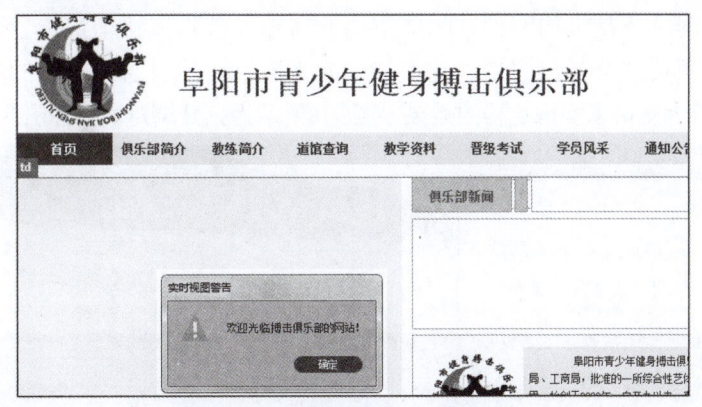

图8-16 "弹出信息"行为效果图

设置"弹出信息"行为前要选定触发对象，可以是当前网页，也可以是某个图像或一段文字。然后在"行为"面板中添加"弹出信息"行为，并设置行为触发方式。

实例制作

01 添加行为 打开文件8.2.2.html，切换到"代码"视图，选中<body>标签，在"行为"面板中，按图8-17所示操作，添加"弹出信息"行为。

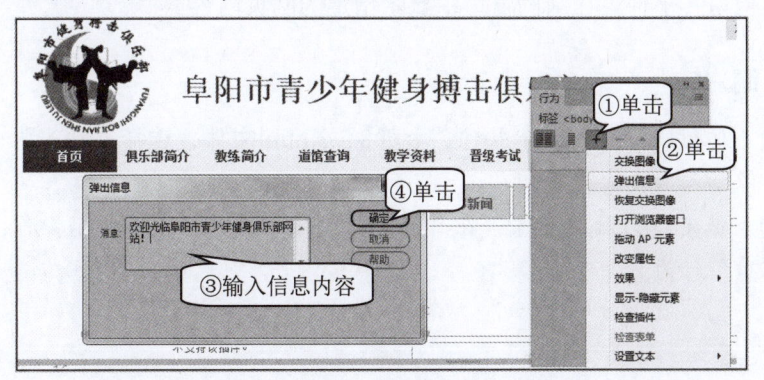

图8-17 添加"弹出信息"行为

215

02 设置触发事件　添加行为后，在"行为"面板中设置"弹出信息"行为的onload属性。
03 保存并预览网页　保存文件，并按F12键预览网页，查看设计效果。

8.2.3　打开浏览器窗口

使用"打开浏览器窗口"行为命令后，用户在浏览网页并触发相应事件后，系统会弹出一个新窗口并显示指定的URL。此功能常用来制作弹出公告、通知或广告。

打开浏览器窗口

实例6　弹出旅游指南公告

实例介绍

无论是公司网站还是机构网站，一些重要的通知、公告或活动宣传会设计成弹出公告的形式，即打开网页就会弹出窗口，这种特效非常醒目，能引起浏览者的注意，使用"打开浏览器窗口"行为就可以实现这样的效果。图8-18所示为打开浏览器后弹出的窗口。

图 8-18　弹出窗口示例

将一张图像设置为"打开浏览器窗口"行为触发对象，打开网页后单击图像，即可触发"打开浏览窗口"事件，在新的窗口中显示指定的网页内容。

实例制作

01 插入图像　运行Dreamweaver软件，打开8.2.3.html文件，选择"插入"→"图像"命令，将图像插入网页中。
02 添加行为　选定行为触发图像，在"行为"面板中，按图8-19所示操作，添加"打开浏览器窗口"行为。

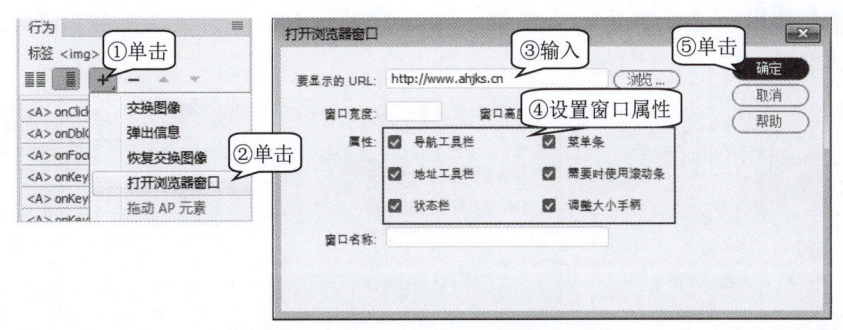

图 8-19　添加"打开浏览器窗口"行为

03 设置触发事件　添加行为后,在"行为"面板中设置"打开浏览器窗口"行为的onClick属性。

04 保存并预览网页　保存文件,并按F12键预览网页,查看设计效果。

8.2.4　其他效果

在Dreamweaver中,可以通过行为中的"效果"选项对对象进行效果显示、效果渲染,以增强网页的视觉效果。效果选项包括blind(滑动)、bounce(上下晃动)、clip(挤压)、drop(抽出)和fade(渐隐)等12种。

其他效果

实例7　滑动隐藏景点图片

实例介绍

为网页中的图像添加"效果"行为,单击图像时使图像向上滑动隐藏。图8-20(a)是单击前的图像效果,图8-20(b)是单击后的图像隐藏效果。

(a) 单击前效果　　　　　　　　　(b) 单击后效果

图 8-20　向上滑动隐藏效果

在设置图像行为时,先要选中图像,并设定触发动作。

实例制作

01 插入图像　运行Dreamweaver软件,打开blind.html文件,选择"插入"→"图像"命令,将图像插入网页,效果如图8-20(a)所示。

217

02 添加滑动效果 选定行为触发图像,在"行为"面板中,按图8-21所示操作,添加Blind效果。

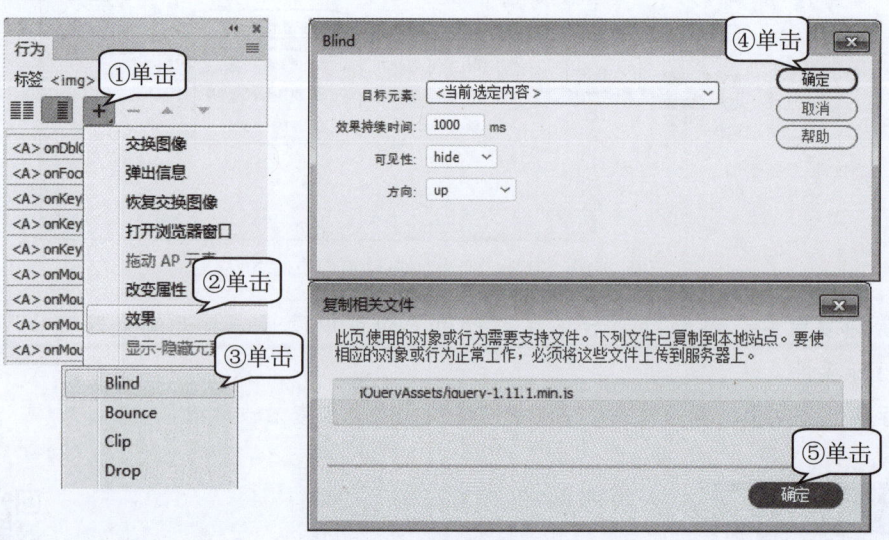

图 8-21 添加滑动效果

03 设置触发事件 添加行为后,在"行为"面板中设置"晃动"行为的onMouseMove属性。

04 保存并预览网页 保存文件,并按F12键预览网页,查看设计效果。

知识库

1. 认识Dreamweaver行为

Dreamweaver的行为是预先编制好的一些JavaScript程序,可以直接嵌入网页中,分为事件和动作两部分。在Dreamweaver中,对象行为种类众多,作用也各不相同。表8-4列出了部分行为的动作名称和功能。

表8-4 Dreamweaver中部分行为的动作名称和功能

动作名称	动作的功能
交换图像	事件发生后,用其他图像来取代选定的图像
弹出信息	事件发生后,弹出窗口显示信息
恢复交换图像	事件发生后,恢复已经交换的图像
打开浏览器窗口	在新窗口中打开URL,可以定制窗口大小
拖动AP元素	设置鼠标可以拖动相应的AP Div元素
改变属性	改变选定对象的属性
效果	设置对象显示效果,有12种效果
显示-隐藏元素	根据设定的事件,显示或隐藏指定的内容
检查插件	检查当前设备是否具备相应的插件
检查表单	检查当前网页是否具有指定的表单
设置文本	在指定的内容中显示相应的内容

2. 了解行为中的JavaScript脚本

JavaScript是Internet中比较流行的脚本语言之一，它广泛存在于全球所有Web浏览器中，能够增强用户与网站之间的交互。用户可以使用自定义的JavaScript代码或JavaScript库中提供的代码。

8.3 使用HTML5添加动画特效

随着网页技术的不断发展，HTML5特效动画已成为现代网页设计中不可或缺的一部分。它们不仅能够吸引用户的眼球，提升用户体验，还能使网页更加生动、有趣。本节将以案例的形式介绍一些常用的组件和特效，其用法基本相同。

8.3.1 制作HTML5梦幻动画特效

HTML5梦幻特效是一种通过CSS3和JavaScript等技术实现的视觉效果，能够为网页元素添加魔幻般的动画效果。例如，利用CSS3的动画属性和transition属性可以实现元素的渐变、旋转、缩放等效果，或者使用JavaScript库(如Animate.css、GSAP等)来创建更复杂的动画效果。

制作HTML5梦幻动画特效

实例8　制作烟花升起特效

实例介绍

本案例将在页面中添加烟花特效，不同颜色的烟花由页面的底部升起，到达页面的随机位置后消失，循环反复，效果如图8-22所示。

图8-22　HTML5烟花特效

制作过程：先在Dreamweaver中创建主体程序，再在fireworks.js文件中定义烟花的数量、大小、颜色、位置、状态等信息。

实例制作

01 编写烟花程序　运行Dreamweaver软件，创建HTML文档，编写烟花程序，如图8-23所示。完成后将文件保存到文件夹中。

```html
1   <!DOCTYPE html>
2   <html>
3   <head>
4       <meta charset="UTF-8">
5       <title>HTML5烟花特效</title>
6       <style>
7           body {
8               margin: 0;
9               padding: 0;
10              background: #000;
11              overflow: hidden;
12          }
13          canvas {
14              display: block;
15              position: fixed;
16              top: 0;
17              left: 0;
18              z-index: -1;
19          }
20      </style>
21  </head>
22  <body>
23      <canvas id="fireworks"></canvas>
24      <script src="fireworks.js"></script>
25  </body>
26  </html>
```

（第7~19行为设置样式）

图 8-23　编写烟花程序

02 创建js文件　建立一个js文件，创建画布，设置画布的大小，创建用于存放烟花数据的数组。

03 定义烟花　在js文件中，根据需要，定义烟花的颜色、速度、半径和位置等，代码如图8-24所示。

```javascript
function createFirework() {
    // 烟花的颜色
    var hue = Math.floor(Math.random() * 360);
    // 烟花的速度
    var speed = Math.random() * 5 + 1;
    // 烟花的半径
    var radius = Math.random() * 3 + 1;
    // 烟花的位置
    var x = Math.random() * canvas.width;
    var y = canvas.height;
    // 创建烟花对象
    var firework = {
        x: x,
        y: y,
        speed: speed,
        radius: radius,
        hue: hue,
        brightness: Math.floor(Math.random() * 80) + 20,
        alpha: 1,
        lineWidth: radius / 2
    };
    // 添加烟花到数组中
    fireworks.push(firework);
}
```

图 8-24　定义烟花

220

04 绘制烟花 添加如图8-25所示的代码，绘制烟花的移动、透明度等。

```
function drawFirework(firework) {
    // 移动烟花
    firework.y -= firework.speed;
    // 将烟花的颜色转换为HSL格式
    var h = firework.hue;
    var s = 100;
    var l = firework.brightness;
    var color = 'hsla(' + h + ', ' + s + '%, ' + l + '%, ' + firework.alpha + ')';
    // 绘制烟花
    ctx.beginPath();
    ctx.arc(firework.x, firework.y, firework.radius, 0, Math.PI * 2);
    ctx.fillStyle = color;
    ctx.shadowColor = color;
    ctx.shadowBlur = 5;
    ctx.fill();                                            ── 绘制烟花
    // 绘制烟花爆炸后的火花
    if (firework.radius <= 2) {
        ctx.beginPath();
        ctx.arc(firework.x, firework.y, firework.radius / 2, 0, Math.PI * 2);
        ctx.fillStyle = color;
        ctx.fill();
    }
    // 减少烟花的透明度
    firework.alpha -= 0.01;
    // 烟花消失后，从数组中删除
    if (firework.alpha <= 0) {
        fireworks.splice(fireworks.indexOf(firework), 1);
    }
}
```

图 8-25　绘制烟花

05 循环动画 添加如图8-26所示的代码，使动画循环播放。

```
function loop() {
    // 清除画布
    ctx.fillStyle = 'rgba(0, 0, 0, 0.2)';
    ctx.fillRect(0, 0, canvas.width, canvas.height);
    // 创建新的烟花
    if (Math.random() < 0.2) {
        createFirework();
    }
    // 绘制烟花
    for (var i = 0; i < fireworks.length; i++) {
        drawFirework(fireworks[i]);
    }
    // 循环动画
    requestAnimationFrame(loop);                           ── 循环动画
}
// 开始动画
loop();
```

图 8-26　循环动画

06 保存并预览网页 保存文件，并按F12键预览网页，查看设计效果。

8.3.2　利用HTML5 Canvas绘制图形特效

　　HTML5 Canvas是一个用于在网页上绘制图形的API，可以通过JavaScript来操作Canvas元素，绘制各种形状、图像和动画。利用Canvas，我们可以实现各种有趣的特效动画，如粒子动画、时间动画、文字动画等。

利用 HTML5
Canvas 绘制
图形特效

221

实例9　设计雨滴下落效果

实例介绍

本案例创建了一个全屏的Canvas，并在其中绘制了100个位置、大小和速度随机的雨滴。雨滴从顶部开始下落，到达画布底部时，会重新从顶部开始下落，效果如图8-27所示。

图8-27　雨滴下落效果

实例制作

01 添加Canvas元素　运行 Dreamweaver 软件，创建HTML文档，添加一个Canvas元素，效果如图8-28所示。

```html
<!DOCTYPE html>
<html lang="en">
<head>
    <meta charset="UTF-8">
    <meta name="viewport" content="width=device-width, initial-scale=1.0">
    <title>Canvas Raindrops</title>
    <style>
        canvas {
            position: absolute;
            top: 0;
            left: 0;
        }
    </style>
</head>
```
Canvas元素

图8-28　添加 Canvas 元素

02 引用Canvas元素　创建JavaScript，在JavaScript中，引用Canvas元素，并创建一个2D绘图，代码如图8-29所示。

```
const canvas = document.getElementSomething('...');
const ctx = canvas.getContext('2d');
canvas.width = window.innerWidth;
canvas.height = window.innerHeight;
```
引用

图8-29　引用 Canvas 元素

222

03 定义雨滴 定义一个数组来存储雨滴对象,每个雨滴对象包含位置、速度和大小等属性,代码如图8-30所示。

```
const raindrops = [];
for (let i = 0; i < 100; i++) {
    raindrops.push({
        x: Math.random() * canvas.width,
        y: Math.random() * canvas.height,
        length: Math.random() * 20 + 10,
        speed: Math.random() * 4 + 2
    });
}
```
雨滴数量

```
function drawRaindrop(raindrop) {
    ctx.beginPath();
    ctx.moveTo(raindrop.x, raindrop.y);
    ctx.lineTo(raindrop.x, raindrop.y + raindrop.length);
    ctx.strokeStyle = 'rgba(0, 0, 255, 0.5)';
    ctx.lineWidth = 2;
    ctx.stroke();
}
```
雨滴属性

图 8-30 定义雨滴

04 循环动画 使用requestAnimationFrame()函数来实现动画循环,在动画循环中,更新雨滴的位置,并在画布上绘制它们,代码如图8-31所示。

```
function animate() {
    ctx.clearRect(0, 0, canvas.width, canvas.height);
    for (const raindrop of raindrops) {
        drawRaindrop(raindrop);
        updateRaindrop(raindrop);
    }
    requestAnimationFrame(animate);
}
```
循环

图 8-31 循环动画

05 其他设置 当雨滴超出画布范围时,重置其位置以使其重新从顶部开始下落。

06 保存并预览网页 保存文件,并按F12键预览网页,查看设计效果。

8.3.3 制作HTML5 SVG矢量图形动画

SVG(scalable vector graphics)是一种基于XML的矢量图形格式,可以在网页上直接显示,并且支持各种动画效果。利用SVG,可以实现一些非常自然的动画效果,如组件逐渐变色、狐狸奔跑动画、树木随风摇摆动画等。

制作 HTML5 SVG 矢量图形动画

实例10 实现网页颜色渐变

实例介绍

使用SVG来创建一个简单的矢量图形对象,并通过SVG实现图形的逐渐变色,从而形成动画效果,如图8-32所示。

223

（颜色渐变）

图 8-32　渐变色动画

实例制作

01 新建文档　运行 Dreamweaver 软件，创建HTML文档，将其保存为"SVG渐变色动画.html"。

02 创建矢量图形　创建一个矩形矢量图形，定义图形属性，代码如图8-33所示。

```
<rect x="20" y="20" width="250" height="250" style="fill:blue">
```

图 8-33　创建矢量图形

03 添加动画效果　为矩形添加渐变色动画，代码如图8-34所示。

```
1   <!DOCTYPE html>
2   <html>
3   <body>
4   <svg xmlns="http://www.w3.org/2000/svg" version="1.1">
5     <rect x="20" y="20" width="250" height="250" style="fill:blue">
6       <animate attributeType="CSS" attributeName="opacity"
7                from="1" to="0" dur="5s" repeatCount="indefinite" />
8     </rect>
9   </svg>
10
11  </body>
12  </html>
```

动画设定

图 8-34　添加动画效果

04 保存并预览网页　保存文件，并按F12键预览网页，查看设计效果。

知识库

1. HTML5动画特效

HTML5可以制作非常华丽的动画效果，如梦幻特效、3D特效、粒子效果等。这些特效可以通过HTML5和CSS3技术实现，为网页增添生动和互动性。

○ HTML5梦幻特效：HTML5梦幻特效可以为网页上的任意元素(如图片、文字等)添加魔幻效果。当鼠标滑过这些元素时，会触发梦幻般的动画特效。这种特效可以提升用户体验，使网页更加生动和吸引人。

- HTML5 3D特效：HTML5 3D特效可以通过3D技术实现各种立体效果，如3D翻转、旋转等。这种特效常用于展示产品或内容，便于观看者从不同角度查看物体，增强用户的视觉体验。
- HTML5粒子效果：HTML5粒子效果可以模拟粒子动画，如文字粒子动画、火焰动画等。这种效果适用于创建动态的、视觉冲击力强的内容，如浪漫的诗句动画或火焰文字特效。

2. Canvas绘图和动画的核心原理

Canvas绘图和动画的核心原理是通过JavaScript代码操作Canvas元素的上下文对象，从而对Canvas上的图像和属性进行绘制和更新。

- 绘图原理：绘图是通过Canvas上下文对象的绘图方法来实现的，常用的是2D绘图方法。例如，上下文对象的fillRect()方法用于绘制填充矩形、strokeRect()方法用于绘制矩形边框、drawImage()方法用于绘制图片等。通过调用这些方法，可以在Canvas上绘制各种形状、图像和文本。
- 动画原理：动画是通过定时器和动画函数来实现的。一般使用requestAnimationFrame()方法创建动画循环，该方法在每一帧绘制之前调用指定的动画函数。在动画函数中，可以更新Canvas上的图像和属性，实现平滑的动画效果。例如，可以在每一帧绘制时更新图像的位置、大小、颜色等属性，以实现移动、缩放、渐变等动画效果。

3. 常见的SVG属性

SVG是一种用于描述二维矢量图形的XML格式，支持互动性、动画效果和其他丰富的Web功能，允许开发者精确地控制图形的外观和行为。常见的SVG属性如表8-5所示。

表8-5 常见的SVG属性

元素	属性
id	元素的唯一标识符
class	元素的类名，用于CSS样式
style	元素的内联样式
transform	应用到元素上的变换
x, y	元素的位置
width, height	元素的尺寸
fill	填充颜色
stroke	描边颜色
opacity	透明度
visibility	元素的可见性

8.4 小结和习题

8.4.1 本章小结

本章主要介绍了添加网页特效所必须具备的基础知识，具体包括以下主要内容。
- 使用CSS设计动画特效：详细介绍了CSS3动画的过渡、变换和关键帧3种类型，以及通过改变CSS属性值来创建动画效果的具体方法。
- 使用行为添加网页特效：介绍了在网页中行为就是一段JavaScript代码，利用这段代码可以实现交换图像、弹出信息、打开浏览器窗口和滑动效果等。
- 使用HTML5添加动画特效：详细介绍了烟花特效、雨滴特效和矢量图形颜色渐变的效果，以及制作特效的方法和技巧。

8.4.2 本章练习

一、填空题

1. CSS动画有_____、_____和_____3种类型，都是通过改变CSS_____创建动画效果的。

2. CSS transition呈现的是一种过渡效果，如_____、_____和_____等。

3. 在Dreamweaver中，使用transform特性可以实现文字、图像等对象的_____、_____、_____和_____的变形处理。

4. 在本章中，学习了常见的行为，包括_____、_____、_____和_____。

5. 在Dreamweaver中，捆绑了_____和_____特效库，提供了一种友好的、可视化的操作界面，方便用户调用。

二、问答题

1. 简述添加网页特效的方法。
2. 简述网页行为的种类。
3. 请分析行为中效果选项的各项功能。
4. 简述使用HTML5添加网页特效的方法。

第 9 章

制作动态网站

动态网站是使用动态编程语言(如PHP、ASP、JSP等)开发的网站,使用这些语言制作的网页通常以相应的后缀名(如.php、.asp等)进行保存。动态网站一般以数据库技术为基础,使用动态语言与数据库进行交互,从而实现数据的及时更新,同时大大减少了网站的维护工作。我们平时常见的以.html结尾的文件可以直接打开,即使没有服务器也可以正常浏览,但是动态网页不同,它不但需要服务器支持,而且服务器还必须支持相应的动态语言,只有这样才能正常显示。

本章主要介绍创建IIS站点的方法、使用PHP编程语言创建动态网页的方法,以及对数据库中表的基本操作,如添加记录、查询和修改操作。

本章内容:
- 安装与配置动态网站环境
- 建立网站数据库
- 开发动态网页
- 制作职业学院网站

9.1 安装与配置动态网站环境

安装与配置动态网站环境是构建现代Web应用的关键步骤,它涉及服务器软件的安装、必要的编程环境配置,只有正确操作,才能确保网站能够高效、安全地运行。

9.1.1 安装IIS环境

Internet信息服务 (IIS)是Microsoft提供的Web服务器,运行于Windows操作系统之上。IIS主要用于向互联网用户传递静态和动态的网页内容。在使用IIS之前,必须先启用该服务。

安装 IIS 环境

实例1　在服务器中安装IIS

实例介绍

在Windows中成功安装IIS后，该系统将提供一个用于搭建网站的服务平台。用户可通过"控制面板"的"Windows工具"访问IIS管理器，启动后的界面效果如图9-1所示。

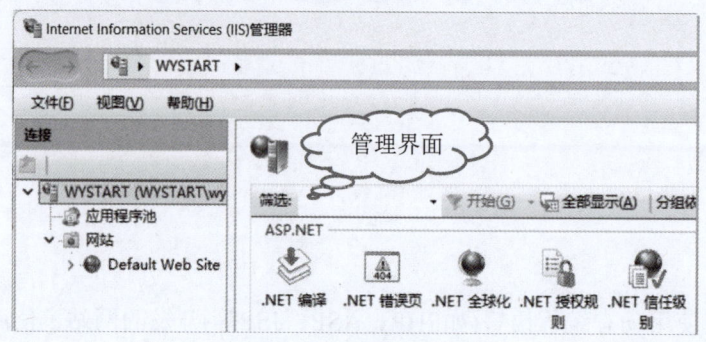

图9-1　IIS管理界面

在网站的开发与管理中，启动IIS是非常关键的一步。IIS作为Windows系统中的Web服务器，为网站提供托管与管理平台，确保网站能够正常运行并对外提供服务。

实例制作

01 打开"控制面板"窗口　按Win+R键打开"运行"对话框，按图9-2所示操作，打开"控制面板"窗口。

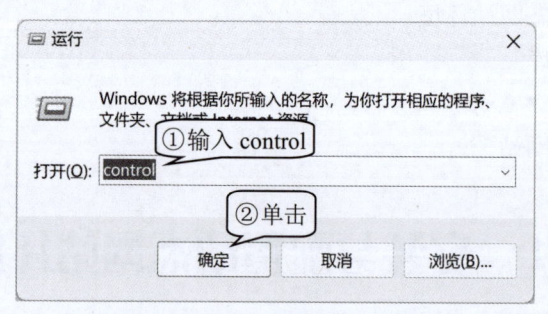

图9-2　打开"控制面板"窗口

02 打开"程序和功能"窗口　按图9-3所示操作，打开"程序和功能"窗口。
03 添加服务组件　按图9-4所示操作，勾选需要的服务组件。

❖ 提示：

在这里，务必勾选"万维网服务"选项下的各级子选项，以确保网站发布后能正常访问。

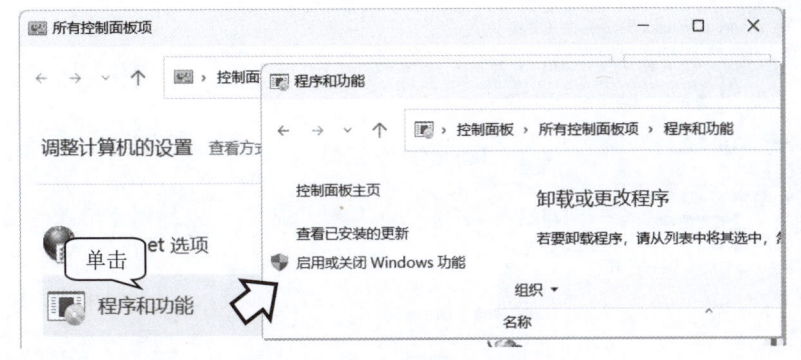

图 9-3　打开"程序和功能"窗口

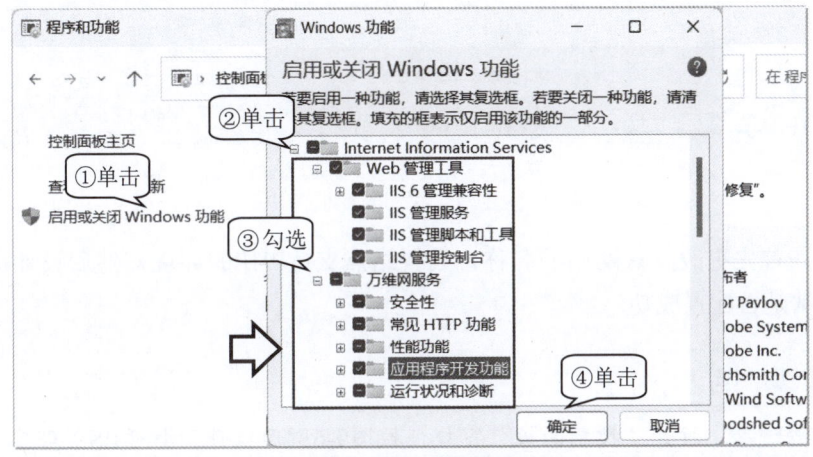

图 9-4　添加服务组件

04 完成安装　单击"确定"按钮后，系统会自动安装。

9.1.2　配置PHP环境

IIS安装完成后，系统会自动创建一个默认的Web站点，名称为Default Web Site。为了测试编写的动态页面，需要对该站点进行相应的配置。

配置 PHP 环境

实例2　创建"我们的梦想"站点

实例介绍

IIS可以创建多个站点，将默认站点更改为"我们的梦想"，并对站点进行配置，使其能够支持网站所使用的PHP编程语言，如图9-5所示。

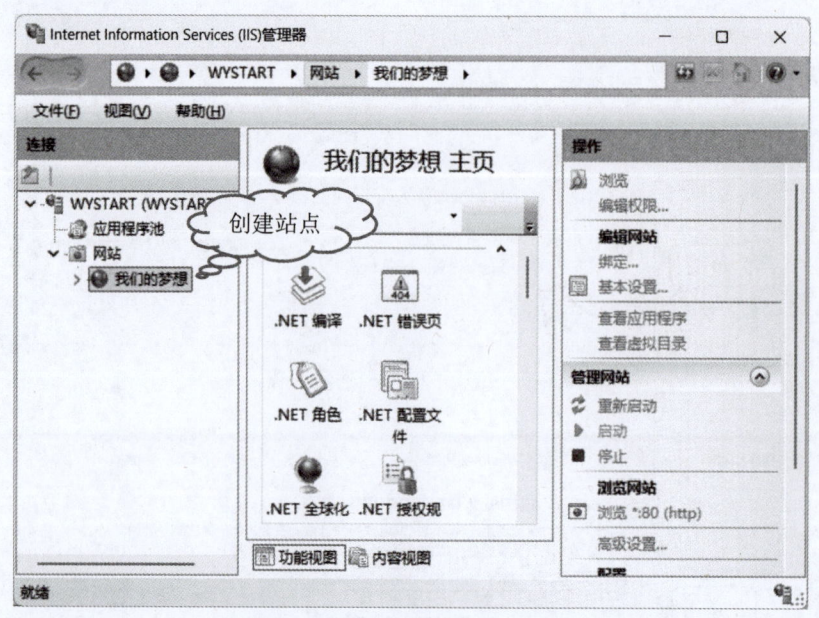

图 9-5 创建"我们的梦想"站点

创建时，首先更改默认网站的名称，设置站点支持PHP的环境，然后设计测试页面，最后测试网站是否配置成功。

实例制作

01 打开IIS管理器 打开"控制面板"窗口，按图9-6所示操作，打开IIS管理器。

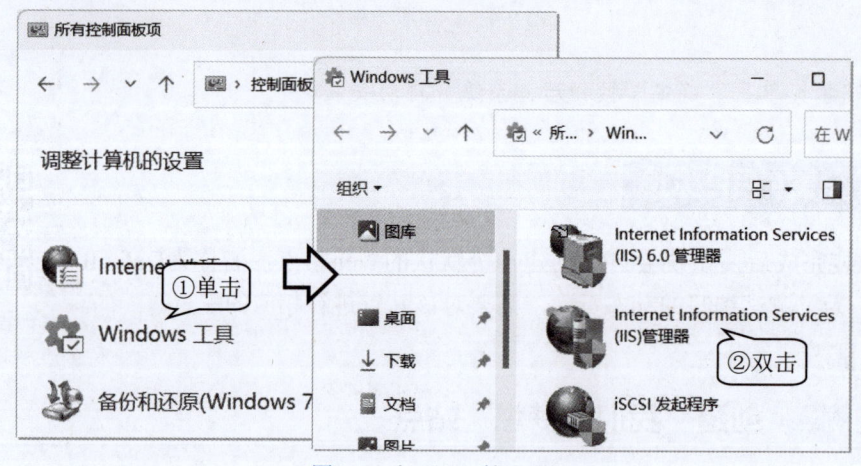

图 9-6 打开 IIS 管理器

02 创建站点 按图9-7所示操作，更改默认网站的名称为"我们的梦想"。

230

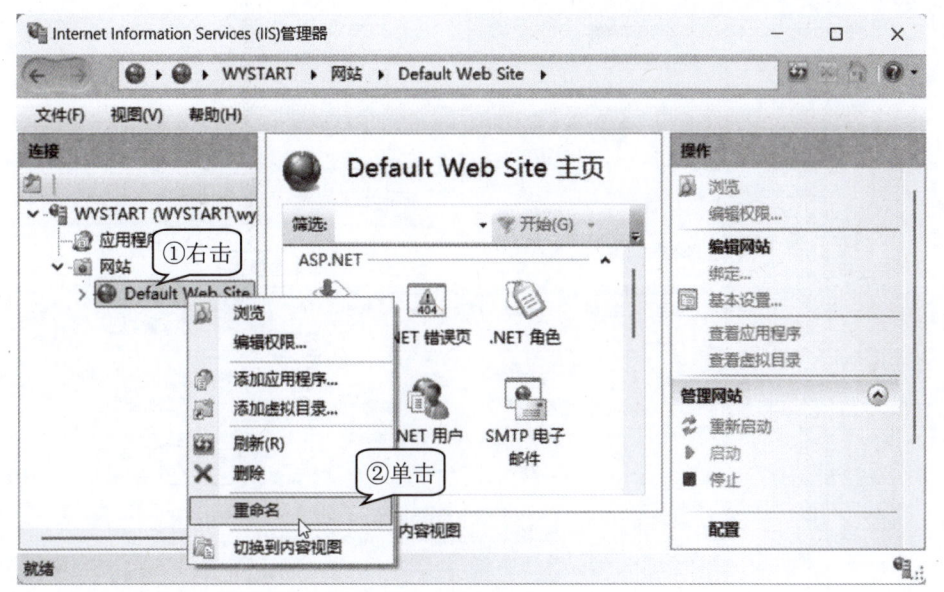

图 9-7　创建站点

03 配置站点目录　按图9-8所示操作，在物理路径文本框中输入"D:\dreaming"，完成网站路径的设置。

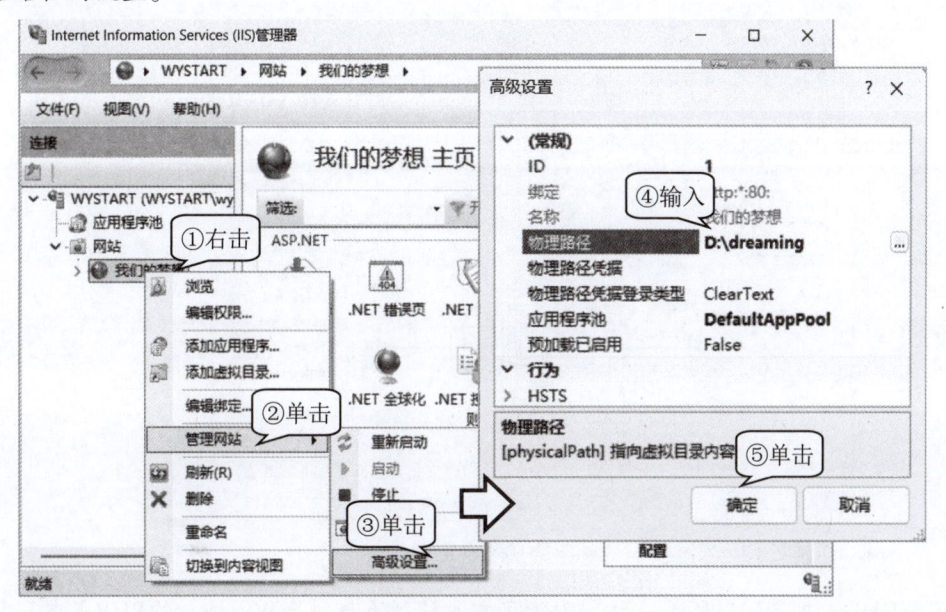

图 9-8　配置站点目录

04 绑定端口　如果IIS创建了多个站点，并且使用的是同一IP地址，为了防止端口冲突，则需要为站点绑定不同的端口。按图9-9所示操作，绑定8000端口。

05 设置默认页　站点一般都会设置默认页，在地址栏中输入站点地址或站点域名，即可设置站点默认打开的文件。按图9-10所示操作，输入index.php，将其设置为默认页。

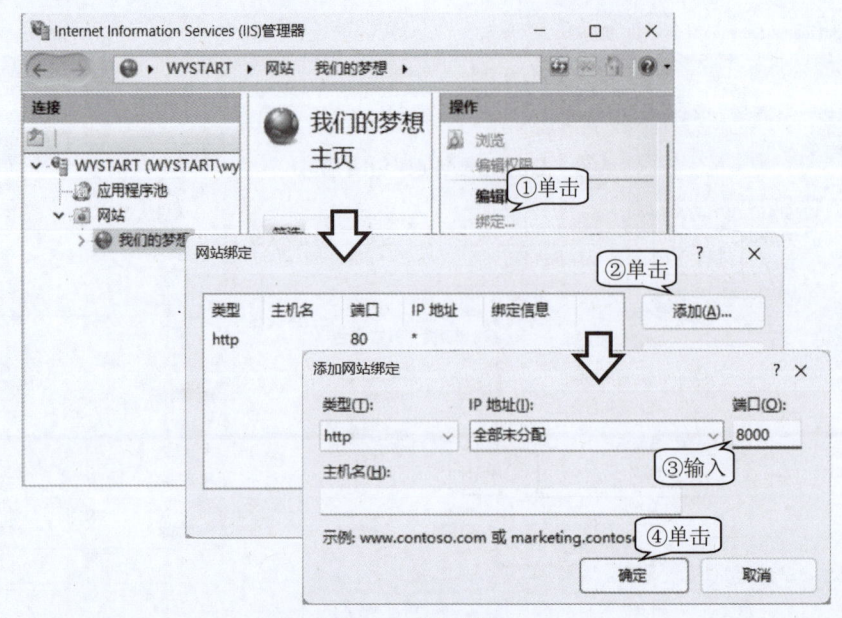

图 9-9　绑定端口

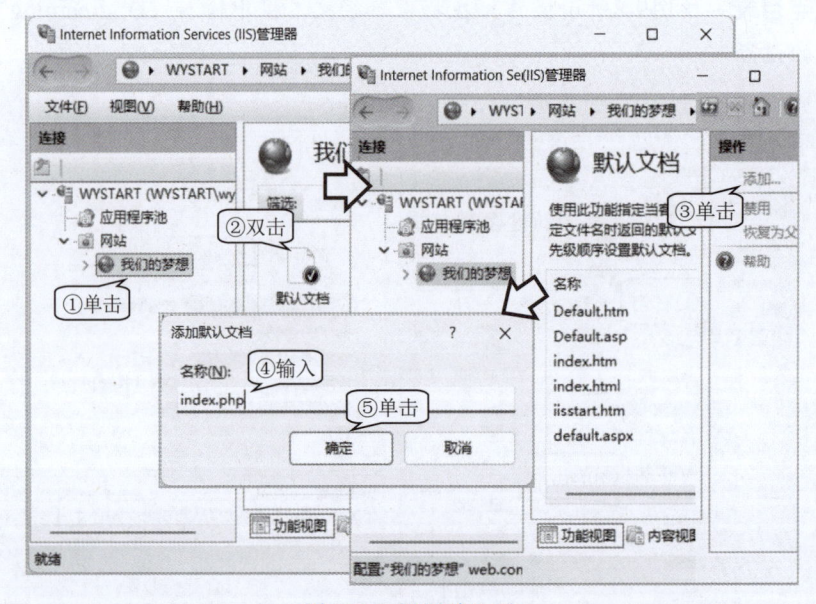

图 9-10　设置默认页

06 **下载PHP**　按图9-11所示，访问PHP官方网站，下载适合Windows的PHP版本，解压后更改文件名为"PHP"，并将其复制到D盘。

图 9-11　从官网下载 PHP

❖ 提示：

IIS支持多个版本的PHP，推荐用户每次选用较新的稳定版本，因为它可以提供更好的性能和安全性。

07 配置php.ini 打开PHP文件夹，修改其中的PHP-development.ini为PHP.ini，用"记事本"程序打开，并启用需要的扩展。

❖ 提示：

通常需要根据项目需求对php.ini文件进行调整。例如，使用MySQL数据库时，将;extension=mysqli前面的分号去掉，启用MySQLi扩展。

```
extension=pdo_mysql
```

08 安装PHP处理程序 按图9-12所示操作，在IIS上安装PHP处理程序，使IIS能够处理和执行PHP脚本。

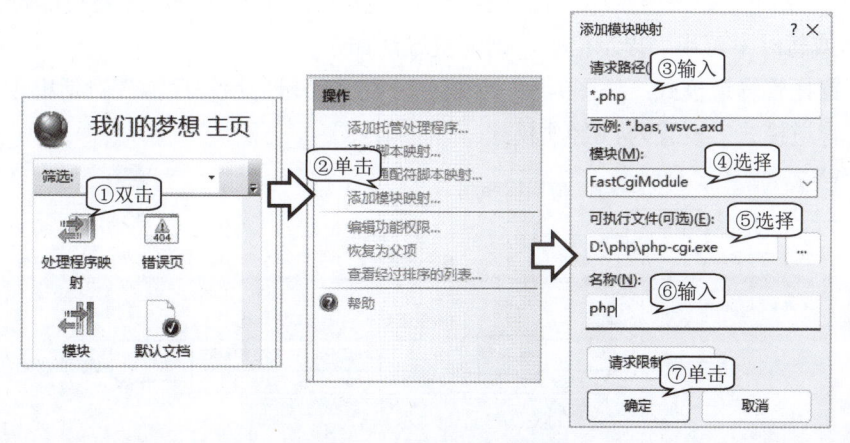

图9-12　安装PHP处理程序

❖ 提示：

IIS不能直接编译执行PHP脚本，配置映射程序的目的是使IIS调用可以执行PHP的程序，这样客户端才能打开PHP设计的页面。

09 测试配置结果 使用"记事本"程序输入<?PHP php.info(); ?>，另存至网站根目录，并命名为ceshi.php。在浏览器中输入http://localhost/ceshi.php，将看到如图9-13所示的页面内容，说明PHP配置成功。

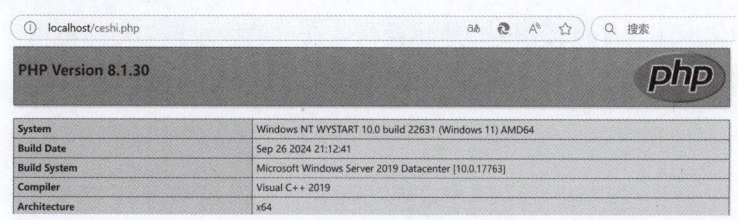

图9-13　测试配置结果

知识库

1. 选择Windows Server搭建IIS

Windows Server专为服务器设计，能提供更高的稳定性和安全性，并能应对高并发和大数据处理。其增强的安全功能和精细的权限控制可以有效保护IIS免受攻击。同时，Windows Server支持更多硬件资源，扩展性强，能够满足业务增长需求。高级管理工具和全面监控功能使管理员能轻松管理IIS。因此，选择Windows Server搭建IIS是确保知识库系统稳定运行、提升安全性和性能的理想方案。

2. 访问站点的方法

站点创建完成后，通过在地址栏中输入http://localhost/来访问本地站点，或者输入网卡的IP地址。如果绑定了其他端口，则在地址的后面加上端口号。例如，若绑定了8000端口，则输入http://localhost:8000。

3. 应用程序错误

在测试网站时，如果出现了"出现HTTP错误404.0–Not Found 您要找的资源已被删除、已更名或暂时不可用"提示信息，则解决办法如下。

- 设置托管管道模式：按图9-14所示操作，在"编辑应用程序池"对话框中，将"托管管道模式"设置为4.0经典模式。

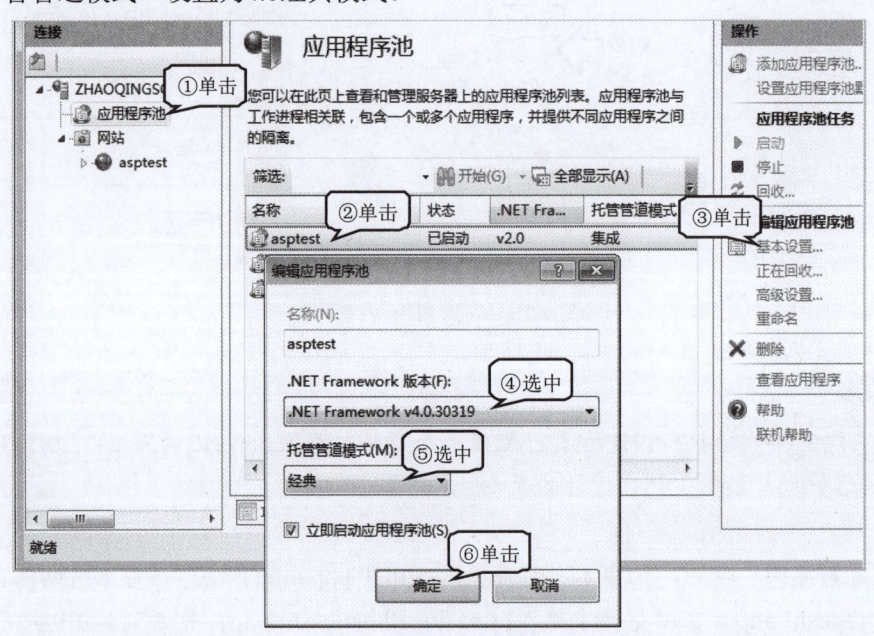

图9-14 设置托管管道模式

- 启用32位应用程序：按图9-15所示操作，在"高级设置"对话框中，将"启用32位应用程序"设置为True。保存后，重启IIS。

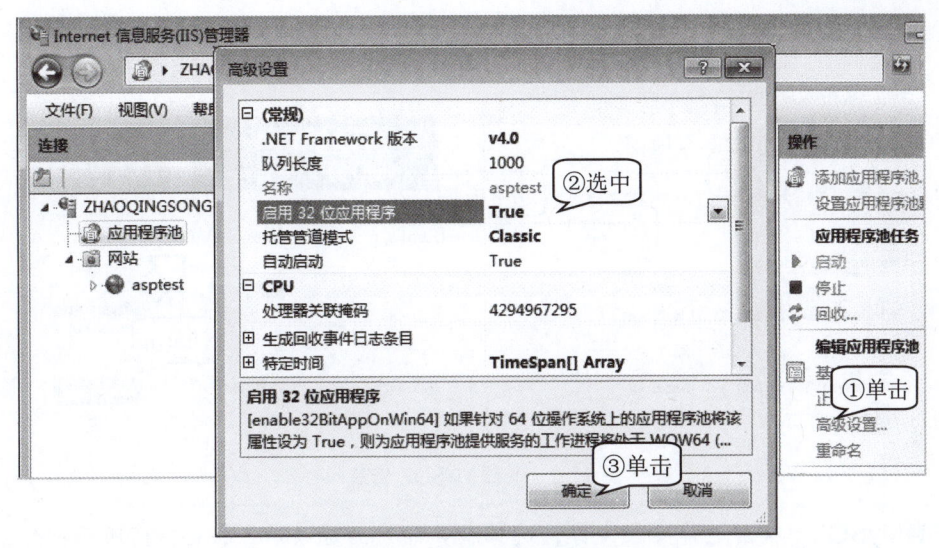

图 9-15 启用 32 位应用程序

9.2 建立网站数据库

为了实现网站内容的动态管理和便捷操作，建立网站数据库至关重要。它能有效存储和管理用户信息、产品数据等关键内容，提升网站运营效率。

9.2.1 安装MySQL数据库

MySQL 作为一款开源的关系型数据库管理系统，凭借其高性能、稳定性、易用性，被广泛应用于各种规模的网站建设中。无论是小型网站、企业级网站，还是大型互联网平台，MySQL 都是管理网站数据、提供动态内容、实现用户交互的可靠选择。

安装 MySQL 数据库

实例3 安装学校网站数据库

实例介绍

在学校网站中，可以记录美好的生活点滴、分享心得体会，还可以与志同道合的朋友们交流互动。而在这个网站的背后，需要一个强大的数据库来存储文章、评论、用户信息等数据。

MySQL 就是这样一个出色的数据库管理系统。然而，若要充分挖掘MySQL的潜力，首要步骤便是完成其安装过程。

实例制作

01 下载MySQL安装包 在浏览器的地址栏中输入https://dev.mysql.com/downloads/mysql/，按图9-16所示操作，下载MySQL安装包。

图 9-16　下载 MySQL 安装包

02　安装 MySQL　双击运行安装文件，选择服务器产品选项后，按图9-17所示操作，使用默认选项开始安装。

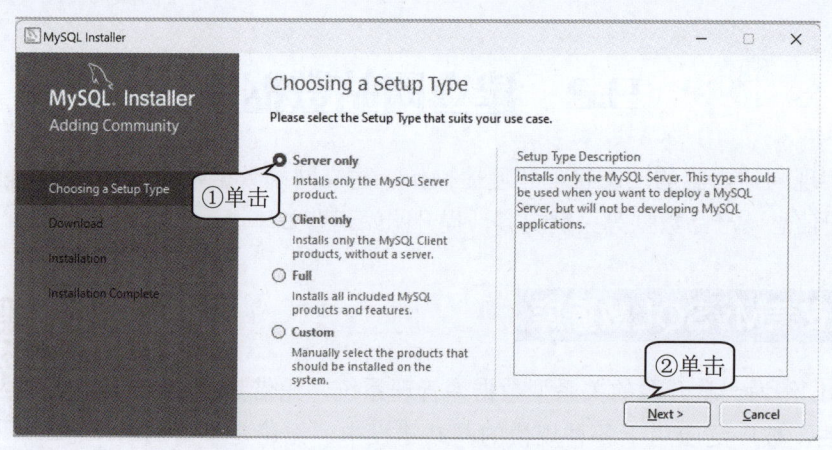

图 9-17　选择安装的产品类型

03　设置账号密码　在安装过程中，按图9-18所示操作，为MySQL数据库设置root用户的账号密码。

图 9-18　设置账号密码

04　编辑环境变量　安装完成后，按图9-19所示操作，将MySQL数据库安装位置的bin文件夹地址添加到系统的环境变量中，以便全局访问。

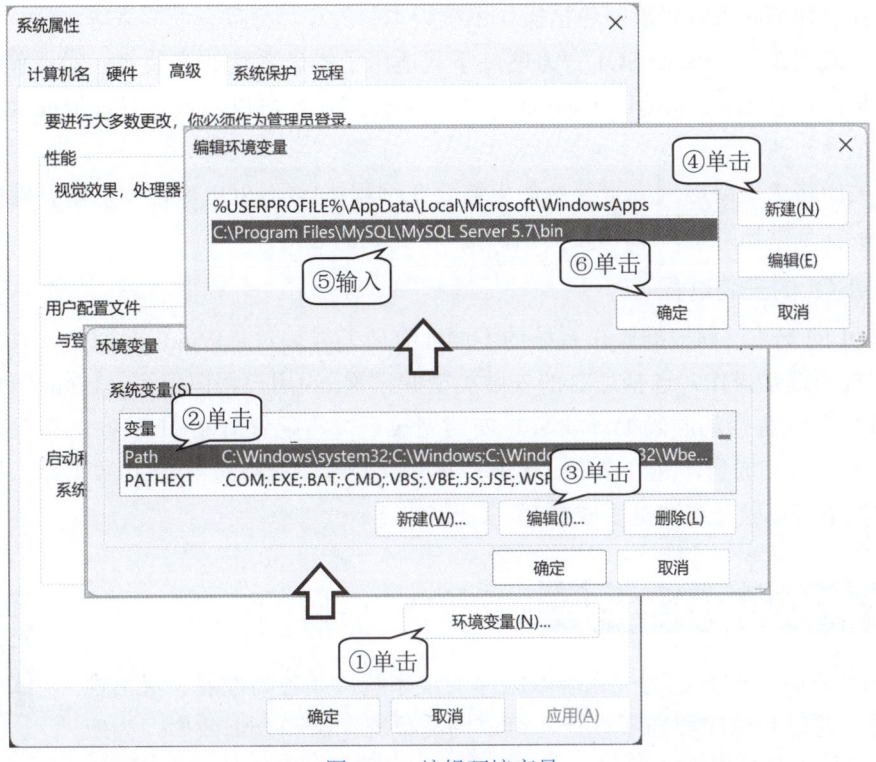

图 9-19　编辑环境变量

05 **测试运行**　打开命令窗口，按图9-20所示操作，登录MySQL数据库，随后即可使用MySQL命令操作数据库。

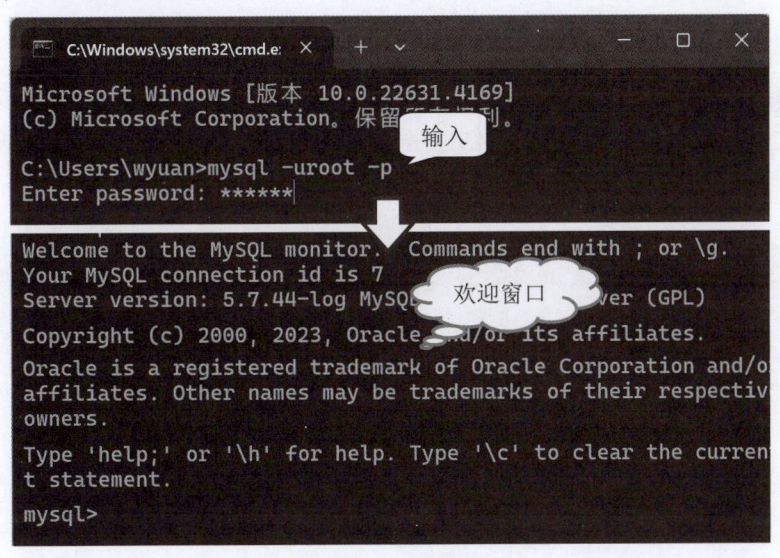

图 9-20　测试运行

知识库

1. MySQL安装前的准备工作

○ 系统兼容性检查：应确保操作系统与MySQL的版本兼容。MySQL官方网站通常会提供详细的系统要求，包括操作系统版本、内存和磁盘空间需求等。
- 下载安装包：从MySQL官方网站下载适用于操作系统的安装包。对于Windows用户，可以选择MySQL Installer；对于Linux用户，可以通过包管理器或直接从源码编译安装。
- 关闭防火墙或配置安全组：如果需要在远程访问MySQL数据库，则要确保防火墙或安全组规则允许MySQL的默认端口(3306)的通信。

2. MySQL的安装过程

MySQL的安装过程根据操作系统的不同而有所差异。对于Windows用户，只需要双击安装包并按照提示操作，选择适合的安装类型并设置root用户密码即可。Linux用户则可以通过包管理器或直接从源码编译安装。安装完成后，需配置MySQL服务，确保其正常运行。安装和配置完成后，通过命令行工具或图形化管理工具登录MySQL数据库，执行一些基本的SQL语句以验证安装是否成功。

9.2.2 设计MySQL数据库

MySQL作为一款开源的关系型数据库管理系统，具备高性能、灵活性和可靠性。通过合理的数据库设计，可以提高数据存储和查询效率，为应用程序提供强大的数据支持。

设计 MySQL 数据库

实例4　设计学校网站数据库

实例介绍

使用SQL语句创建和管理MySQL数据库非常不方便，通常使用Navicat 8 for MySQL 软件对数据库进行管理。在本实例中，创建学校网站数据库，数据库中包含很多数据表，用于记录各种用途的数据信息，如图9-21所示。

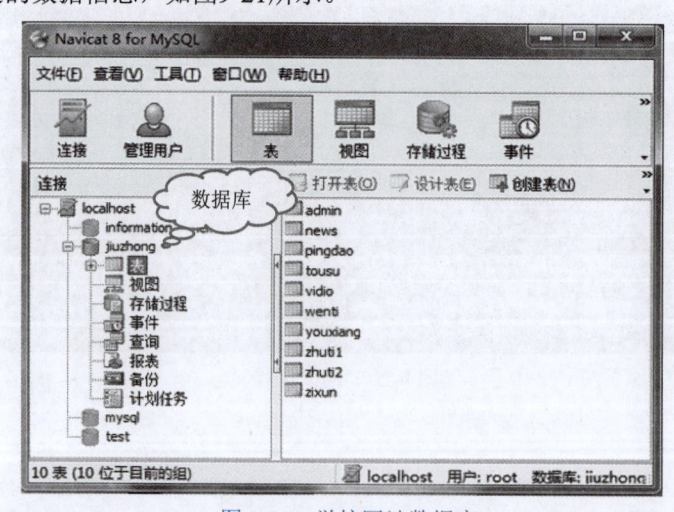

图9-21　学校网站数据库

创建MySQL数据库通常分为以下几个步骤：①下载并安装MySQL；②设置MySQL管理用户名和密码；③创建数据库和数据表。

实例制作

01 连接数据库 按图9-22所示操作，将Navicat 8 for MySQL软件连接到本地MySQL数据库。

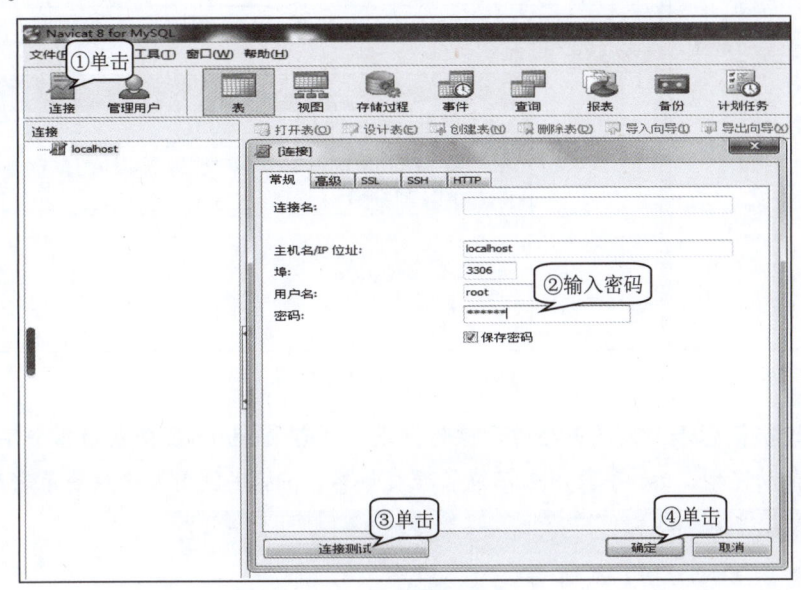

图 9-22 连接数据库

02 创建数据库 按图9-23所示操作，创建jiuzhong数据库。

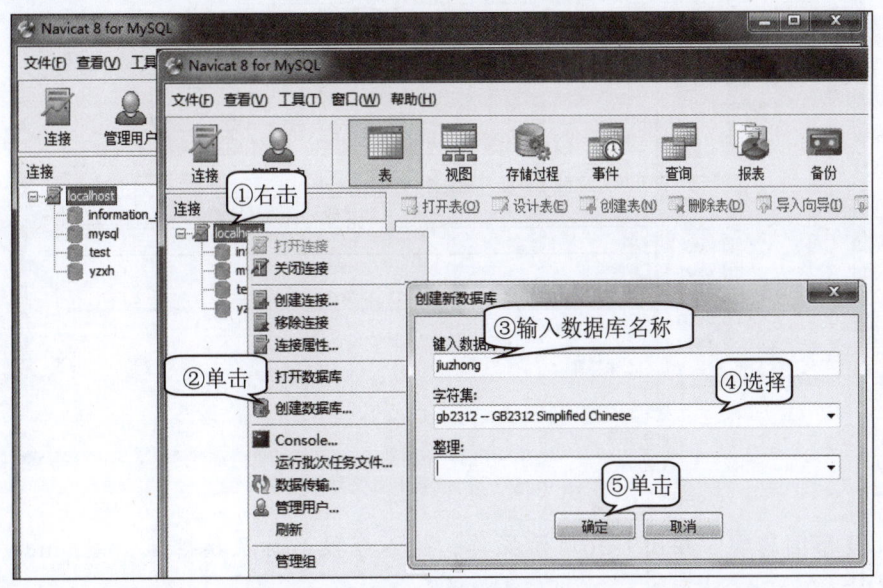

图 9-23 创建数据库

03 导入数据库数据 双击创建好的jiuzhong数据库，按图9-24所示操作，创建新的查询，载入SQL类型的网站数据库文件，单击"运行"按钮即可导入网站数据。

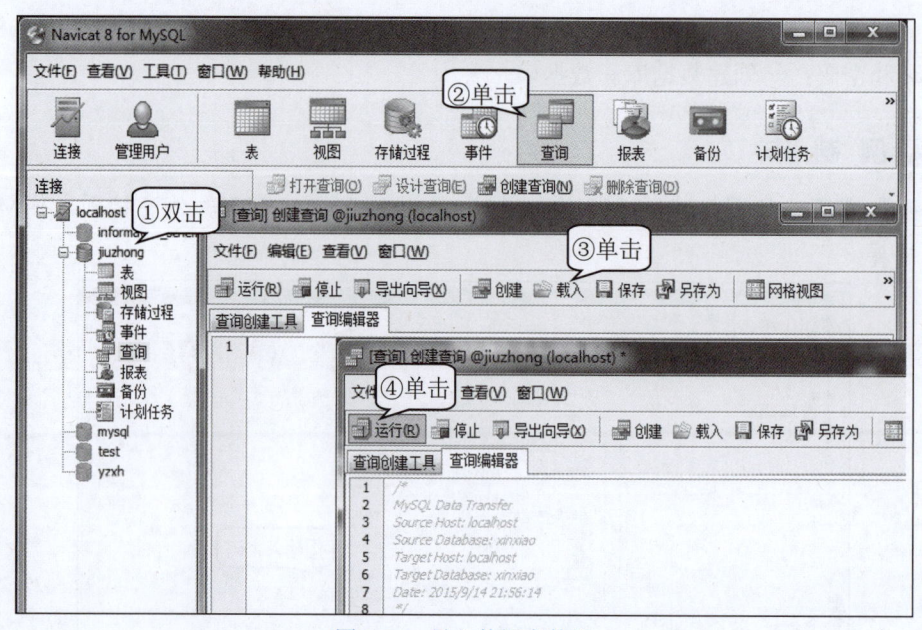

图 9-24　导入数据库数据

04　设计管理员信息表　按图9-25所示操作，设计管理员admin数据表的各个字段。id字段设置为自动递增，user字段用来记录管理员姓名，pass字段用来记录登录密码。

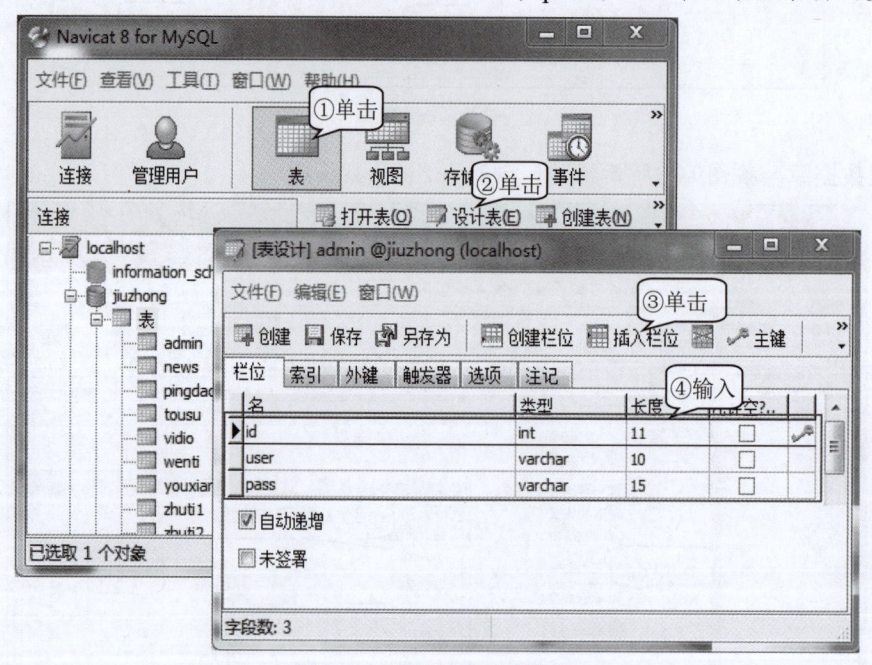

图 9-25　设计管理员信息表

05　设计发布信息表　按图9-26所示操作，输入字段名称及属性值，完成news表字段的设计。

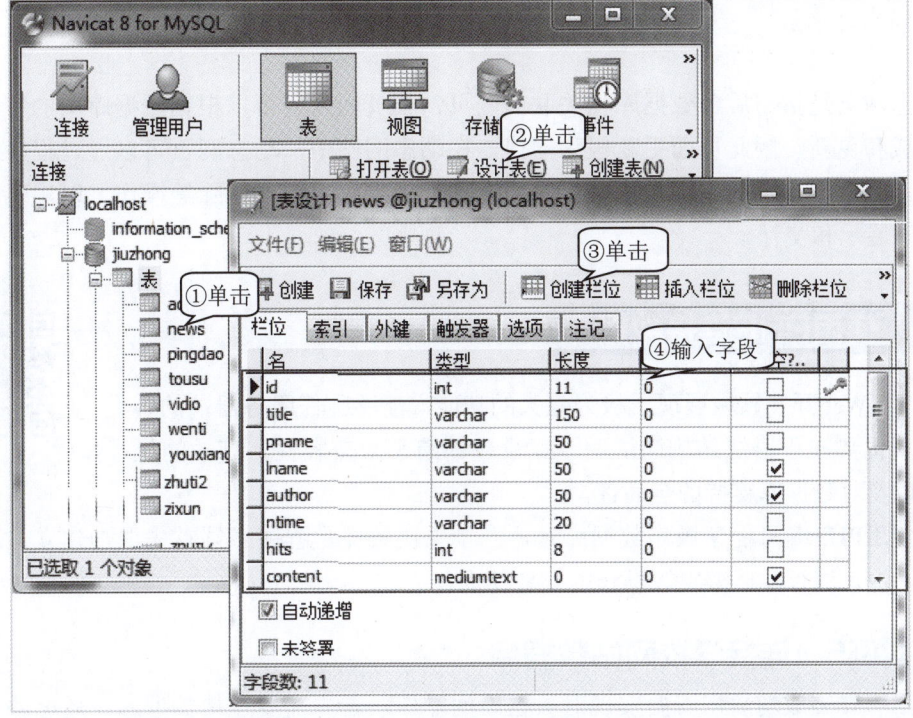

图 9-26　设计发布信息表

❖ **提示：**

动态网站数据库中记录发布信息的表是网站数据库的主要内容，各个频道和网站首页都需要从该表调取数据。

知识库

1. MySQL数据库的特点

对于一些数据量大、访问用户多的网站，MySQL是一个非常适合的选择。MySQL数据库具有以下主要特点。

- 同时访问数据库的用户数量不受限制。
- 可以保存超过50 000 000条记录。
- 是目前市场上现有产品中运行速度最快的数据库系统。
- 用户权限设置简单、有效。

2. 为字段选择合适的数据类型与长度

在MySQL数据库设计中，为字段选择合适的数据类型和长度是至关重要的。这包括根据数据的性质选择恰当的类型，如整数使用INT、字符串使用VARCHAR、日期使用DATE等，以确保数据的准确性和存储效率。同时，为字段设置合适的长度，如使用VARCHAR(255)来限定字符串的最大字符数，有助于优化存储空间和查询性能。

9.3 开发动态网页

动态网页是指与后台数据库相关联的网页，其页面内容可以根据数据库中的实时数据动态生成和更新，因此页面更新极为便捷。在动态网站中，动态网页可以通过程序连接到数据库，并根据预设的逻辑对数据库执行查询、插入、更新或删除等操作，以实现网页内容的动态展示和交互。

9.3.1 使用PHP连接数据库

PHP在Web开发领域展现了极为强大的功能，能够胜任服务器端的各类任务。其优势在于语法结构简洁明了、卓越的跨平台兼容性、高效的执行速度，以及对数据库支持的全面性。

使用 PHP 连接数据库

当使用PHP编写程序操作数据库时，一个先决条件是程序必须首先成功建立与数据库的连接，这是进行数据编辑等操作的必要前提。

实例5　连接学校网站数据库

数据库安装成功后，若要实现对数据库的操作，首先需要连接数据库。通过编写简单的程序代码，PHP语言就可以轻松地实现快速连接到学校网站数据库。

实例介绍

编写PHP程序连接MySQL数据库，将程序保存为conn.php，在地址栏中输入http://localhost/conn.php，测试数据库连接情况，如图9-27所示。

图9-27　PHP连接数据库

实例制作

01 定义本地站点　运行Dreamweaver软件，选择"站点"→"新建站点"命令，新建本地站点，输入站点名称为"我们的梦想"，设置本地站点文件夹为D:\dreaming。

02 设置"服务器"基本信息　在打开的"站点设置对象"对话框中，按图9-28所示操作，设置服务器名称、连接方法、服务器文件夹和网址。

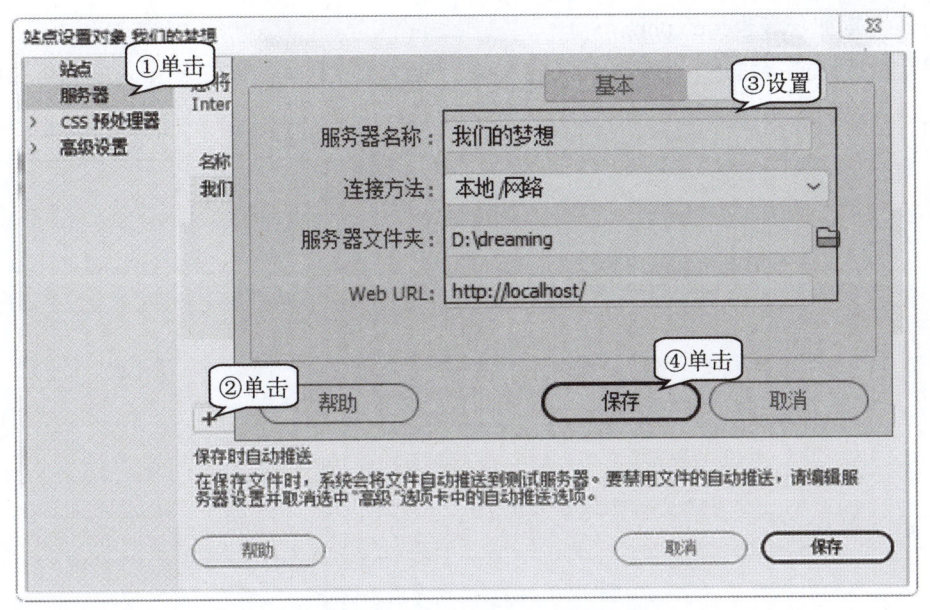

图 9-28　设置"服务器"基本信息

> **❖ 提示：**
> "本地/网络"选项，可以实现在本地虚拟服务器中建立远程连接。也就是说，设置远程服务器类型为在本地计算机上运行的网页服务器。

03 设置"服务器"高级信息　在"站点设置对象"对话框中，按图9-29所示操作，设置"远程服务器"和"测试服务器"，完成"我们的梦想"动态网站建立。

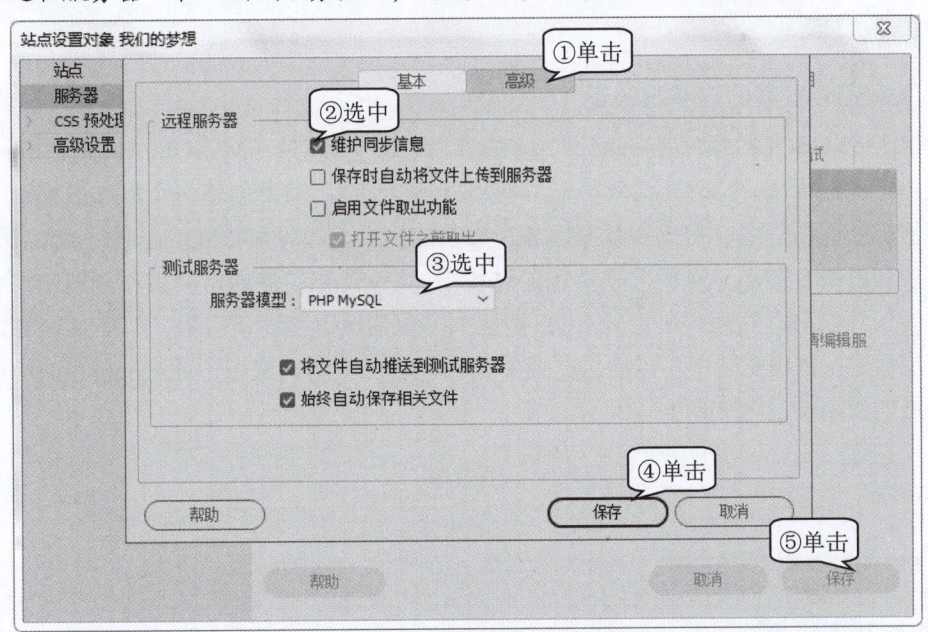

图 9-29　设置"服务器"高级信息

04 新建动态网页　在"文件"面板中，选择"站点"→"我们的梦想"命令，新建文

243

件，将其重命名为conn.php。

05 **编写数据库连接程序**　打开conn.php文件，切换至"代码"视图，输入如图9-30所示的代码，编写数据库连接程序。

```php
1   <?php
2   // 数据库信息
3   $servername = "localhost";
4   $username = "root";
5   $password = "123456";
6   $dbname = "dreaming";
7   
8   // 创建连接
9   $conn = new mysqli($servername, $username, $password, $dbname);
10  
11  // 检查连接是否成功
12  if ($conn->connect_error) {
13      die("连接失败: " . $conn->connect_error);
14  }else{
15      echo "数据库连接成功! ";
16  }
```

图 9-30　编写数据库连接程序

> **提示：**
> PHP 代码注释的方法：//或#用于单行注释；/*注释部分*/用于多行注释。代码注释能够方便我们对程序进行理解。

06 **预览网页**　按F12键或在地址栏输入http://localhost/conn.php预览网页，可以看到数据库连接的结果。

知识库

1. MySQLi扩展的安装与验证

PHP连接MySQL数据库是Web开发中的基础技能。可以使用MySQLi(MySQL Improved)扩展或PDO(PHP数据对象)扩展来实现。使用MySQLi时，需要创建一个mysqli对象，传入数据库主机名、用户名、密码和数据库名。成功连接后，即可执行SQL查询。

在安装PHP 8及MySQL相关软件包的过程中，MySQLi扩展通常会被作为PHP核心的一部分自动包含在内。然而，尽管MySQLi扩展大多数情况下会默认启用，但在某些特定的系统配置或自定义PHP安装中，可能仍需要手动确保它已被正确启用。通过phpinfo()函数可以查看扩展的使用情况，如图9-31所示。

mysqli	
Mysqli Support	enabled
Client API library version	mysqlnd 8.1.30
Active Persistent Links	0
Inactive Persistent Links	0
Active Links	0

图 9-31　通过 phpinfo() 函数查看扩展的使用情况

2. 安全执行SQL

在执行SQL查询时，必须警惕SQL注入风险，这是一种常见的网络攻击手段，攻击者通过在输入字段中插入恶意SQL代码来试图操纵后端数据库。为了有效防范SQL注入，强烈推荐使用预处理语句(prepared statements)配合参数化查询(parameterized queries)。

预处理语句允许开发者先定义SQL语句的结构，随后在执行时安全地传递参数。这种方式确保了参数不会被解释为SQL代码的一部分，从而有效阻止了SQL注入攻击。无论是使用PHP的MySQLi扩展还是PDO扩展，都提供了对预处理语句的支持。防止SQL注入的例子如图9-32所示。

```php
<?php
// 创建连接
$conn = new mysqli($servername, $username, $password, $dbname);//需替换成实际值
// 准备预处理语句
$stmt = $conn->prepare("INSERT INTO dream(`name`, `zuhao`,`dream`) VALUES (?, ?,?)");
$stmt->bind_param("sss", $name, $zuhao,$dream);
// 设置参数并执行
$name = "李磊";
$zuhao = "1";
$dream = "成为一名军人！";
$stmt->execute();
echo "新记录插入成功";
// 关闭连接
$stmt->close();
$conn->close();
?>
```

图 9-32　防止 SQL 注入示例

9.3.2　实现增删改查功能

PHP连接数据库后，即可设计表单页面并编写处理程序。用户访问表单路径、填写并提交信息，数据即被安全保存到预设数据库中，从而实现数据的快速录入。

实现增删改查功能—添加信息

实例6　添加学生梦想信息

实例介绍

在网页中设计一个便捷的功能——"添加梦想"(见图9-33)，动态地收集学生的梦想信息。通过这一功能，学生只需在表单中填入自己的学号、组号、姓名，以及具体的梦想内容，系统便能记录下他们的梦想及期望的实现方式，从而实现对每位学生梦想信息的有效管理。

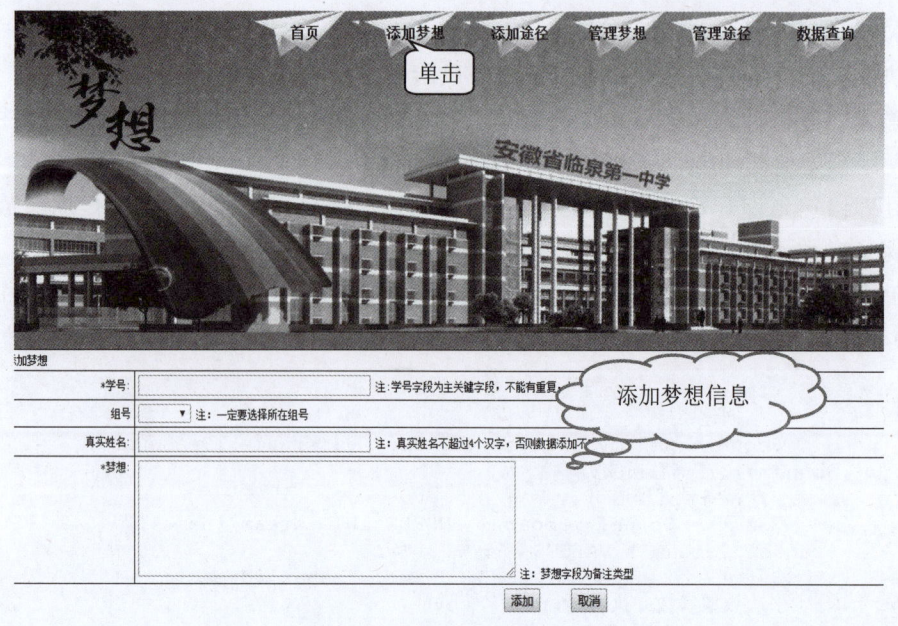

图 9-33 "添加梦想"功能

实例制作

01 新建文档 运行Dreamweaver软件，按图9-34所示操作，新建文档addDreaming.php。

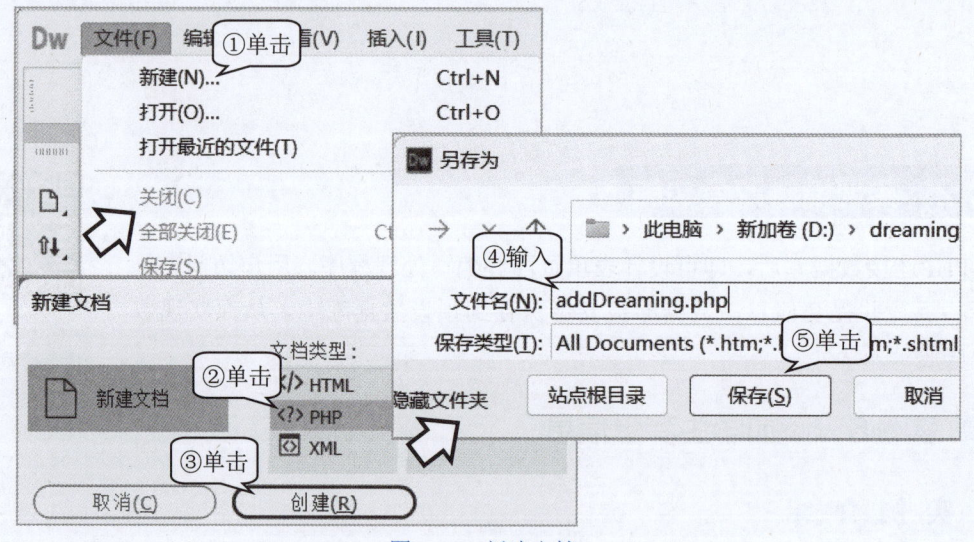

图 9-34 新建文档

02 插入表单 在"设计"视图下，单击右侧■按钮，插入表单form，按图9-35所示操作，完成表单的"提交给自己"属性设置。

03 插入学号文本框 将光标置于表单中，按图9-36所示操作，添加一个学号文本框，并将Text Field文本改为学号，将Name属性改为numbers。

04 插入组号单选框 将光标置于文本框后，按Enter键换行，按图9-37所示操作，添加单选框，并将Number文本改为组号，将Name属性改为zuhao。

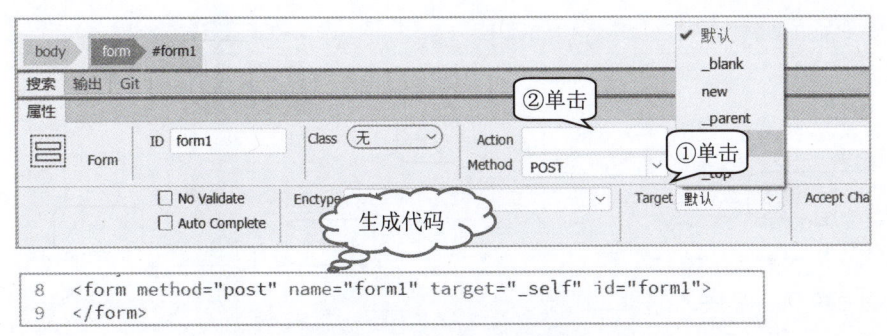

图 9-35　插入表单并设置属性

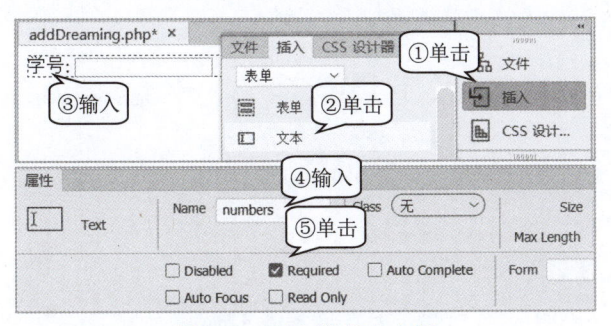

图 9-36　插入学号文本框

图 9-37　插入组号单选框

05 插入姓名文本框　选择"插入"→"表单"→"文本"命令，按图9-38所示操作，插入姓名文本框，并设置Name属性。

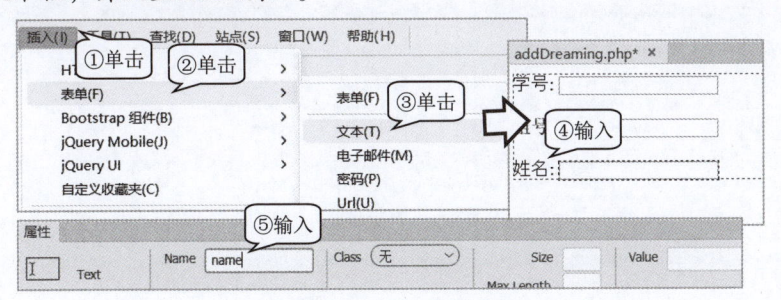

图 9-38　插入姓名文本框

06 插入梦想内容文本区域　按图9-39所示操作，添加文本区域，设置Name属性为content，行数为3行。

07 插入"提交"和"重置"按钮　移动光标至下一行单元格中，选择"插入"→"表单"→"按钮"命令，插入"提交"和"重置"按钮。相关代码如图9-40所示。

247

图 9-39　插入梦想内容文本区域

图 9-40　插入"提交"和"重置"按钮

08 **编写数据处理程序**　表单数据通过POST方法，将数据提交给网页自己的程序模块进行处理。如图9-41所示，将程序内容录入网页代码页面最下方。

```php
<?php
//1 如果是表单提交，就连接数据库执行插入
//2 否则就什么也不做，直接显示表单页面
if ($_SERVER["REQUEST_METHOD"] == "POST") {
    //条件满足 按如下四步进行：
    //1.获取表单传过来的POST数据 2.连接数据库 3.执行插入命令 4.关闭数据库
    //步骤一  获取POST数据
    $numbers = $_POST["numbers"];$zuhao = $_POST["zuhao"];
    $name = $_POST["name"];      $content = $_POST["content"];
    //步骤二 连接数据库
    $servername = "localhost";   $username = "root";
    $password = "123456";        $dbname = "dreaming";
    // 创建连接
    $conn = new mysqli($servername, $username, $password, $dbname);
    $conn->set_charset("utf8mb4");//设置中文编码，防止乱码
    // 检查连接是否成功
    if ($conn->connect_error) {die("连接失败: " . $conn->connect_error);}
    //步骤三 执行插入命令
    $sql="INSERT INTO `xuesheng` (`numbers`, `zuhao`, `name`, `content`)
    VALUES('".$numbers."','".$zuhao."','".$name."','".$content."')";
    // 执行插入操作
    if ($conn->query($sql) === TRUE) {
        echo "新记录插入成功";
    } else {
        echo "Error: " . $sql . "<br>" . $conn->error;
    }
    //步骤四 关闭连接
    $conn->close();
}
?>
```

图 9-41　编写数据处理程序

09 提交测试验证 在地址栏输入http://localhost/addDreaming.php，填写表单数据后，提交表单，分别从网页反馈和数据库记录核查数据是否添加成功，查看结果如图9-42所示。

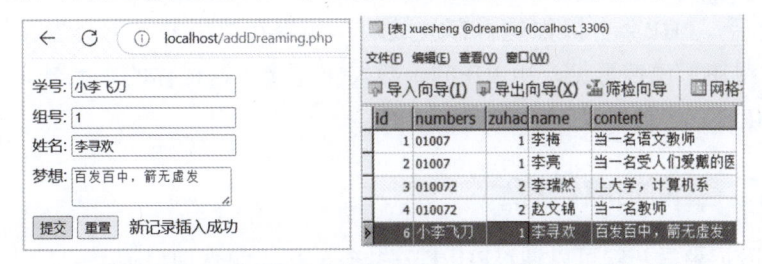

图9-42 通过网页反馈和数据库记录核查数据是否添加成功

知识库

1. 传递数据的两种方法

表单传递数据有POST和GET两种方法，下面介绍这两种方法的使用技巧。从属性中可以选择POST方法和GET方法，如图9-43所示。

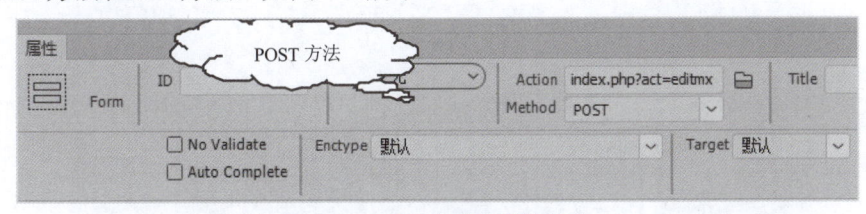

图9-43 表单传递数据的方法

- **POST方法**：POST是比较常见的表单提交方法，通过POST方法提交的变量不受特定变量大小的限制，并且被传递的变量不会在浏览器地址栏中以URL的方式显示。

- **GET方法**：通过GET方法提交的变量有大小限制，不能超过100个字符。它的变量名和与之相对应的变量值都会以URL的方式显示在浏览器地址栏中。GET方法通过?后面的数组元素的键名来获得元素值，如图9-44所示。

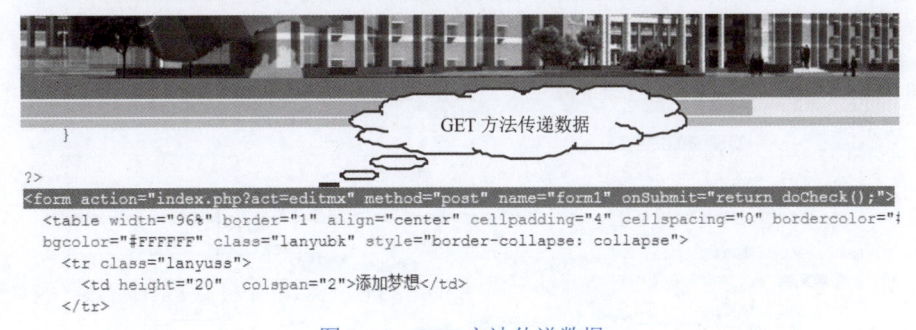

图9-44 GET方法传递数据

2. 使用PHP将数据写入数据库的流程

使用PHP把数据存入数据库其实不难，就像往箱子里放东西一样。首先，你得找到"箱子"，也就是数据库，用PHP中的函数跟它打个招呼，说："嘿，我要开始存东西了。"然后，想好你要存什么，在小纸条上写好你要存的数据和它们应该放在哪个位置(这叫作SQL语句)。接着，你把这张小纸条交给PHP，让它帮你把小纸条上的内容放到箱子里。放好了之后，PHP会告诉你是否存放成功，如果存放失败，它会告诉你哪里出了问题。最后，你跟箱子说声再见，用PHP的函数关闭连接，这样你的东西就安全地存好了，也就是通过PHP语言将数据写入了数据库。

实例7　查询站点信息

添加数据库记录后，就可以通过PHP程序执行SQL语句查询记录。

实例介绍

"我们的梦想"网站可以通过查询功能快速检索信息，用户只需要输入查询内容，即可查询学生的梦想及实现方式的记录，制作效果如图9-45所示。接下来，我们将着手开发网页查询功能，以进一步提升用户体验。

实现增删改查功能—查询信息

图 9-45　查询功能页面

实例制作

01 新建文档　运行Dreamweaver软件，按图9-46所示操作，新建文档find.php。

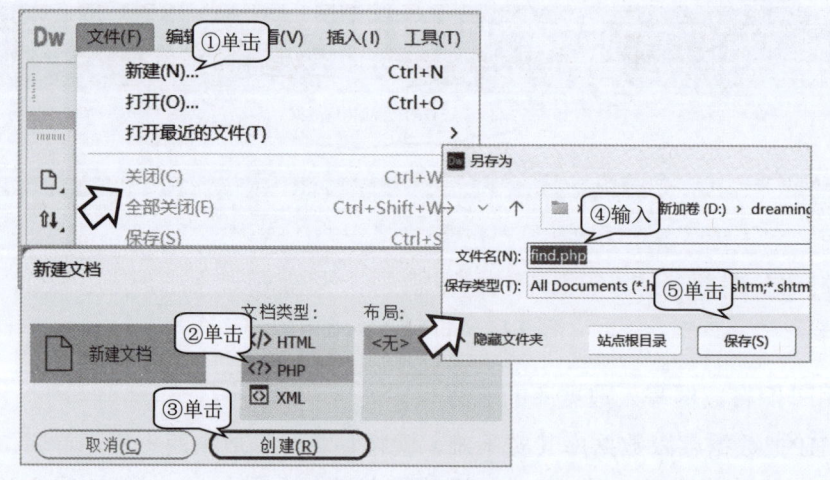

图 9-46　新建文档

250

02 插入表单 在"设计"视图下,单击右侧的■按钮,插入表单form,按图9-47所示操作,完成表单的"提交给自己"属性设置。

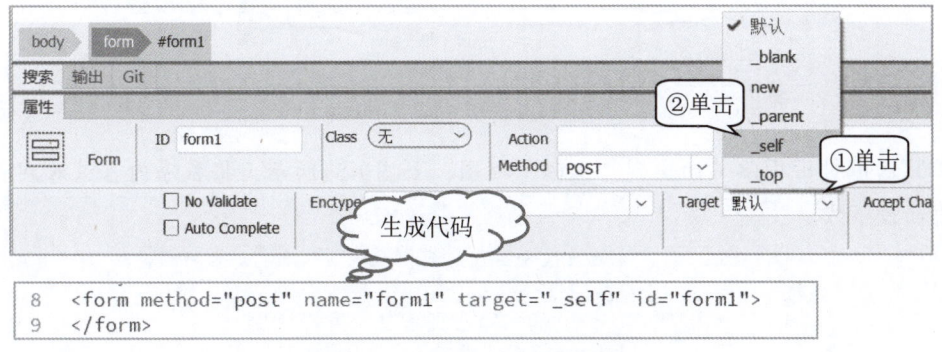

图 9-47 插入表单并设置属性

> ❖ **提示:**
>
> 如果使用POST方法传递数据,则PHP应使用全局变量数组$\_POST[]来读取所传递的数据;如果使用GET方法传递数据,则PHP应使用全局变量数据$_GET[]来读取数据。

03 插入表格 按图9-48所示操作,插入表格,从而辅助设计表单查询页面的布局。

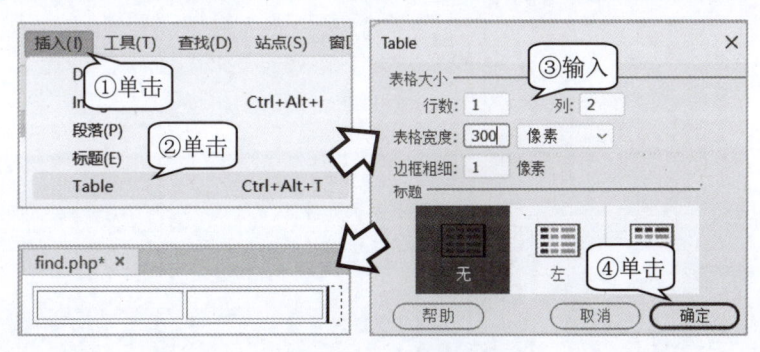

图 9-48 插入表格

04 插入查询条件文本框 将光标置于表格左侧单元格内,按图9-49所示操作,添加文本框,并设置Name属性为cxxm。

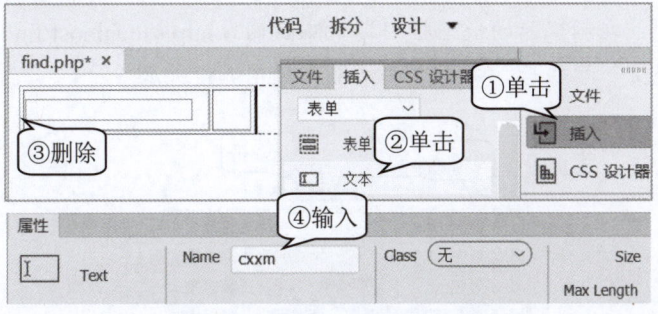

图 9-49 插入查询条件文本框

05 插入"提交"按钮 将光标置于表格右侧单元格内,按图9-50所示操作,添加"提交"按钮。

251

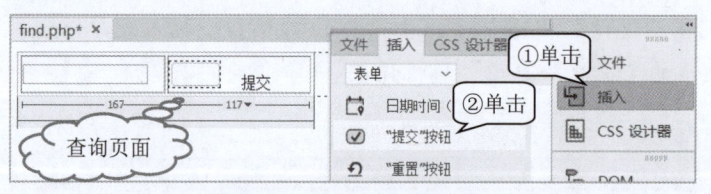

图 9-50 插入"提交"按钮

06 编写数据处理程序 切换到"代码"视图，如图9-51所示，将程序内容录入网页代码页面最下方。

```php
<?php
//设计思路: 1.获取post数据 2.连接数据库 3.执行查询 4.显示查询结果 5.关闭连接
if ($_SERVER["REQUEST_METHOD"] == "POST") {//当提交表单时
    //步骤一: 获取表单提交的查询内容
    $query = $_POST['cxnm'];
    //步骤二: 连接数据库 (请根据实际情况修改数据库连接信息)
    $servername = "localhost";$username = "root";
    $password = "123456";$dbname = "dreaming";
    $conn = new mysqli($servername, $username, $password, $dbname);
    $conn->set_charset("utf8mb4");//设置中文编码,防止乱码
    if ($conn->connect_error) die("连接失败: " . $conn->connect_error);
    //步骤三: 执行查询操作 (请根据实际情况修改表名和查询条件)
    $sql = "SELECT * FROM `xuesheng` WHERE `name` LIKE '%$query%'";
    $result = $conn->query($sql);
    //步骤四: 用表格显示结果
    if ($result->num_rows > 0) {//如果大于0条数据,输出查询结果
        echo "<table border='1px'>";
        while($row = $result->fetch_assoc()) {//遍历查询结果
            echo "<tr>";//输出行
                echo "<td>id: " . $row["id"]. "</td>".//输出单元格
                    "<td>姓名: " . $row["name"]."</td>".//输出单元格
                    "<td>梦想: ".$row["content"]."</td>";//输出单元格
            echo "</tr>";
        }
        echo '</table>';
    } else {echo "没有找到相关结果";}
    //步骤五: 关闭数据库连接
    $conn->close();
}
?>
```

图 9-51 编写数据处理程序

❖ **提示：**

在PHP中，"."运算符是连接两个或多个字符串的关键工具，无论是将字符串字面量与变量组合，还是将多个变量拼接在一起，它都能轻松实现，使字符串的连接变得简单直观。

07 测试验证页面 在浏览器的地址栏中输入测试网址http://localhost/find.php，填写查询条件，单击"提交"按钮后，查看查询结果，如图9-52所示。

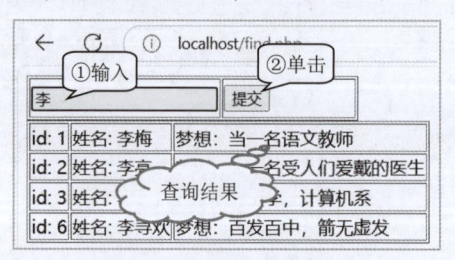

图 9-52 测试验证页面

知识库

1. SQL查询语句的用法

SQL查询语句的用法为：select字段列表或select * from数据表名称。可根据查询需求在后面加相应的字句，如判断条件加[where子句]、排序加[order by子句]、限制数量加[limit 子句]。例如，select * from tujing where numbers=' ".$lists." ' order by id desc limit 2 用于查询tujing表中所有学号等于变量$lists的记录，按照id字段值的降序排列，并且只显示两条记录。

2. PHP数据查询过程

查询过程需要先连接数据库，再执行准备好的SQL查询语句，进而执行该查询。在处理结果集时，应遍历结果并提取所需数据。为确保系统性能和安全性，必须重视SQL注入防护(如采用预处理语句)，并妥善处理查询中可能出现的错误。最后，务必关闭数据库连接，让资源(包括结果集和连接)在使用完毕后得到适当释放。

实例8 修改学生梦想信息

在管理数据的过程中，如果信息错误或需要更新，则可以通过update命令修改数据库信息。

实现增删改查功能—修改信息

实例介绍

为了进一步完善"我们的梦想"网站，接下来将开发"管理梦想"页面。用户可以在此页面查看所有梦想记录，并通过单击特定梦想进入信息修改表单。该表单允许用户编辑记录信息，如图9-53所示。提交表单后，系统将更新数据库中的记录，确保信息的准确性和时效性，从而进一步提升用户体验。

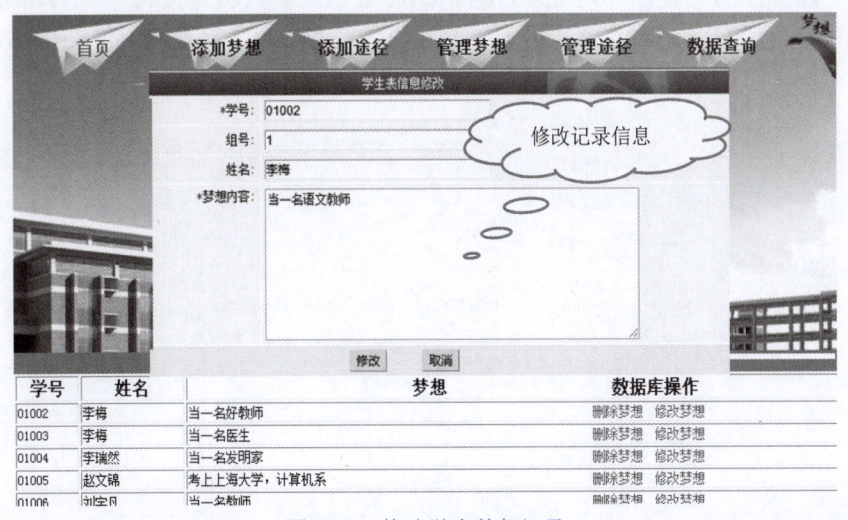

图9-53 修改学生梦想记录

制作过程：创建列表页面，编写响应"修改梦想"超级链接表单程序模块，填写表单，将信息重新写入数据库中。

实例制作

01 创建列表页面　运行Dreamweaver软件，新建main.php，在"代码"视图的最下方编写如图9-54所示的脚本，在xuesheng表中显示记录列表。

```php
<?php
//设计思路：1.连接数据库 2.执行获取所有数据的查询 3.显示查询结果 4.关闭连接
//步骤一：连接数据库（请根据实际情况修改数据库连接信息）
$servername = "localhost";...
//步骤二：执行查询操作（查询出学生表所有记录）
$sql = "SELECT * FROM `xuesheng`";
$result = $conn->query($sql);
//步骤三：用表格显示结果
if ($result->num_rows > 0) {//如果大于0条数据，输出查询结果
    echo "<table border='1px'>";
    echo "<tr><td>id</td><td>姓名</td><td>梦想</td><td>操作</td>";
    while($row = $result->fetch_assoc()) {//遍历查询结果
        echo "<tr>";//输出行
        echo "<td>" . $row["id"] . "</td>".//输出单元格
             "<td>" . $row["name"]."</td>".//输出单元格
             "<td>".$row["content"]."</td>".//输出单元格
             //链接到修改页面xiugai.php，并传参数id
             "<td><a href=xiugai.php?id=".$row["id"].">修改</a></td>";
        echo "</tr>";
    }
    echo '</table>';
} else {echo "没有找到相关结果";}
//步骤四：关闭数据库连接
$conn->close();
?>
```

（含有参数的超链接）

图9-54　创建列表页面

02 设计"修改梦想"页面　"修改梦想"页面在"添加梦想"页面的基础上增加了原始信息。复制addDreaming.php页面，并将其重命名为xiugai.php。

❖ **提示：**

　　修改内容页面常基于添加内容页面，因此应先获取已有内容再编辑更新。添加页面用于创建新内容，为修改页面提供了基础数据，两者存在依赖关系。这种设计确保了内容管理的连贯性和效率。

03 编写"修改梦想"程序　通过$_GET['id']的值，获取数据库中待修改的指定数据。将xiugai.php页面切换至"代码"视图，按图9-55所示内容，从第一行开始添加程序。

```php
<?php
// 根据id显示页面内容信息，四步完成
//1.获取网址传过来的id数值 2.连接数据库 3.执行根据id查找命令 4.关闭数据库
//步骤一 获取GET参数id的值
$id = $_GET['id'];
//步骤二 连接数据库
$servername = "localhost";     $username = "root";
$password = "123456";          $dbname = "dreaming";
// 创建连接
$conn = new mysqli($servername, $username, $password, $dbname);
$conn->set_charset("utf8mb4");//设置中文编码，防止乱码
// 检查连接是否成功
if ($conn->connect_error) {die("连接失败： " . $conn->connect_error);
//步骤三 执行查询命令，从所有数据中找到与id相等的那一条
$sql = "SELECT * FROM xuesheng WHERE id = '" . $id . "'";//sql语句
$result = $conn->query($sql);// 执行查询
$data = $result->fetch_assoc();//从结果集取出一条数据
//步骤四 关闭连接
$conn->close();
?>
<!doctype html>
```

图9-55　编写程序

04 修改表单数据　将光标移至表单代码区域，编写如图9-56所示的代码，完成数据初始化。

```
<form method="post" name="form1" target="_self" id="form1">
    <p>
        <label for="numbers">学号:</label>
        <input name="numbers" type="number" required id="numbers" value="<?=$data['numbers'];?>">
    </p>
    <p>
        <label for="zuhao">组号:</label>
        <input type="number" name="zuhao" id="zuhao" value="<?=$data['zuhao'];?>">
    </p>
    <p>
        <label for="name">姓名:</label>
        <input type="text" name="name" id="name" value="<?=$data['name'];?>">
    </p>
    <p>
        <label for="content">梦想:</label>
        <textarea name="content" rows="3" id="content"><?=$data['content'];?></textarea>
    </p>
```

（表单数据初始化值）

图 9-56　完成表单数据初始化

05 修改提交处理程序　将光标移至页面底部，修改POST提交方法中的代码片段(见图9-57)，执行update语句完成数据修改操作。

```
63    // 创建连接
64    $conn = new mysqli($servername, $username, $password, $dbname);
65    $conn->set_charset("utf8mb4");//设置中文编码
66    // 检查连接是否成功
67    if ($conn->connect_error) {die("连接失败: " . $conn->connect_error);}
68    //步骤三 执行更新命令
69    $sql = "UPDATE xuesheng SET numbers='".$numbers."',zuhao='" .$zuhao."',
70            name='".$name."', content='".$content."' WHERE id='".$id."'";
71    // 执行更新语句操作
72    if ($conn->query($sql) === TRUE) {
73        echo "修改记录成功! ";
74        // 延迟一段时间后跳转到指定页面
75        header("refresh:3;url=main.php");// 使用 header() 函数进行重定向
76    } else {
77        echo "Error: " . $sql . "<br>" . $conn->error;
78    }
79    //步骤四 关闭连接
80    $conn->close();
```

（有变化的代码片段）

图 9-57　修改代码片段

06 提交测试验证　在地址栏输入http://localhost/main.php，按图9-58所示操作，进行测试验证。

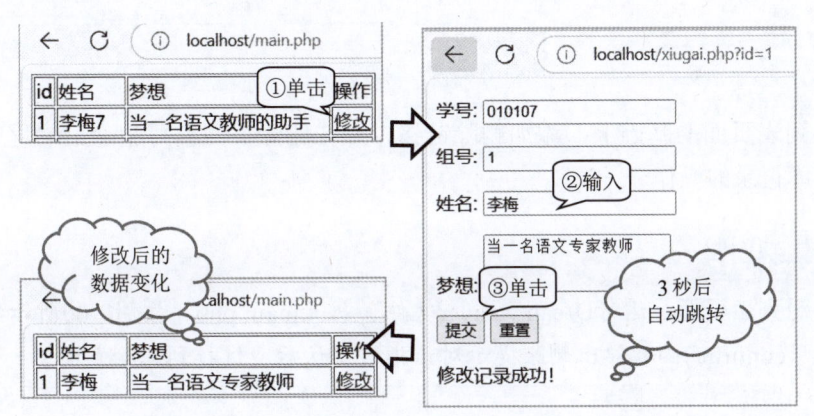

图 9-58　提交测试验证

知识库

1. SQL查询语句update的用法

update用于修改表中的记录，其语法格式为：UPDATE 表名称 SET 列名称 = 新值 WHERE 列名称 =某值；。例如，UPDATE xuesheng SET numbers=' ".$numbers." ', zuhao= ' ".$zuhao." ',name=' ".$name." ',dream=' ".$dream." ' WHERE numbers=' ".$numbers." ';。

255

2. 函数header()

在PHP编程中，函数header()是设置HTTP响应头的核心工具，为开发者提供了丰富的功能。通过header()，可以实现用户重定向，只需一行代码，就能轻松引导用户前往指定网页。这种能力在表单提交、登录跳转等场景中尤为实用，为用户提供了流畅的操作体验。

实例9　删除梦想信息

网站管理员经常需要对数据库中的表记录进行删除操作，删除操作使用delete语句实现，但通常只能删除整条记录，不能删除部分字段中的内容。

实现增删改查功能—删除信息

实例介绍

打开"我们的梦想"页面，在需要删除的记录后面单击"删除梦想"链接，即可删除记录，如图9-59所示。

图9-59　删除记录

在梦想列表页面的基础上，添加删除链接，并在删除页面编写删除记录程序，即可完成删除数据库记录的操作。

实例制作

01　修改梦想列表页面　运行Dreamweaver软件，打开main.php，按图9-60所示修改页面代码，调用confirm()函数弹出删除提示对话框，确认后，链接到删除页面。

```
//步骤三：用表格显示结果
if ($result->num_rows > 0)...
    while($row = $result->fetch_assoc()) {//遍历查询结果
        echo "<tr>";//输出行
        echo "<td>" . $row["id"]. "</td>".//输出单元格
             "<td>" . $row["name"]."</td>".//输出单元格
             "<td>".$row["content"]."</td>".//输出单元格
             //链接到修改页面xiugai.php,并传参数id  增加代码 添加删除链接
             "<td><a href=xiugai.php?id=".$row["id"].">修改</a> ".
             "<a href='delete.php?id=".$row["id"].
             "' onclick='return confirm(\"确定要删除吗？\")'>删除</a></td>";
        echo "</tr>";
    }
```

修改后的代码变化

图9-60　修改页面代码

02 创建删除页面　选择"文件"→"新建"命令,创建一个名为delete.php的文件,用于处理删除操作。

03 编写删除页面代码　切换至"代码"视图,编写delete.php页面代码,用于处理删除操作,如图9-61所示。

```
delete.php* ×
1  <?php
2  //设计思路: 1.获取id数据                    行删除命令 4.关闭连接
3  $id = $_GET['id'];//                          内容ID       编写删除
4  //步骤二: 连接数据库(请根                    数据库连接...    SQL 代码
10 //步骤三: 执行删除操作
11 $sql = "DELETE FROM xuesheng WHERE id = $id";
12  if ($conn->query($sql) === TRUE) {
13      echo "记录删除成功";
14      // 延迟一段时间后跳转到指定页面 使用header()重定向
15      header("refresh:3;url=main.php");
16  } else {
17      echo "删除记录时出错: " . $conn->error;
18  }
19  $conn->close();//步骤四: 关闭连接
20  ?>
```

图 9-61　编写删除页面代码

04 测试验证页面　在浏览器的地址栏中输入测试网址,测试删除功能。

知识库

1. delete语句的用法

delete语句用于删除表中的行,其语法格式为:DELETE FROM 表名称 WHERE 列名称 = 值。例如,实例中的删除语句:DELETE FROM xuesheng WHERE numbers='".$_GET[' id']. "',执行该语句后,将会从xuesheng数据表中删除id字段值等于GET['id']所获取数值的记录。若要删除所有行,则SQL语句为:DELETE FROM 'xuesheng' WHERE 1。

2. 数据备份防风险

删除重要的数据库记录前,进行数据库备份是不可或缺的步骤。备份能全面且准确地保存数据库中的数据、表结构、索引,以及存储过程等重要信息,为应对误删、系统故障或恶意攻击等潜在风险提供了坚实保障。这一举措不仅确保了数据的完整性和安全性,还维护了业务的连续性和稳定性。

9.4　制作职业学院网站

动态网站主要用于发布信息,信息保存在数据库中,管理员可以通过后台管理页面发布和维护信息。动态页面通过程序调用数据库信息,生成首页及各个频道和栏目页面的内容。

9.4.1 分析网站需求

1. 网站需求分析

需求分析是开发网站的必要环节。本节将制作职业学院网站，网站的需求分析如下。

(1) 该网站主要是为了展示校园风采，发布一些通知公告和校园新闻，因此采用三级框架模式：首页—栏目列表页—内容页。

(2) 网站的访客可以浏览网站的主题内容，但不能修改和添加内容。

(3) 系统管理员可以登录网站后台，设置频道和栏目，并发布信息。

2. 网站技术要求

使用PHP和MySQL开发设计校园网站，在Windows操作系统下，可通过IIS建立职业学院网站站点，在校园网内可以通过IP地址访问站点，也可以在网站设计完成后，将其上传到虚拟主机空间，供访问者浏览。

实例10 建立职业学院网站站点

实例介绍

动态网站需要服务器的支持，建立本地站点后，在地址栏中输入网址，才能测试动态网页的执行效果。新建的职业学院网站IIS的站点如图9-62所示。

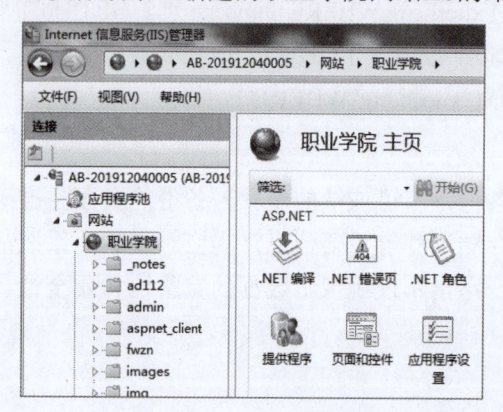

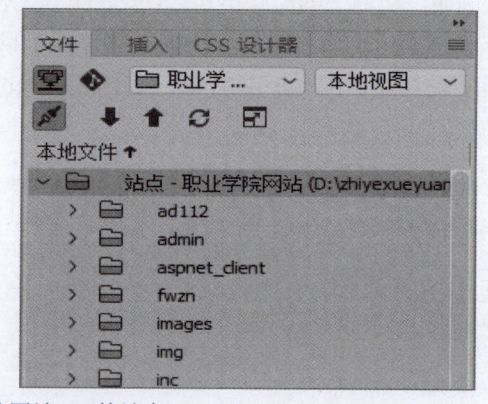

图 9-62 职业学院网站 IIS 的站点

首先在IIS创建"职业学院"站点，然后在Dreamweaver站点管理中添加职业学院网站站点。

实例制作

01 创建IIS站点 运行IIS，按图9-63所示操作，完成IIS站点的创建。

第 9 章 制作动态网站

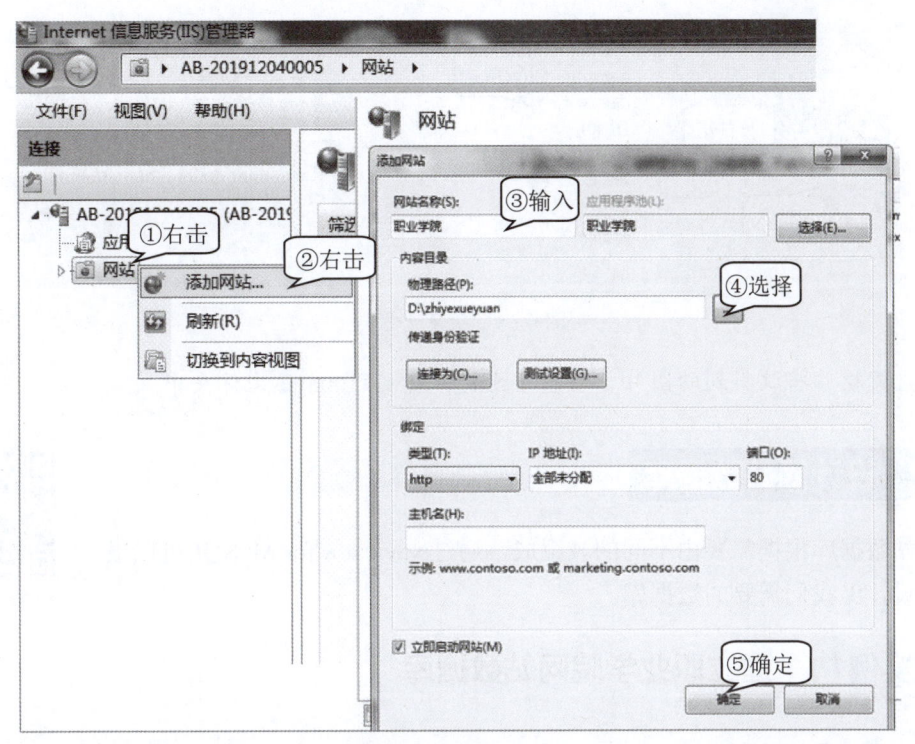

图 9-63 创建 IIS 站点

02 **建立Dreamweaver站点**　运行Dreamweave软件，选择"站点"→"新建站点"命令，按图9-64所示操作，建立站点。

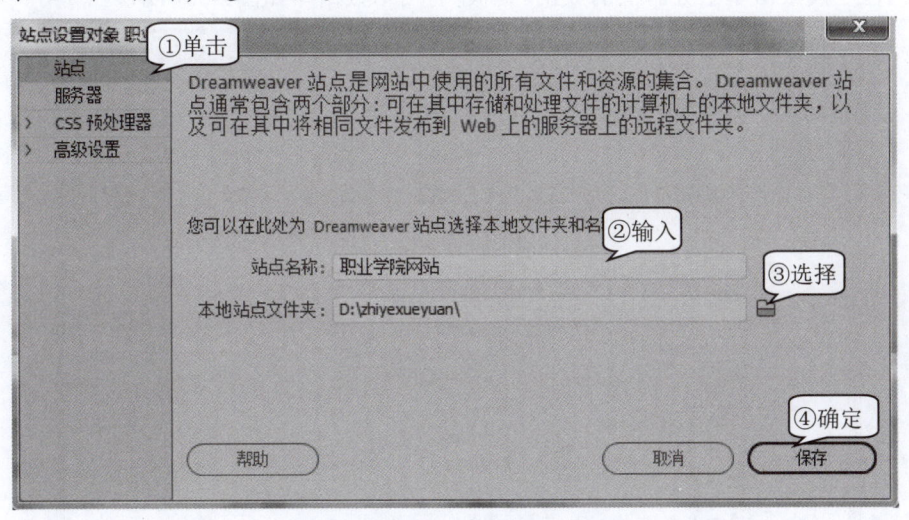

图 9-64　建立 Dreamweaver 站点

03 **新建文件夹**　按图9-65所示操作，完成文件夹的创建，用于分类管理图像、网页等。

259

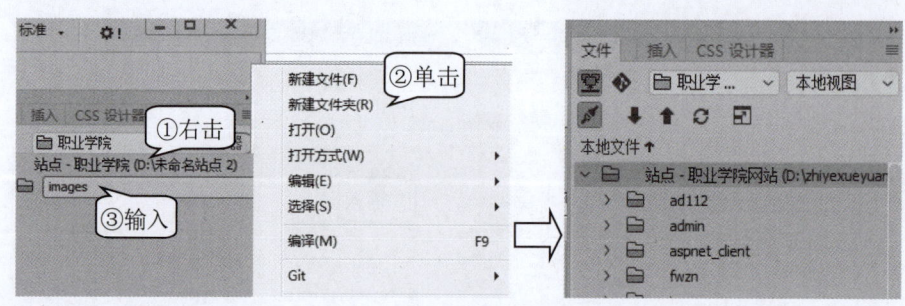

图 9-65　新建文件夹

04 添加素材　将收集到的图片、动画等素材，复制到 images 文件夹中。

9.4.2　设计网站数据库

网站数据库根据需要由不同的表组成，通过 Navicat 8 for MySQL 可以很方便地设计出我们需要的数据库。

设计网站数据库

实例11　建立职业学院网站数据库

实例介绍

使用 Navicat 8 for MySQL 管理 MySQL 数据库，方便直观，不仅可以连接本地数据库，还可以远程连接数据库服务器上的数据。新建的网站数据库如图9-66所示。

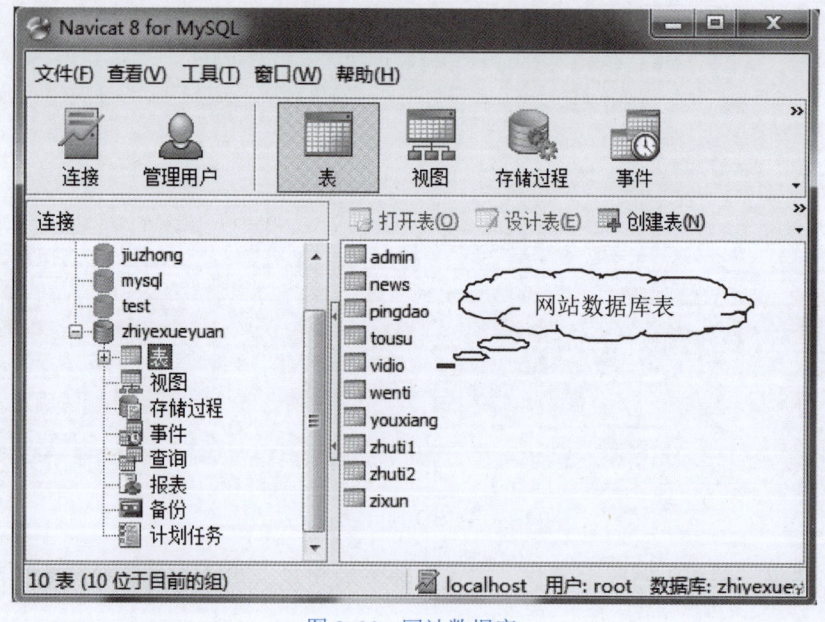

图 9-66　网站数据库

具体步骤：首先通过 Navicat 8 for MySQL 连接数据库，然后新建网站数据库，最后设计数据库表，通过视图创建表结构。

实例制作

01 连接数据库 运行Navicat 8 for MySQL软件，按图9-67所示操作，输入用户名和地址连接数据库。

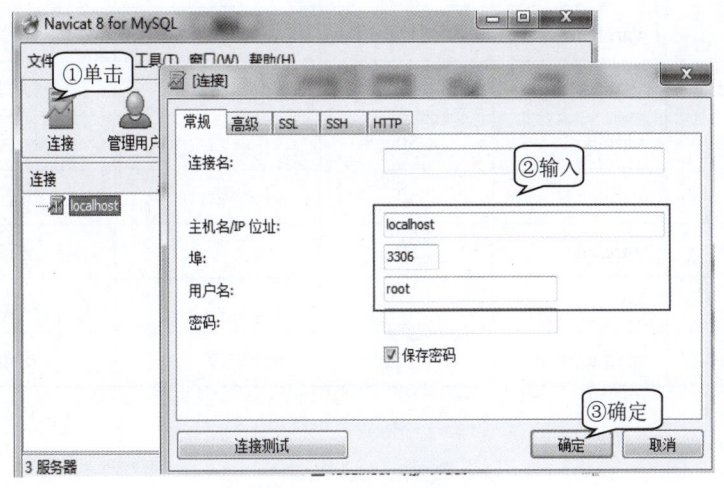

图 9-67 连接数据库

02 新建网站数据库 按图9-68所示操作，新建zhiyexueyuan数据库。

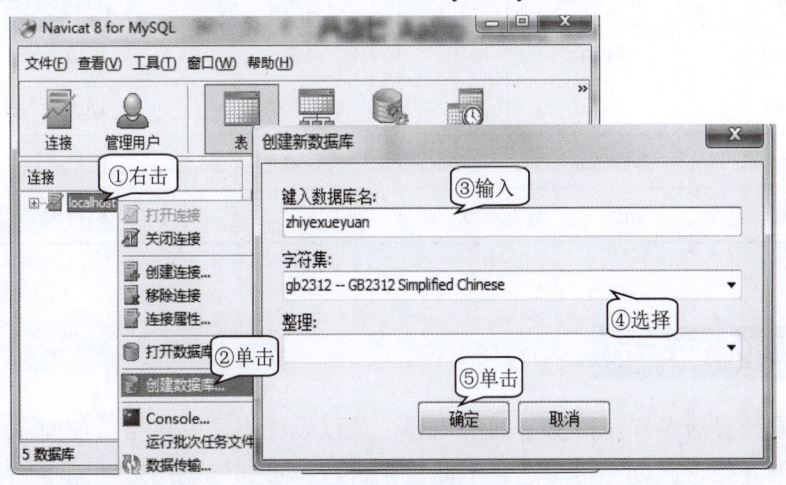

图 9-68 新建网站数据库

03 设计数据库表 创建admin(管理员用户表)、news(发布信息表)和pindao(频道栏目表)数据库表，各个表的相关信息如表9-1至表9-3所示。

表9-1 admin表

编号	字段名称	数据类型	长度	是否主关键字	字段意义
1	id	int	11	是	admin表主键
2	user	varchar	10	否	管理用户登录名
3	pass	varchar	15	否	登录密码

261

表9-2 news表

编号	字段名称	数据类型	长度	是否主关键字	字段意义
1	id	int	11	是	news表主键
2	title	varchar	150	否	文章标题
3	pname	varchar	50	否	频道名称
4	lname	varchar	50	否	栏目名称
5	author	varchar	50	否	作者名称
6	ntime	varchar	50	否	发布时间
7	hits	int	8	否	点击次数
8	content	mediumtext		否	发布内容

表9-3 pindao表

编号	字段名称	数据类型	长度	是否主关键字	字段意义
1	id	int	16	是	pindao表主键
2	pname	varchar	16	否	频道名称
3	pid	int	8	否	频道编号
4	lname	varchar	16	否	栏目名称
5	lid	int	8	否	栏目编号

9.4.3 制作网站首页

首页的设计灵活多样，根据不同的内容，可以设计不同的风格，前面章节已有详细介绍，此处不再赘述。下面重点讲解首页如何调用数据库中的数据。

制作网站首页

实例12 制作职业学院网站首页

实例介绍

建立站点后，接下来的任务就是制作网站首页。通过表格或DIV进行布局规划、新建CSS规则、美化页面内容、编辑和美化网页内容等一系列操作，制作如图9-69所示的首页。

图 9-69　网站首页

首先新建 index.php 文件，设置页面属性；然后规划页面，编写程序，调用数据库数据。

实例制作

01 新建文件　运行 Dreamweaver 软件，在"文件"面板中，双击打开 index0.php 首页文件，将其另存为 index.php。

02 编写包括代码　切换至"代码"视图，选择"插入"→"包括"命令，输入如图 9-70 所示的代码。

```php
<?php
include('inc/site.php');//包括一些站点信息的变量
include('inc/function.php');//包括一些常用函数
include('inc/db_class.php');//包括一些数据库类的定义
?>
```

图 9-70　编写包括代码

03 编写公告调用代码　选中公告栏，切换至"代码"视图，输入如图 9-71 所示的代码，使公告栏调用数据库信息，生成公告列表。

```php
<?php
$result=$db->query("select * from news where lname='通知公告' order by id desc limit 0,5");
//使用db类的$db->query()方法函数查询数据
while($row=$db->getarray($result)){
//当返回结果数组不为空时，输出下面代码                                       ?>
<table width="100%" border="0" cellspacing="0" cellpadding="0" height="30">
<tr><td width="96%" class=css>
·<A href="views.php?id=<?=$row[id]?>&pname=<?=$row[pname]?>" title="<?=$row[title]?>"
    target=_blank><?=CutString($row[title],15)?></a></td></tr></tr>
</table>
<?php
}
?>
```

图 9-71　编写公告调用代码

263

❖ **提示：**

使用select语句可以生成栏目框中的列表，如select * from news where lname='通知公告' order by id desc limit 0,5，用于查询栏目名称等于通知公告的所有记录信息，按照表id字段降序排列，并显示5条记录。其他栏目框中的代码类似，只要更改栏目名称即可。

04 编写轮显图片代码 轮显动画应用了js特效，输入如图9-72所示的代码，在特效代码中编写PHP代码调用数据库中的数据，完成js特效的数据库信息调用。

```php
<?php
$result=$db->query("select title,photo,id from news where istop=1 order by id desc limit 0,5");
while($row=$db->getarray($result)){
?>
    ati('views.php?id=<? echo $row["id"]; ?>','<? echo $row["photo"]; ?>','<? echo $row["title"]; ?>');
<?
}
?>
```

图 9-72　轮显图片数据调用代码

05 编写学校新闻栏目代码 选中学校新闻栏目，输入如图9-73所示的代码，编写PHP代码调用数据库中的数据，完成数据库信息调用。

```php
<?php
$result=$db->query("select * from news where lname='学校新闻' order by id desc limit 0,10");
while($row=$db->getarray($result)){
?>
    <table width="100%" height="26" border="0" cellpadding="0" cellspacing="0" background="img/line_txt_24.gif">
    <tr>
    <td width="90%" height="20" align="left" class=css><a href="views.php?id=<?=$row[id]?>&pname=<?=$row[pname]?>" title="<?=$row[title]?>" target=_blank><img src="img/ico.jpg" width="7" height="7">
    <?=CutString($row[title],40)?>
    </a></td> <td width="28%" class=css><?=$row[ntime]?></td> </tr>
    <tr> <td background=images2/nes_line.jpg colspan=3
    height=6></td></tr> </table><?php } ?>
```

图 9-73　学校新闻栏目代码

06 编写校园掠影栏目代码 选中校园掠影栏目，输入如图9-74所示的代码，编写PHP代码调用数据库中的数据，完成数据库信息调用。

```html
<DIV id=demo style="OVERFLOW: hidden; WIDTH: 983px; HEIGHT: 140px">
<TABLE cellPadding=0 align=left border=0 cellspace="0">
 <TBODY>
 <TR>
 <TD id=demo1 vAlign=top>
    <TABLE cellSpacing=0 cellPadding=0 width="100%" border=0>
    <TBODY>
    <TR>
<?php
$result=$db->query("select * from news where lname='校园风光' order by id desc limit 0,9");
while($row=$db->getarray($result)){?>
<TD style="PADDING-RIGHT: 5px; PADDING-LEFT: 5px; PADDING-BOTTOM: 0px; PADDING-TOP: 0px"
 align=middle width="50%">
    <A href="views.php?id=<?=$row[id]?>" target=_blank>
<IMG style="BORDER-RIGHT: #666666 1px solid; BORDER-TOP: #666666 1px solid;
BORDER-LEFT: #666666 1px solid; BORDER-BOTTOM: #666666 1px solid"
    height=126 src="<?=$row[photo]?>"
width=180></A></TD><? }?> </TR></TBODY></TABLE></TD>
<TD id=demo2 vAlign=top></TD></TR></TBODY></TABLE></DIV>
```

图 9-74　校园掠影栏目代码

07 保存文件 选择"文件"→"保存"命令，保存首页文件。

> **❖ 提示：**
> 其他栏目(如教育教学、走进学院等)的信息调用代码都是相似的，不同之处在于查询语句的查询条件中的栏目名不同。

9.4.4 制作列表页面

列表页面主要用于展示频道或栏目页面的内容，既可以显示文字列表，也可以显示图片列表。这里主要通过数据查询操作，查询对应栏目的信息列表，并将标题和时间按降序显示。

制作列表页面

实例13 建立职业学院栏目页

实例介绍

网站首页制作完成后，接下来的任务就是制作栏目页，栏目页主要以栏目列表和图片混排的方式展示，效果如图9-75所示。

图9-75 网站栏目页

打开list0.php文件，将其另存为list.php，在原来版面的基础上，制作导航栏目列表和当前栏目列表。

实例制作

01 打开文件 运行Dreamweaver软件，在"站点管理"面板中，打开list0.php列表文件，将其另存为list.php。

02 制作导航栏目列表 单击左侧导航栏目区域，编写如图9-76所示的代码，完成导航栏目列表的制作。

03 制作当前栏目列表 单击列表区域，编写如图9-77所示的代码，完成当前栏目列表的制作。

```php
<?php
$result=$db->query("select * from pingdao where pname='".$_GET[pname]."' ");
while($row=$db->getarray($result)){
?>
<table width="100%" border="0" cellspacing="0" cellpadding="0" height="32">
<tr>
  <td width="96%" height="32" align="center" background="img/11.jpg" class=css><A
href="../list.php?lname=<?=$row[lname]?>&pname=<?=$row[pname]?>"
  target=_blank>
<?=CutString($row[lname],20)?>
</a></td>
 </tr>
</table>
<?php } ?>
```

图 9-76　导航栏目列表代码

```php
<?php
$result=$db->query("select * from news
where lname='$nid'order by id desc limit $offset,$num");
while($row=$db->getarray($result)){
?>
<tr>
 <td width="531" height="37"  valign="top" class="STYLE11"
     style="padding:8px 8px 8px 8px;">
  ·<a href="views.php?id=<?=$row[id]?>&pname=<?=$row[pname]?>">
     <?php echo $row[title]; ?></a><br />            </td>
 <td width="120"  valign="top"  style="padding:8px 8px 8px 8px;">
<?php echo $row[ntime];?></td> </tr><TR>
 <TD background=../images/bg_xx.gif colSpan=2 height=1></TD></TR>
 <TR>
  <TD background=../images/bg_xx.gif colSpan=2
   height=1></TD></TR><?php }?>
```

图 9-77　当前栏目列表代码

04 实现列表分页　分页效果需要包括分页类fy.php文件，按图9-78所示操作，编写调用类的方法，从而实现分页功能，具体类代码查看素材中inc文件夹下的fy.php文件。

```php
<?php
session_start();//创建新的会话
include('inc/site.php');//包括一些站点信息的变量
include('inc/function.php');//包括一些常用函数
include('inc/db_class.php');//包括一些数据库类的定义
$nid=$_GET["lname"];//GET方法获取栏目名称
$page=isset($_GET['page'])?intval($_GET['page']):1;
//这句就是获取page=18中的page的值，假如不存在page，那么页数就是1。
$num=12;
$total=$db->getcount("select * from news where lname='$nid'");
//统计记录总数，赋值给变量$total
if($result=$db->getfirst("select * from news where
lname='$nid' and istop=1 order by id desc"))
//如果有置顶的记录，则总数减一
{
$total=$total-1;
}
//页码计算
$pagenum=ceil($total/$num);      //获得总页数,也是最后一页
$page=min($pagenum,$page);//获得首页
$prepg=$page-1;//上一页
$nextpg=($page==$pagenum ? 0 : $page+1);//下一页
$offset=($page-1)*$num;   ?>
```

```php
<?php
include 'inc/fy.php';             显示分页链接
$page=new page(array('total'=>$total,'perpage'=>$num));
echo $page->show(3);
?>
```

图 9-78　实现列表分页代码

❖ 提示：

PHP 是开源的开发工具，网上有很多的功能类，可以在版权许可范围内使用这些类，以提高我们开发网站的速度。

9.4.5 制作内容页面

动态网站的内容页面是通过超级链接打开的当前记录的页面，用于显示记录内容字段的详细内容。

制作内容页面

实例14 制作职业学院网站内容页面

实例介绍

动态网站可以只有一个内容页面，通过GET传递id值，程序根据id值执行查询操作，调取数据库中的记录信息，显示在动态内容页面上，效果如图9-79所示。

图9-79 职业学院网站内容页面

打开已经设计好的网页版面，选中需要编写代码的内容区域，编写数据库查询程序，将内容显示在内容框中。

实例制作

01 打开文件 运行Dreamweaver软件，在"站点管理"面板中，打开views0.php列表文件，将其另存为views.php。

02 编写更新阅读次数代码 将光标定位到页面开始位置，输入如图9-80所示的代码，实现更新阅读次数的功能。

```php
<?php
include('inc/site.php');//包括一些站点信息的变量
include('inc/function.php');//包括一些常用函数
include('inc/db_class.php');//包括一些数据库类和方法的定义
$nid=$_GET["id"];//通过GET方法传递超链接记录的关键字
$teachedit=$db->query("select * from news where id='$nid'");
//查询id等于链接传递id值的记录
$show=$db->getarray($teachedit);//获取查询结果的记录数组
$hits=$show[hits]+1;//将原记录中的数加1赋值给$hits变量
$db->update("update news set hits='$hits' where id='$nid'");
//修改记录的点击数值
?>
```

图 9-80　更新阅读次数代码

03 编写显示内容代码　选择内容显示区域，输入如图9-81所示的代码，实现内容显示功能。

```php
<?php
$result=$db->query("select * from news where id='".$_GET[id]."'");
//查询与GET传递id值相等的记录
while($row=$db->getarray($result))
{
?>
 <TABLE cellSpacing=0 cellPadding=3 width="100%" align=center border=0
        class="lb2" >
<TBODY>
<TR><TD class=STYLE19 align=middle><? echo $row[title]?></TD> </TR>
<TR> <TD style="COLOR: #333333" align=middle bgColor=#86d2f7
        height=22>发布时间:<? echo $row[ntime]?> [字号:<A class=link33
        onclick=zoom(16); href="javascript:;">大</A> <A class=link33
        onclick=zoom(14); href="javascript:;">中</A> <A class=link33
        onclick=zoom(12); href="javascript:;">小</A>]
     阅读次数:<? echo $row[hits]?></TD>
   </TR>
    <TR>
        <TD height=8><p><? echo $row[content]//输出content字段内容信息
           ?></p></TD></TR>
```

图 9-81　显示内容代码

04 保存网页　按F12键浏览网页后，保存网页。

9.4.6　制作管理页面

　　动态网站的管理后台必不可少，而管理后台的主要功能就是对数据库中表的记录进行修改、删除、添加等操作。

制作管理页面

实例15　制作职业学院网站管理页面

实例介绍

　　动态网站需要管理后台，方便管理员对网站数据信息进行管理和维护，如图9-82所示。

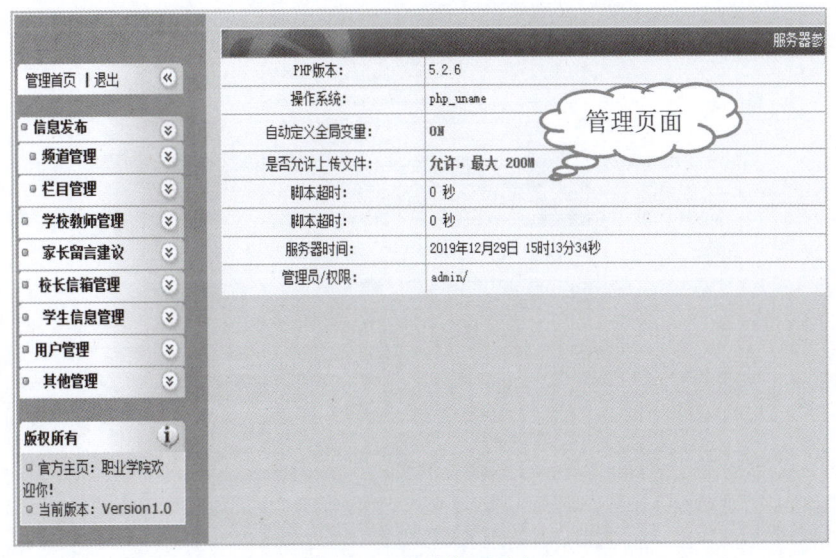

图 9-82　网站管理后台

制作过程：首先设计登录界面，只有具备管理员权限的用户才能对网站进行管理，其次设计管理网站用户和管理发布信息的功能。

实例制作

01 制作登录界面　运行Dreamweaver软件，打开文件admin/login0.php，将其另存为admin/login.php，仿照图9-83所示效果，完成登录页面设计。

图 9-83　网站管理后台登录页面

02 验证登录程序　登录form表单提交给页面执行，单击左侧的功能菜单时，具体操作在右侧框架显示，按图9-84所示编写显示代码。

```php
<?php
session_start();//检测创建会话
include('../inc/site.php');//包含站点信息变量
include('../inc/db_class.php');//包含数据库类
include('../inc/function.php');//包含一些常用的PHP自定义函数
$user1=htmlspecialchars($_POST["user"]);//将变量用POST传递来的数据赋值
$pass1=htmlspecialchars($_POST["pass"]);//将变量用POST传递来的数据赋值
$number1=htmlspecialchars($_POST["number"]);//将变量用POST传递来的数据赋值
if (empty($user1))//判断用户是否为空
   {echo ("<script type='text/javascript'>
    alert('用户名不能是空的');history.go(-1);</script>");
    exit;}
if (empty($pass1))//判断密码是否为空
   { echo ("<script type='text/javascript'>
    alert('密码不能是空的');history.go(-1);</script>");
    exit;}
if (empty($number1))//判断验证码是否为空
   { echo ("<script type='text/javascript'>
    alert('验证码不能是空的');history.go(-1);</script>");
    exit;}
if ($number1 != $_SESSION['code'])//判断验证码是否正确
   echo ("<script type='text/javascript'>
    alert('验证码输入不正确');history.go(-1);</script>");
if(!$user=$db->getfirst("select * from admin where
user='".$user1."' and pass='".$pass1."' "))
      //数据库查询是否用户名和密码正确
   { echo ("<script type='text/javascript'>
    alert('用户名或密码不正确');history.go(-1);</script>");
   }//如果不正确,则返回登录页面
else
   { $_SESSION['username']=$user[user];//用户名赋值给会话变量username
    ;$_SESSION["super"]=$user[super];//将权限变量赋值给变量super
    echo "<meta http-equiv=\"refresh\" content=\"0;URL=admin.php\">";
      //跳转到admin.php刷新页面
   }
?>
```

图 9-84　验证登录程序代码

03 设计管理页面　管理页面采用左右框架的布局方式,单击左侧的功能菜单时,具体操作在右侧框架显示,编写如图9-85所示的代码,完成管理页面admin.php的设计。

```php
<?php
session_start();//创建session会话
?>
<?php include('../inc/site.php');//设置站点变量信息?>
<?php include('islogin.php'); //判断管理员是否正确登录?>
<html>
<head>
<title><?php echo $sitename; ?>_管理中心</title>
<meta http-equiv="content-type" content="text/html; charset=gb2312">
<meta http-equiv="Content-Language" content="zh-CN">
<link href="images/Admin_Css.css" rel="stylesheet" type="text/css">
</head>
<frameset rows='*' id='Frame' cols='185,*' framespacing='0'
         frameborder='no' border='0'>
<frame src='left.php' scrolling='auto' id='left' name='left'
       noresize marginwidth='5' marginheight='5'><!--左侧页面框架-->
<frame src='main.php' name='main' id='main' scrolling='auto'
       noresize marginwidth='0' marginheight='0'><!--右侧页面框架-->
</frameset>
<noframes>
```

图 9-85　管理页面代码

04 设计管理列表页面　运行Dreamweaver软件,打开left0.php文件,管理菜单采用js折叠菜单特效,在原来的基础上更改菜单名称,链接target属性只有设置为main(见图9-86),才能在右侧框架中打开。

05 编写用户管理代码　用户管理功能由user.php实现,分为两部分。当act值为add时,显示添加功能;当act值为list时,编写如图9-87所示的代码,实现网站的用户管理功能。

```
<table cellpadding=0 cellspacing=0 width=158>
<tr>
<td height=20 class=menu_title
    onmouseover=this.className='menu_title2';
    onmouseout=this.className='menu_title';
  background="images/title_bg_show.gif"
   id=menuTitle1 onClick="showmenu_item(1)">
   <img src="images/bullet.gif" alt width="15"
       height="20" border="0" align="absmiddle">
   <strong>信息发布</strong></td> </tr>
     <tr> <td style="display:none;" id='menu_item1'>
 <div class=sec_menu style="width:158">
       <table width="103%"  border="0" align="center"
              cellpadding="0" cellspacing="0">
         <tr><td height="4"></td></tr>
            <tr> <td height="20"><img src="images/bullet.gif"
 alt width="15" height="20" border="0" align="absmiddle">
 <a href="news.php?act=add" target="main">发布信息</a></td>
   </tr> <tr>
          <td height="20"><img src="images/bullet.gif"
   alt width="15" height="20" border="0" align="absmiddle">
    <a href="news.php?act=list" target="main">信息管理</a></td>
        </tr> </table>
</div></td></tr> </table>
```

图 9-86　管理列表页面代码

```
if($_GET['act']== "add"){?>
<form action="user.php?act=addok" method="post" name="form1"
      onSubmit="return Validator.Validate(this,2)">
<table width="98%" align="center" border="1" cellspacing="0"
       cellpadding="4" class="lanyubk"
       style="border-collapse: collapse">
<tr class="lanyuss"><td height="20"  colspan="2">添加用户</td>
</tr><tr class="lanyuds">
<td width="39%" align="left" style="padding:0px 8px;">
 <strong>用户名：</strong><br />
 长度限制为4－12字节,并以字母开头.</td>
<td width="61%" align="left"><input type="text"
 name="user" size="20" maxlength="12"
dataType="Username" msg="用户名不符合规定" />
  <span class="STYLE3">*</span></td> </tr><tr class="lanyuds">
<td align="left" valign="top" style="padding:0px 8px;">
       <strong>密码(至少5位)：</strong><br />
 请输入密码，<br />请不要使用任何类似 '*'、' ' 或 HTML 字符</td>
<td align="left"><input type="password" name="pass"
size="20" maxlength="20" dataType="LimitB"
msg="密码不符合安全规则" min="5" max="20" />
 <span class="STYLE3">*</span></td>
 </tr><tr class="lanyuds">
 <td align="left" style="padding:0px 8px;">
     <strong>确认密码：</strong><br />
    <td align="left"><input type="password" name="cuserpass"
 size="20" maxlength="20"
dataType="Repeat" to="pass" msg="两次输入的密码不一致" />
  <span class="STYLE3">*</span></td>
</tr></table>
 <table width="98%" border="1" align="center"
        cellpadding="4" cellspacing="0"
        class="lanyubk" style="border-collapse: collapse">
 <tr class="lanyuqs"><td height="23" align="right"
colspan="2"><p align="center">
   <input type="submit" name="submit" value="新增会员">
        
   <input type="reset" name="Submit2" value="取消"
 onClick="document.location.href='user.php?act=list';">
    </p></td></tr> </table></form>
<?php
  }
```

图 9-87　用户管理代码

9.5 小结和习题

9.5.1 本章小结

动态网站能够实现统一的风格，基于数据库的网站系统管理和维护效率高，并能与浏览者实现交互。本章主要介绍了在IIS 7环境下运行PHP和MySQL站点的安装及配置方法，以及使用PHP编写程序对数据库中的数据进行调用的基本操作方法，具体包括以下主要内容。

- 站点环境的搭建：站点环境的搭建是关键部分，包括IIS 7、MySQL和PHP的安装及配置等。
- PHP连接数据库：PHP连接数据库可以使用 mysqli_connect() 或 PDO。例如，$conn = mysql_connect($servername, $username, $password, $dbname);。
- 添加数据库记录：使用insert语句添加数据库记录，格式固定，但注意标点符号不能有错误，否则无法执行SQL语句。
- 查询数据库记录：查询数据库记录分为条件查询和非条件查询，首页调用数据记录通常采用按照自增字段id逆序排列的方法，这样最新的记录就会排在列表的前面。
- 修改数据库记录：修改数据库记录使用update语句，由数据库管理系统来执行update语句完成记录修改。
- 删除数据库信息：删除数据库信息使用delete语句，可以删除表和某条记录。
- 制作动态网站：分析动态网站、设计数据，开发动态网站首页、列表页和内容页。

9.5.2 本章练习

一、简答题

1. PHP执行一条SQL语句需要经过哪些流程？
2. 表单提交数据的方式有哪些？它们分别具有什么特点？

二、操作题

1. 根据所给的网站素材，创建站点，导入数据库到MySQL中，收集自己学校的资料并将其更改为自己学校的系网站或社团网站。
2. 设计一个PHP开发的简单的班级留言板小程序，数据库采用MySQL，功能要求如下：能够通过用户名和密码登录留言板，能够添加、查询、修改和删除自己的留言信息。

第 10 章

网站建设与发布

在完成本地站点所有页面的制作工作后,整个网站并不能直接投入使用,还必须进行全面、系统的测试。当网站能够稳定地运行后,才能将站点上传到已经准备好的服务器空间中。

为保证网站正常发布,要做好硬件和软件平台的建设,包括申请服务器空间并进行管理、申请并管理域名、选择合适的服务器操作系统和数据库管理系统,以及进行网站的远程测试和上传工作。此外,单位和个人网站还需要提供相关认证材料,到域名注册机构、工信部和公安部门分别进行登记认证。认证通过后,网站即可正常访问。

网站发布后,要及时进行维护,包括更新内容、调整网页布局及设置栏目等,以增加访问量。此外,应根据主办方和访问者的需求,优化网站功能和相关的网页代码等。

为增加网站的访问量,还要积极地开展网站的宣传和推广工作。

本章将从网站硬件、软件平台的建设,测试和上传站点,维护和优化网站,宣传网站,推广网站5个方面介绍相关的知识和操作方法。

本章内容:
- 准备网站基础设施
- 配置网站运行环境
- 测试与上传网站内容
- 发布和维护网站
- 优化与推广网站

10.1 准备网站基础设施

网站制作完成后,需要将其部署至云服务器平台,以实现在互联网空间上的运行。随后,应当注册一个专属且易于记忆的域名,便于广大用户通过这一独特的网络地址轻松地访问并浏览网站内容。

10.1.1 选择与购买云服务器

在互联网中，云服务器用于存储网站内容，提供稳定、可扩展的空间。购买后，注册商会为云服务器分配一个IP地址，该地址是域名解析的目标，使用户能够通过域名访问网站。

选择与购买
云服务器

实例1 选购云服务器

实例介绍

为"中小学信息科技教育网"选购云服务器，着重考虑稳定性、访问速度及未来扩展性。市场上有众多服务商，用户可以根据当前需求及未来规划购买合适的服务器空间，以确保网站顺畅运行。

实例制作

01 会员注册登录 进入"中网科技"官网，按图10-1所示操作，单击"注册"按钮，进入会员注册页面，填写会员注册信息，注册成功后，再单击"登录"按钮，进行会员登录。

图 10-1 会员注册登录

02 选择云服务器 在"中网科技"首页，按图10-2所示操作，选择要订购的云服务器。

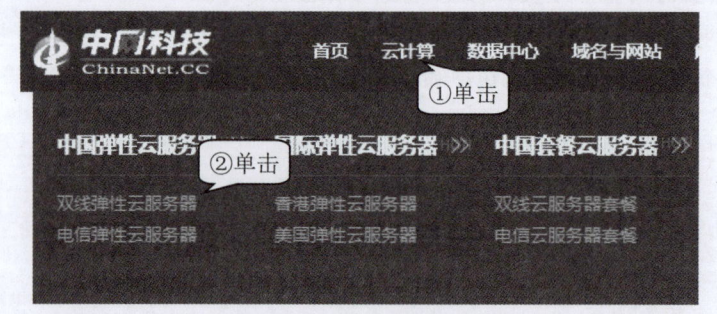

图 10-2 选择云服务器

03 订购服务器 按图10-3所示操作，选择服务器的硬件配置，立即订购云服务器。

❖ 提示：

互联网上云服务器选择众多，较为稳定且受欢迎的品牌包括阿里云、腾讯云、华为云，这些提供商技术强大，服务可靠，购买时可以从费用和稳定性等多方面综合考虑。

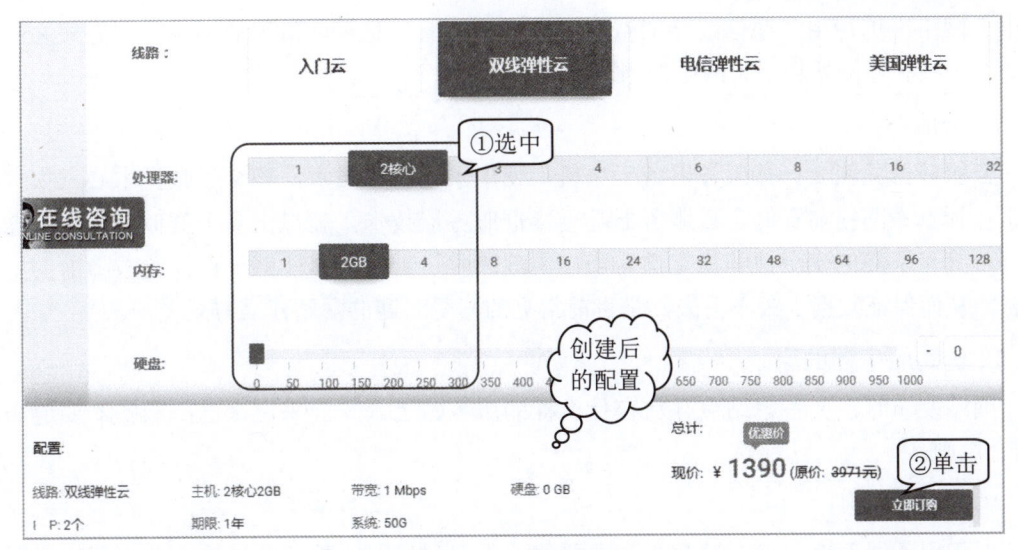

图 10-3　订购服务器

04 完成购买　在支付页面，通过支付相应金额为会员账号充值，完成云服务器的购买。

知识库

1. 常见的网站建立方式

目前，常见的网站建立方式有以下几种，用户可以根据需要自行选择。

1) 自建服务器

自建独立服务器需要较高水平的软、硬件技术人员，并且需要投入大量资金用于购置硬件和软件设备。此外，还要向当地网络接入商支付日常维护和线路通信费，且建设周期相对较长。由于费用昂贵，这种方式适合有实力的大中型企业和专门的 ISP(Internet Service Provider，互联网服务提供商)使用。一般来说，游戏网站需要独立的服务器，而企业网站或个人网站所占据的空间不大，一般不采用这种方式。

2) 服务器托管

服务器托管是将自己购置的服务器及相关设备，交由具有完善机房设施和运营经验的网络数据中心托管，以便使系统达到安全、可靠、稳定、高效运行的目的。这种方式适合中小型企业和一些游戏网站使用。

3) 服务器租用

服务器租用是指用户无须自己购置设备，而是租用服务商提供的硬件设备，由服务商负责基本软件的安装、配置，并保证基本服务正常运行。与前两种方式相比，服务器租用方式的费用较低，适合中小型企业和一些游戏网站使用。

4) 虚拟主机

虚拟主机指的是将一台运行在互联网上的真实主机资源，划分成多个"虚拟"的服务器，每一个虚拟主机都具有独立的域名和完整的 Internet 服务器功能，每个用户承担的硬件费用、网络维护费用、通信线路的费用都大幅度降低,是目前常见的网站建立方式之一。它适合一些企业网站和个人网站使用。

5) 云服务器

云服务器又叫云计算服务器或云主机,使用了云计算技术,整合了数据中心三大核心要素:计算、网络与存储。云服务器基于集群服务器技术,虚拟出多个类似独立服务器的部分,具有很高的安全性和稳定性。当出现故障时,云服务器能够一键恢复故障前的所有数据,从而保证数据永久不丢失,是目前常见的、受欢迎的网站建立方式之一。

2. 选购服务器的原则

网站发布时,要考虑站点存放在什么样的服务器上。一般来说,选购服务器要遵循以下4个原则。

1) 稳定性原则

对于服务器而言,稳定性是最为重要的。为了保证网络的正常运转,首先要确保服务器的稳定运行,如果无法保证正常工作,将造成无法弥补的损失。

2) 针对性原则

不同的网络服务对服务器配置的要求并不相同。例如,文件服务器、FTP服务器和视频点播服务器要求拥有大内存、大容量和高读取速率的磁盘,以及充足的网络带宽,但对CPU的主频要求并不高;数据库服务器则要求高性能的CPU和大容量的内存,而且最好采用多CPU架构,但对硬盘容量没有太高的要求;Web服务器也要求有大容量的内存,对硬盘容量和CPU主频均没有太高要求。因此,用户应当针对不同的网络应用来选择不同的服务器配置。

3) 小型化原则

除了为提供一些高级的网络服务不得不采用高性能服务器,建议不要为了将所有的服务放置在一台服务器上,而去购置高性能服务器。服务器的性能越高,价格会越昂贵,性价比也就越低;尽管服务器拥有一定的稳定性,但是一旦服务器发生故障,将导致所有服务中断;当多种服务的并发访问量较大时,会严重影响响应速度,甚至导致系统瘫痪。

因此,建议为每种网络服务都配置不同的服务器,以分散访问压力。另外,也可购置多台配置稍差的服务器,采用负载均衡或集群的方式满足网络服务需求,这样,既可节约购置费用,又可大幅提高网络稳定性。

4) 够用原则

服务器的配置在不断提升,而价格在不断下降,因此,只要能满足当前的服务需求并适当超前即可。当现有的服务器无法满足网络需求时,可以将它替换为其他对性能要求较低的服务器(如DNS、FTP服务器等),或者进行适当扩充,或者采用集群的方式提升其性能,然后再为新的网络需求购置新型服务器。

3. 购买云服务器的一般流程

购买云服务器的一般流程是注册用户—在线支付—购买云服务器，实时开通。开通后，登录用户管理区→云服务器管理→管理→预装操作系统，可以选择Windows 2003、Windows 2008、Windows 2012、Cent OS 6.5等操作系统，系统安装需要10～25分钟，系统安装完成后，就可以通过远程连接进行其他应用操作。

10.1.2 注册与管理域名

网站制作完成后，需要将站点文件夹上传到远端服务器上，以便接入互联网的所有用户都可以浏览网站。在上传之前，应该在网上为网站注册一个域名，申请一定的空间。国内外有许多正规的大型域名申请机构，在注册域名时，只要选择一家机构申请即可。

实例2 中小学信息科技教育网域名注册

实例介绍

为"中小学信息科技教育网"注册域名ahjks.cn的流程为：确定域名，搜索确认其可用性，填写注册信息，选择注册期限并完成支付。注册成功后，域名生效，可访问网站。需定期续费，保持域名有效，并遵守相关法规。

注册与管理域名1

实例制作

01 查询域名是否被注册 单击首页顶部导航栏中的"域名与网站"，进入域名注册页面，按图10-4所示操作，查询拟注册的英文域名是否已经被注册。

图10-4 查询域名是否被注册

02 选择域名注册 在查询结果页面中，按图10-5所示操作，选择合适的域名类型进行注册。

03 填写域名注册信息 在域名注册信息页面中，根据提示，按图10-6所示操作，如实填写相关信息，单击"到下一步"按钮后，再填写注册人相关信息，完成域名注册。

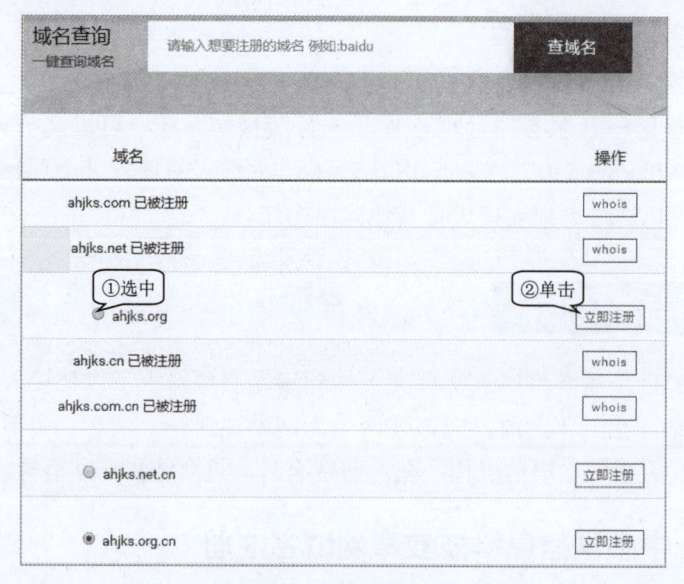

图 10-5　选择域名注册

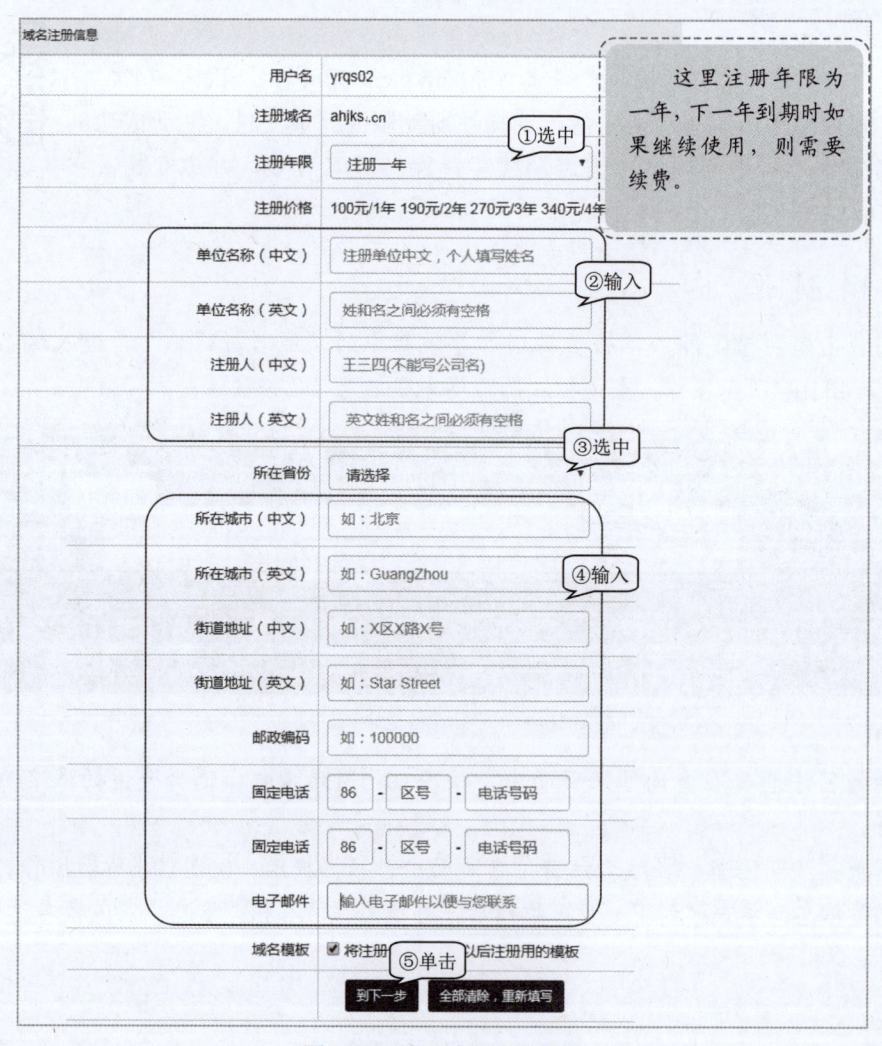

图 10-6　填写域名注册信息

> ❖ 提示：
>
> 　　此时注册的域名并没有生效，申请人还需要将营业执照或单位组织机构代码证的电子照和复印件等有关资料，寄至域名注册服务提供商，待审核通过后域名才真正注册成功。

知识库

1. 认识域名

域名(domain name)是网域名称系统的简称，是Internet上某一台服务器或服务器组的名称，用于在数据传输时标识服务器的网络地址，由一串用点分隔的名字组成。IP地址和域名是一一对应的，在全世界，域名都是一种不可重复的、独一无二的标识。例如，中小学信息科技教育网的域名www.ahjks.cn是唯一的。

域名一般不能超过5级，从左到右的级别依次增高，高的级域包含低的级域。目前，对于每一级域名长度的限制是63个字符，域名的总长度不能超过253个字符。

域名分为两大类，分别是顶级域名和其他级别域名。最靠近顶级域名左侧的字段是二级域名，最靠近二级域名左侧的字段是三级域名。从右向左，依次有四级域名、五级域名等。某网站的域名结构如图10-7所示。

图10-7　某网站的域名结构

2. 域名申请机构

国内有许多正规的大型域名申请机构，如新网(http://www.xinnet.com/)、万网(https://wanwang.aliyun.com/)、新网互联(https://www.dns.com.cn/)和中网科技(https://www.chinanet.cc/)等。同样，国外也有非常著名的域名申请机构，如godaddy(https://sg.godaddy.com/zh)和enom(https://www.enom.com/)等。

3. 域名申请注意事项

在注册域名时，避免侵权非常重要，要确保注册的域名不侵犯他人的商标、版权或其他合法权益。保护个人信息也是关键，务必确保提供的个人信息和公司信息的真实性和准确性，并启用域名隐私保护功能。此外，选择合适的域名后缀也很重要，尽量选择通用性高的域名后缀，如.com或.cn。通过仔细考虑这些因素并采取相应措施，可以确保域名的顺利注册和有效使用。

4. 域名注册的一般流程

国内中英文域名注册的一般流程如图10-8所示。

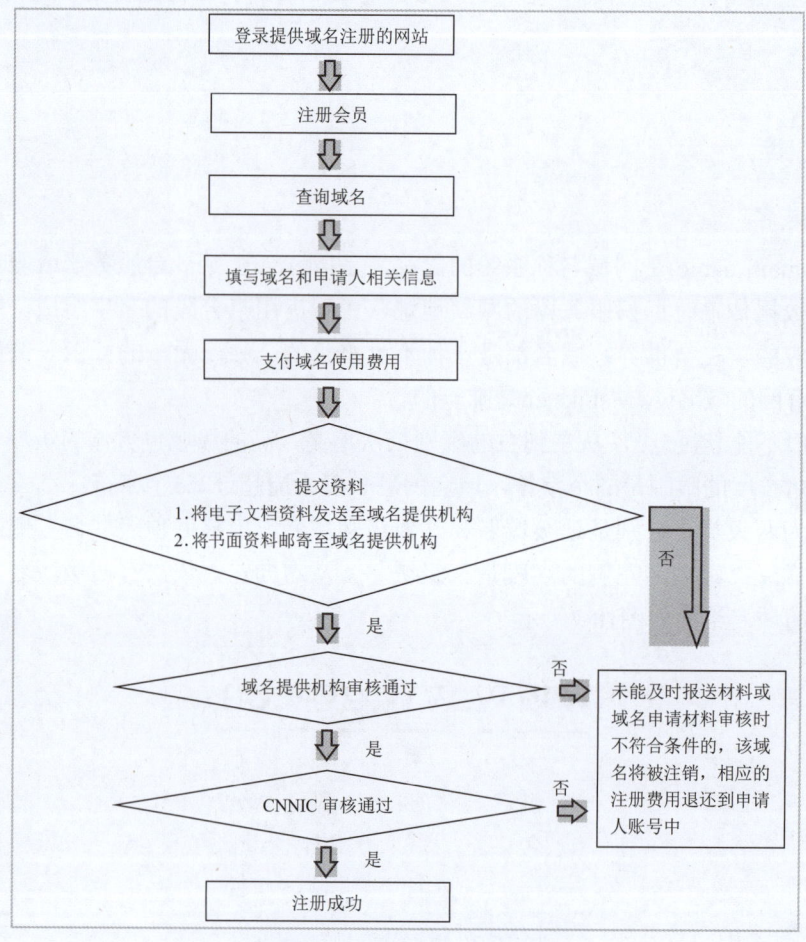

```
登录提供域名注册的网站
        ↓
      注册会员
        ↓
      查询域名
        ↓
  填写域名和申请人相关信息
        ↓
    支付域名使用费用
        ↓
      提交资料
1.将电子文档资料发送至域名提供机构
2.将书面资料邮寄至域名提供机构
        ↓ 是                    否 →
  域名提供机构审核通过  → 否 → 未能及时报送材料或
        ↓ 是                   域名申请材料审核时
    CNNIC 审核通过  → 否 →    不符合条件的，该域
        ↓ 是                   名将被注销，相应的
      注册成功                 注册费用退还到申请
                               人账号中
```

图10-8　域名注册的一般流程

实例3　中小学信息科技教育网域名解析

域名注册成功后，需要对申请到的域名进行管理，将其解析到服务器IP。

实例介绍

在成功注册"中小学信息科技教育网"的域名ahjks.cn后，我们需将其解析到已申请的云服务器IP中。这一操作通常在云服务器的管理后台进行。完成设置后，域名与服务器成功关联，用户可通过ahjks.cn访问网站内容。

注册与管理域名2

实例制作

01 进行域名管理　在会员中心页面，按图10-9所示操作，对域名进行管理。

第 10 章　网站建设与发布

图 10-9　进行域名管理

> **提示：**
> 如果单击右侧的"延长期限"文字链接，可以对域名进行续费。

02 设置域名解析　按图10-10所示操作，对域名进行解析。

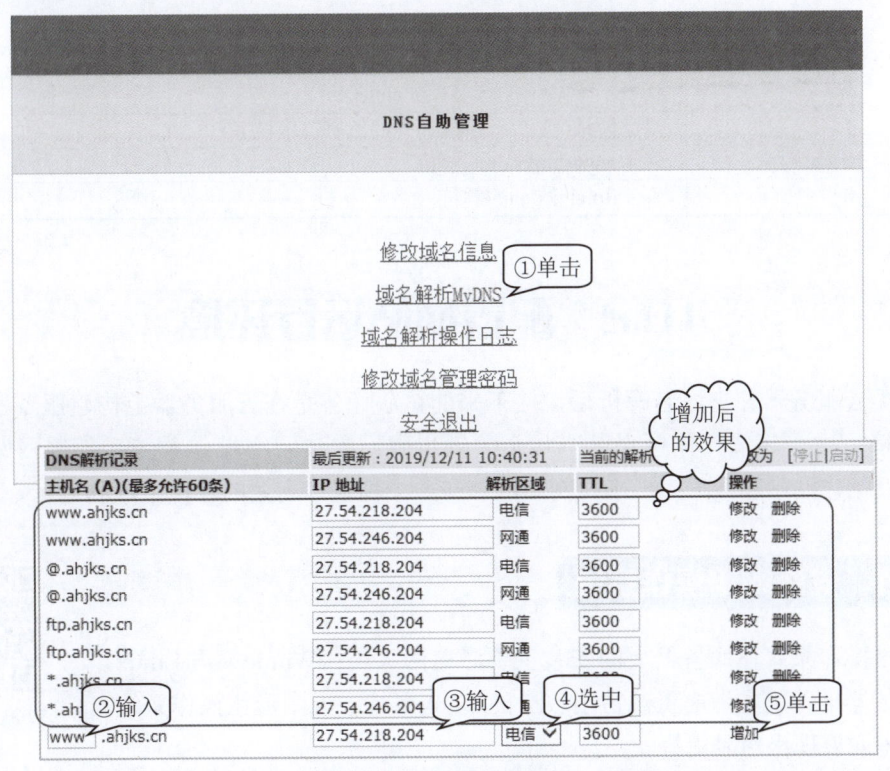

图 10-10　设置域名解析

281

> **提示：**
> 操作完成后，本系统的DNS服务器是立刻生效的，但全球DNS刷新需要2～72小时生效。

知识库

1. 域名解析

域名解析是将域名转换为特定网站空间的IP地址，使人们可以通过易记的域名方便地访问网站。这一过程也称为域名指向、服务器设置或域名设置。通俗来说，域名解析就是将用户可读的域名转换为计算机可识别的IP地址。这项服务由DNS服务器完成，确保域名正确映射到服务器的固定IP地址。

2. 主机名(A记录)解析

在图10-10中，主机名(A)(最多允许60条)中的A是指A记录，是用来指定主机名(或域名)对应的IP地址记录。A记录解析是指域名解析选择类型为"A"，其线路类型选择"全部"或"电信""网通"，记录值选择空间商提供的服务器IP地址，TTL 设置默认的3600即可。主机名(A记录)中的符号含义如表10-1所示。

表10-1　主机名(A记录)中的符号含义

属性值	含义
@	代表不带www的域名，如ahjks.cn
*	是泛解析(包含除ahjks.cn外的所有二级域名)
www	表示www.ahjks.cn的解析
ftp	表示ftp.ahjks.cn的解析

10.2　配置网站运行环境

购买云服务器并将域名解析后，接下来的核心任务是在云服务器上构建服务器网站的运行环境。这一环节具体包含以下几个关键步骤：安装网络操作系统、部署网站管理平台，以及创建网站和数据库，确保网站能够在一个稳定、高效的环境中顺利运行。

10.2.1　安装网络操作系统

网络操作系统在服务器上的安装主要涵盖两大类：Windows与Linux。网站服务器推荐优先考虑资源占用较少的Linux系统，无图形化操作系统在稳定性方面展现出明显优势。

安装网络操作系统

实例4　安装Linux操作系统

实例介绍

购买云服务器后，一般来说，服务商已经预装了一种网络操作系统。当然，我们也可以根据网站的需要，重新安装网络操作系统。下面我们在云服务器安装Linux操作系统，安装好后，远程登录，效果如图10-11所示。

图10-11　云服务器桌面效果

实例制作

01 管理云服务器　进入"中网科技"的会员中心页面，按图10-12所示操作，可以管理购买的云服务器。

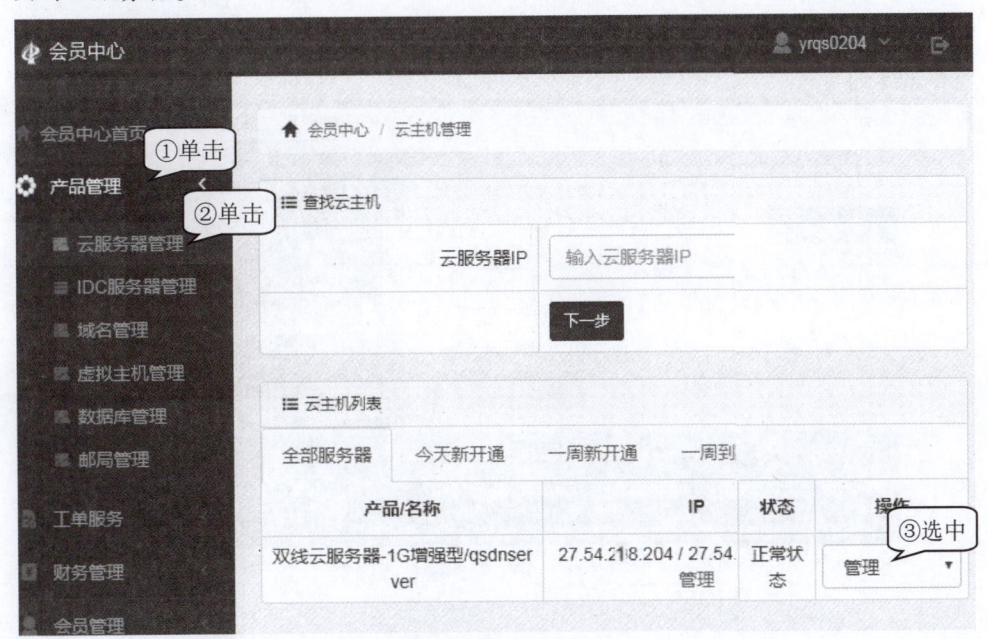

图10-12　管理云服务器

02 预装操作系统　按图10-13所示操作，预装云服务器操作系统。

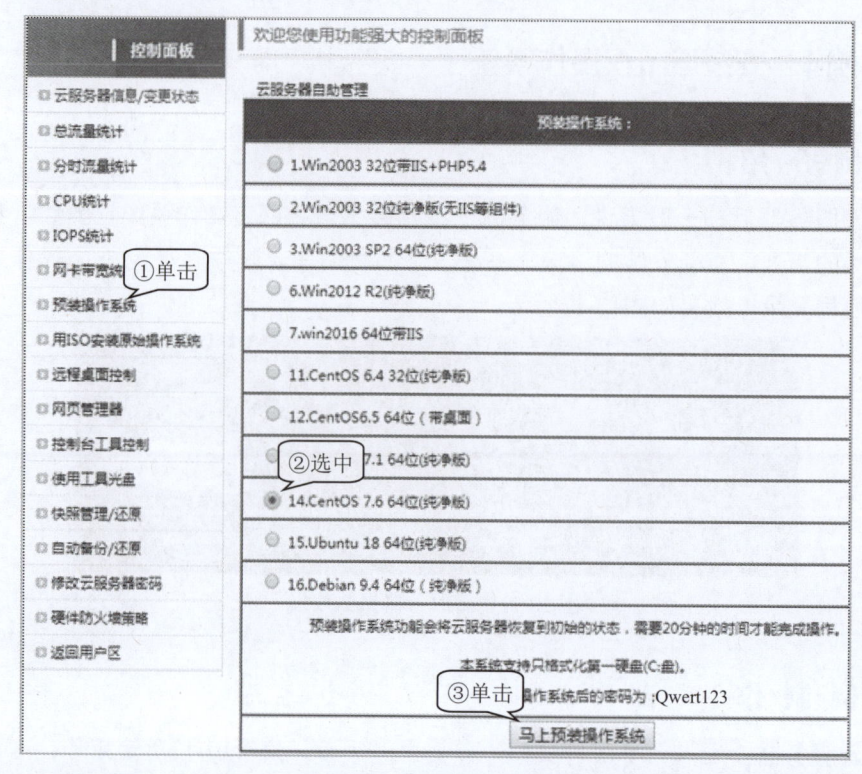

图 10-13　预装操作系统

03 安装网络操作系统　预装完成后，按图10-14所示操作，远程登录云服务器，完成网络操作系统的安装。

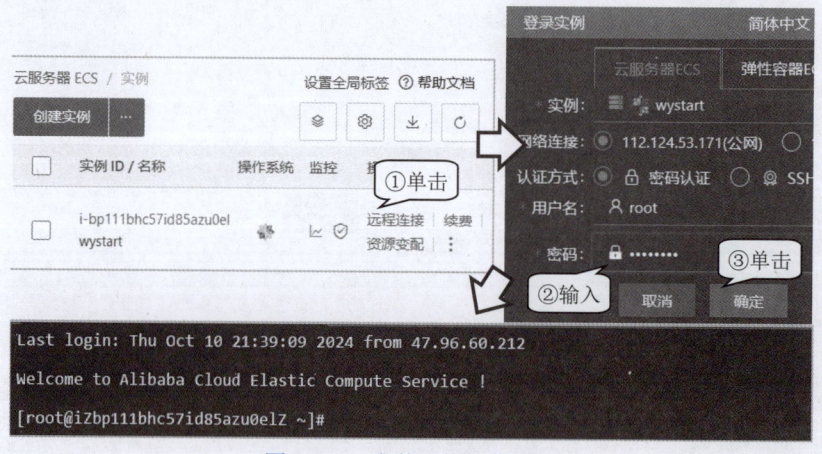

图 10-14　安装网络操作系统

知识库

1. 服务器操作系统

服务器操作系统又称为网络操作系统，相比普通个人桌面版操作系统来说，服务器操作系统需要在一个特定的网络环境中，承载配置、稳定性、管理、安全、应用等复杂功能，而服务器系统则处于网络中的中心枢纽位置。选择一款合适的服务器操作系统的重要性不亚于服务器的硬件配置选择。

当前主流的服务器操作系统主要分为Windows Server、UNIX、Linux、NetWare四大类。

2. Windows Server系统

Windows Server是为单用户设计的，推广效果最好、用户群体最大的服务器系统。其版本又可分为Windows NT 4.0、Windows 2000、Windows 2003、Windows 2008、Windows 2012、Windows 2016等。其中，Windows 2003在操作的易用性上进行了升级，其安全性是目前所有Windows Server系统中最高的，线程处理能力、硬件的支持和管理能力都有了显著提升，是目前服务器操作系统中主流的操作系统之一。

3. Linux系统

Linux是基于UNIX系统开发修补而来的，源代码的开放使其稳定性、安全性、兼容性非常高。在软件的兼容性方面，Linux是不及UNIX的，但它的源代码是开放的，其源代码便于使用者优化和开发，因此深受众多服务器管理人员的喜爱。

10.2.2　部署网站管理平台

为了简化服务器管理流程，提高效率并降低运维难度，部署网站管理平台是十分有必要的。宝塔作为一款国产的服务器管理软件，它提供了图形化界面，使得配置服务器环境、安装应用程序、管理文件和数据库等工作变得更加直观和便捷。

部署网站管理平台

实例5　安装网站管理平台宝塔面板

实例介绍

"中小学信息科技教育网"作为一个动态网站，需要服务器来托管其应用程序、数据库和其他资源，借助宝塔面板可以轻松管理"中小学信息科技教育网"网站。

实例制作

01 更新系统软件包　按图10-15所示操作，更新 CentOS 系统，以确保所有包都是最新的。

图10-15　更新系统软件包

02 安装宝塔程序　按图10-16所示操作，从"宝塔面板"官网复制安装命令，将其粘贴到命令窗口，按Enter键开始安装。

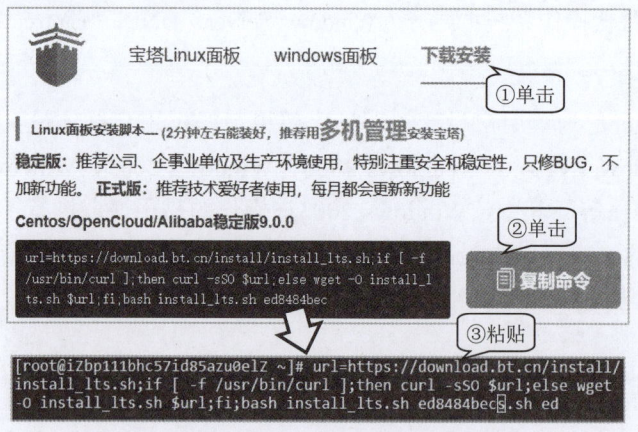

图 10-16　通过安装命令下载和安装宝塔程序

03 等待安装完成　安装脚本会自动处理所有必要的安装步骤，这可能需要几分钟的时间。脚本会提示用户安装一些组件，用户可以根据自己的需求选择是否安装。

04 获取登录信息　安装完成后，安装界面会提示如图10-17所示的登录信息，用户可以通过这些信息登录面板。

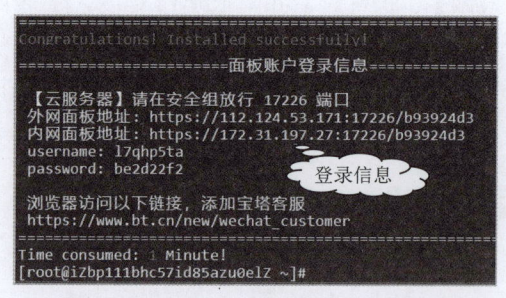

图 10-17　安装完成后提示的登录信息

05 安装LAMP环境　按图10-18所示操作，登录面板后，一键安装LAMP环境。

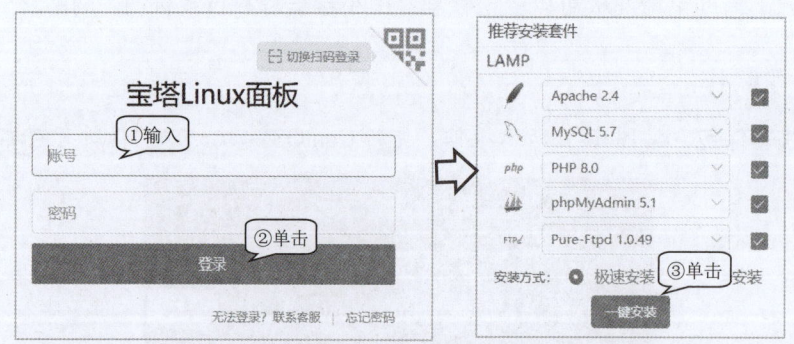

图 10-18　安装 LAMP 环境

知识库

1. Linux网站管理系统的选择

在 Linux 环境下，有许多优秀的网站管理系统可供选择，这些系统旨在简化服务器管理和网站托管的任务。例如，宝塔面板是一款国产服务器管理软件，提供图形化界面，简化了服务器环境配置、Web应用程序安装、文件管理、数据库管理等任务，并支持一键安装常见的 Web 环境组件(如 Nginx、Apache、MySQL、PHP 等)；cPanel 是一款被广泛使用的 Linux 主机控制面板，提供了全面的功能，包括邮件管理、域名管理、文件管理等；DirectAdmin 则以简洁的界面和快速的性能著称，支持多种数据库、邮件服务和 FTP 管理等功能，非常适合需要高效管理网站的用户。

2. LAMP简介

LAMP的字母分别代表Linux(操作系统)、Apache(Web服务器)、MySQL(数据库管理系统)和PHP(脚本语言)。这个组合提供了一个完整的开发环境，允许开发者创建动态网站和Web应用。Linux作为稳定的操作系统，Apache负责处理HTTP请求，MySQL用于存储和管理数据，而PHP则用于生成动态内容，协调前端与后端的交互。

3. 极速安装与编译安装的区别

在Linux系统中，极速安装通常是指使用预编译的二进制包进行软件的快速安装，如通过包管理器(如apt、yum)进行安装。这种方式省去了编译源代码的时间，适合希望迅速部署软件的用户。而编译安装则是从源代码编译软件，用户可以根据需求自定义配置和优化选项，这一过程需要更多的时间和计算资源，适合对软件性能和功能有特定要求的场景。

10.2.3 创建网站和数据库

在现代网站开发中，创建网站和数据库是基础而关键的步骤。宝塔面板作为一款高效的服务器管理工具，提供了简便的操作界面，使得网站和数据库的创建过程变得快速而直观。

创建网站和数据库

实例6　创建动态网站

实例介绍

本实例详细指导用户利用宝塔面板快速构建动态网站——"中小学信息科技教育网"。过程包括设置域名、配置网站根目录、选择PHP版本，以及创建数据库来安全存储用户信息与教学资源，旨在为中小学生提供一个丰富、互动的科技学习平台。

实例制作

01 登录宝塔面板　打开浏览器，输入宝塔面板的地址，输入用户名和密码，单击"登录"按钮，登录后的界面如图10-19所示。

02 创建网站　按图10-20所示操作，在宝塔面板首页，单击左侧的"网站"选项，再单击"添加站点"按钮，创建网站。

03 填写站点信息　在弹出的对话框中，按图10-21所示操作，为网站添加域名、FTP和数据库，并指定php版本。

图 10-19　宝塔面板首页

图 10-20　创建网站

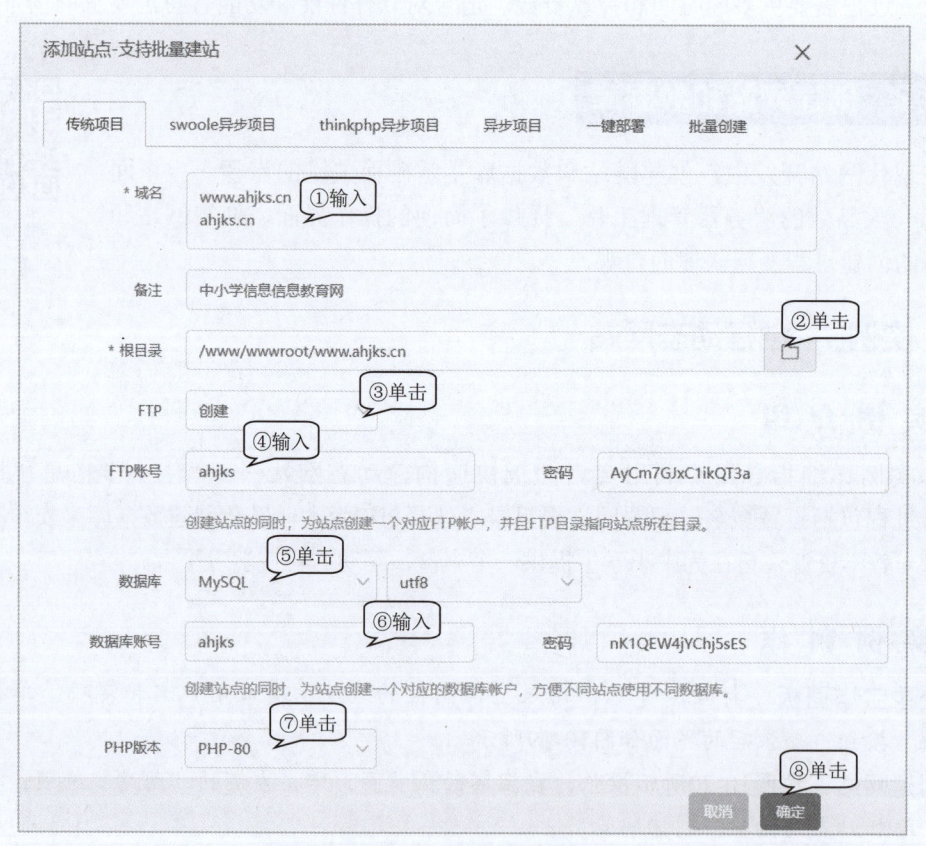

图 10-21　填写站点信息

04 检查站点信息　新添加的网站会出现在网站管理界面，检查站点信息(见图10-22)无误后，完成网站和数据库的创建。

图 10-22　站点信息

10.3　测试与上传网站内容

网站制作完成后，需要经过反复测试、审核和修改，直到无误后才能上传站点，并在服务器端正式发布。其实，在网站建设的过程中就需要不断地对站点进行测试，并及时解决所发现的问题。

10.3.1　综合测试网站

在浏览网页时，时常遇到"无法找到网页"的提示，这一般是由链接文件的位置发生变化、被误删或文件名拼写错误而造成的。为避免出现这种无效链接，在本地测试和远程测试时，我们需要认真检查是否存在无效链接，以便及时改正。

实例7　检查和修复链接

实例介绍

在Dreamweaver中检查"中小学信息科技教育网"首页的链接，对有问题的链接进行修复，如图10-23所示。

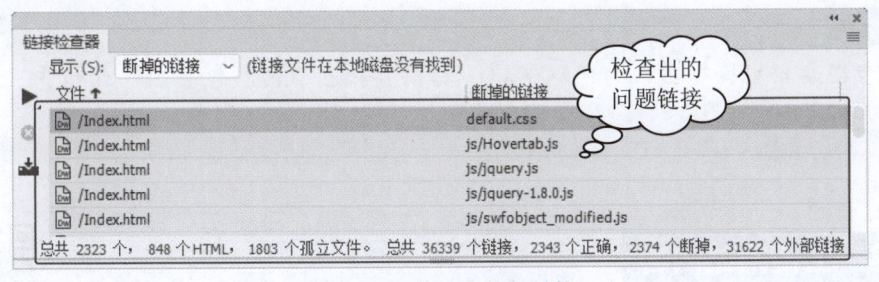

图 10-23　检查和修复链接

实例制作

01 打开"结果"面板　运行Dreamweaver软件，打开"中小学信息科技教育网"首页文档index.html，选择"窗口"→"结果"→"链接检查器"命令，打开"结果"面板。

02 检查链接　在"结果"面板中，按图10-24所示操作，检查整个当前本地站点的链接。

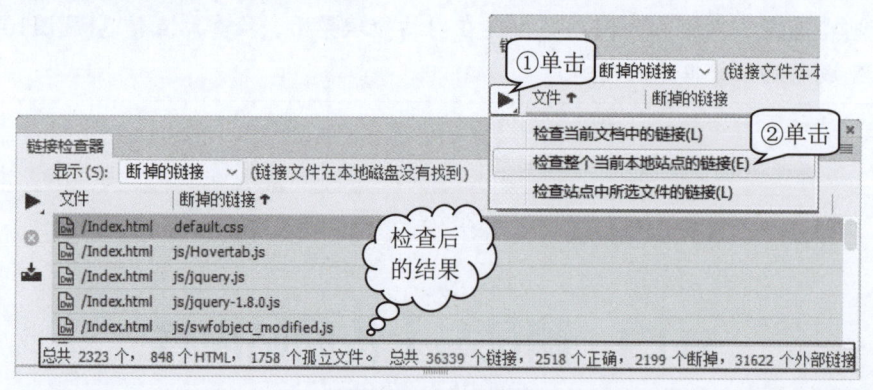

图 10-24　检查链接

03 修复链接　在"链接检查器"面板中,按图10-25所示操作,输入正确的链接地址。

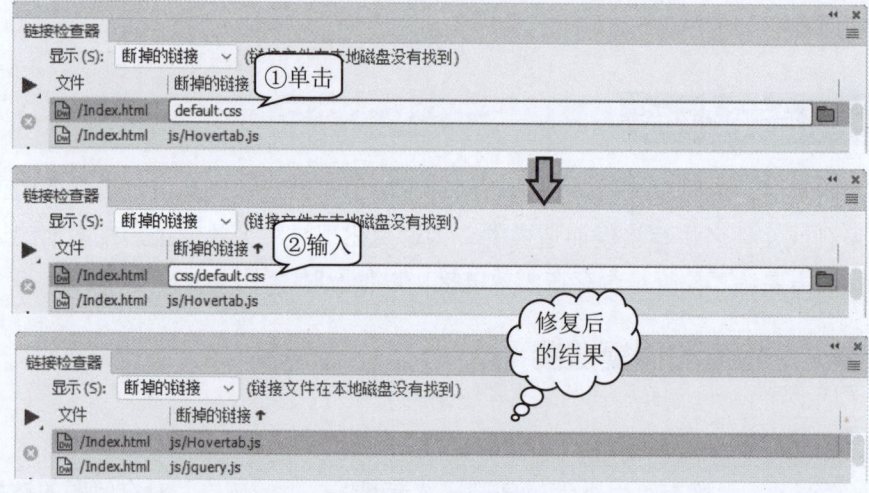

图 10-25　修复链接

> ❖ 提示：
>
> 对于在站点中检查出来的问题链接,可以直接在"链接检查器"面板中,或者在"属性"面板中修复。

10.3.2　上传网站内容

测试完成后,通过网络将网站文件夹复制到远程Web服务器上,这一过程即为上传站点,方便网站对外发布。

上传网站内容

实例8　上传"中小学信息科技教育网"站点

实例介绍

用FileZilla软件上传"中小学信息科技教育网"站点到远程Web服务器上,以便发布,

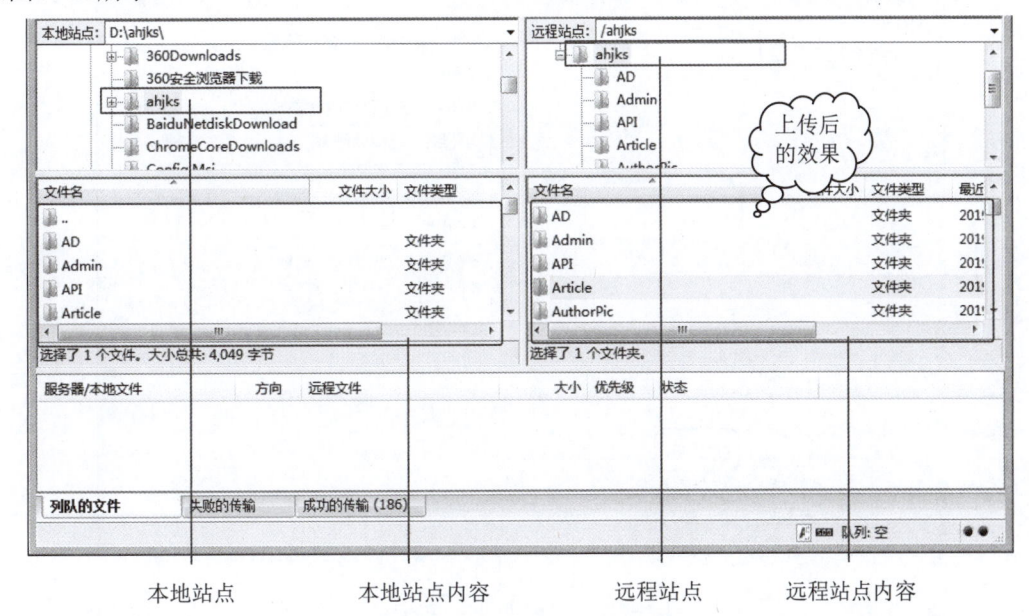

如图10-26所示。

图10-26　上传站点

本地站点　　　本地站点内容　　　远程站点　　　远程站点内容

实例制作

01 下载并打开软件　在浏览器的地址栏中输入https://filezilla-project.org/，按图10-27所示操作，下载并打开FileZilla客户端软件。

图10-27　下载并打开软件

02 新建站点　运行FileZilla软件，在弹出的对话框中，选择"文件"→"站点管理器"命令，按图10-28所示操作，新建站点ahjks。

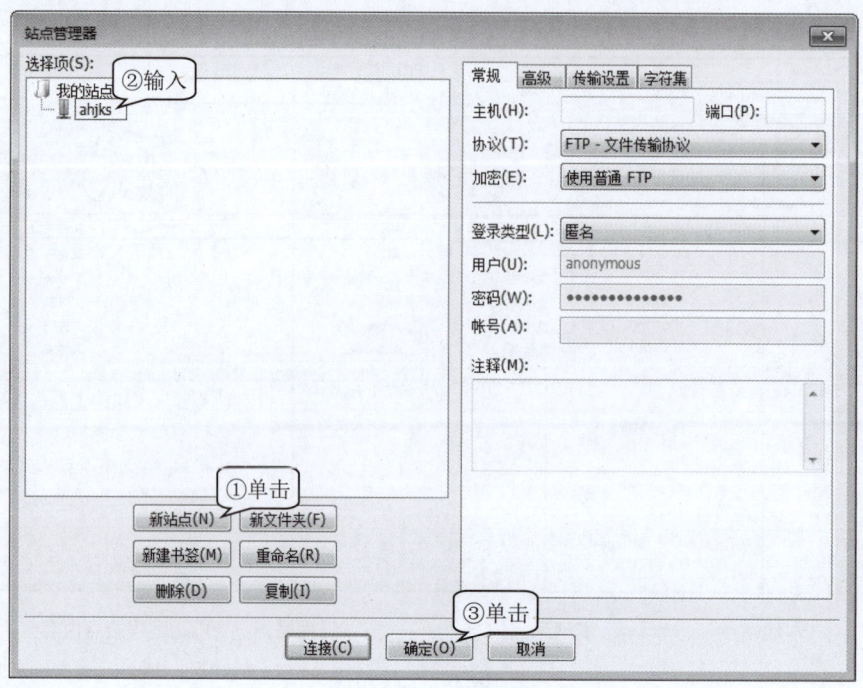

图 10-28　新建站点

03 设置站点　在"站点管理器"对话框中，按图10-29所示操作，设置站点的相关信息。

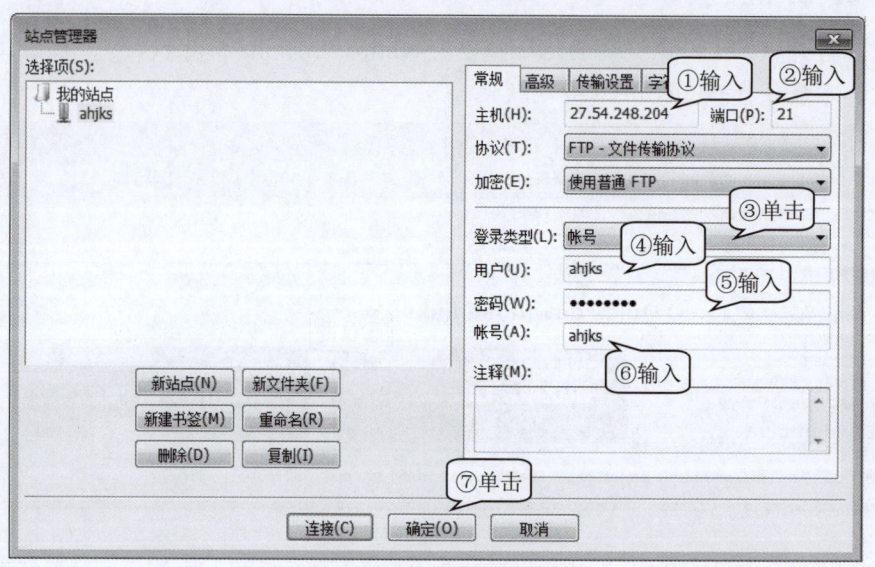

图 10-29　设置站点

04 上传站点文件　在"站点管理器"对话框中，选择站点ahjks，再单击"连接"按钮，按图10-30所示操作，上传站点文件。

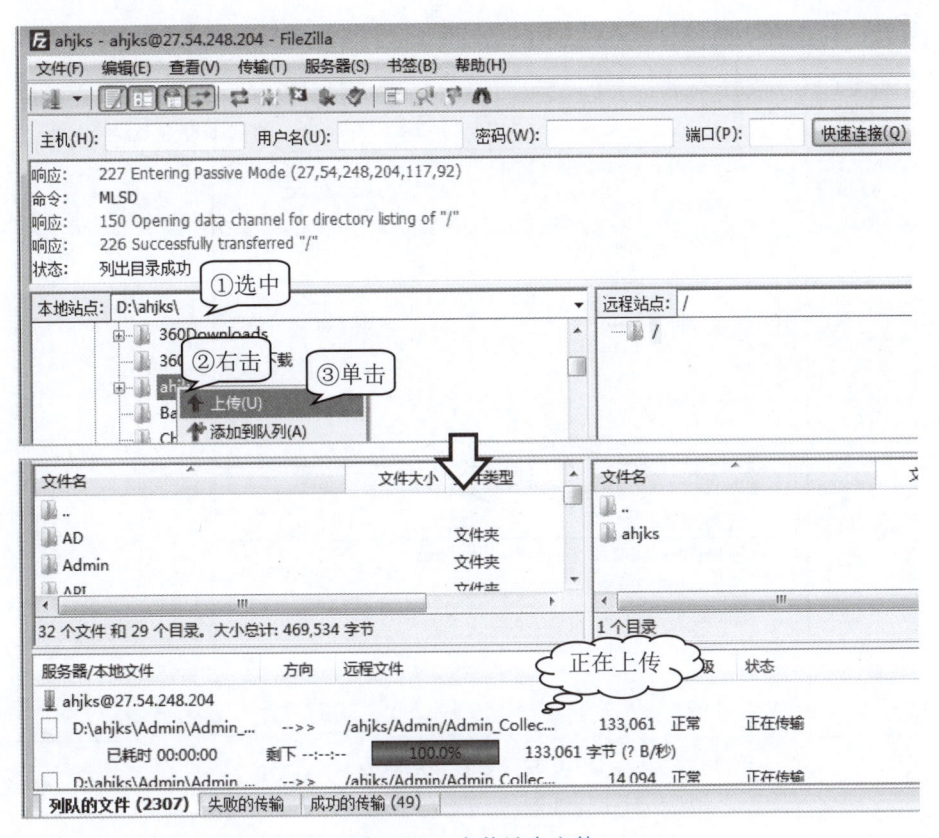

图 10-30　上传站点文件

知识库

1. 使用宝塔面板自带的文件上传功能

宝塔面板是一款服务器管理软件，提供了便捷的文件管理功能。用户可以通过宝塔面板的文件管理功能，直接将文件上传到服务器，如图10-31所示。

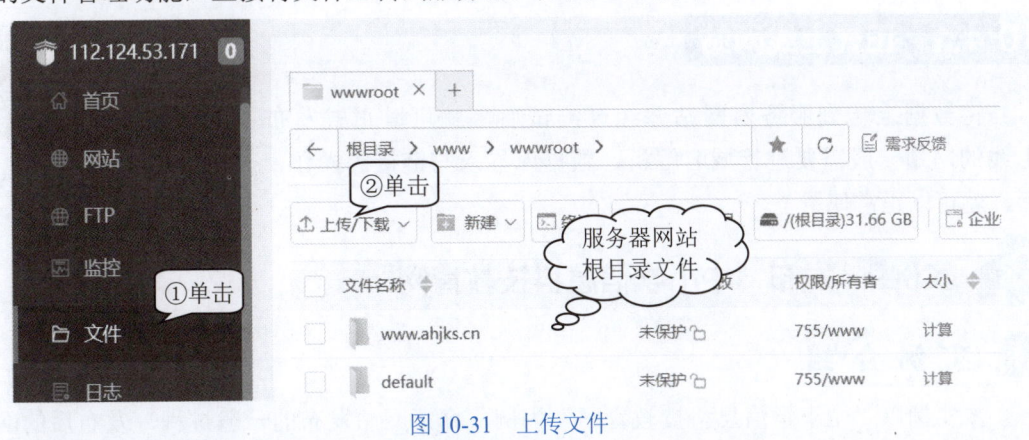

图 10-31　上传文件

2. 通过Dreamweaver上传站点的服务器设置

通过Dreamweaver将本地站点上传至远程服务器上，需要在传输之前对站点服务器进行

293

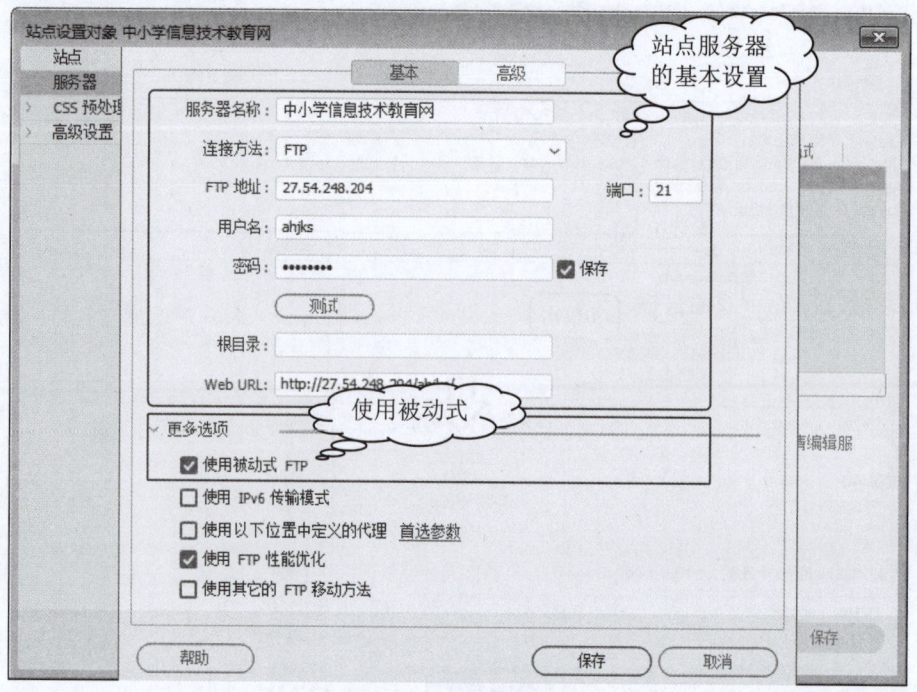

相关的设置，如图10-32所示。

图 10-32　设置站点服务器

10.4　发布和维护网站

站点上传后，动态网站还需要将数据库中的内容同步到云服务器的数据库中，正确连接后，网站才能正常发布，浏览者才能看到网站信息。网站发布后，还需要进行长期维护和更新，这样才能保证网站正常运行并获得更多的访问量，从而实现其价值。

10.4.1　正式上线网站

将数据上传到服务器网站并经过测试后，就可以正式发布了。正式上线的网站一般需要进行域名解析、数据库导入与链接等操作，一切正常后，就可以正常使用了。

正式上线网站

实例9　发布"中小学信息科技教育网"

实例介绍

本实例以"中小学信息科技教育网"为例，介绍网站发布的一般过程，发布后的网站如图10-33所示。

图 10-33　正式发布后的网站

实例制作

01 域名解析　将域名"ahkjs.cn"解析到当前云服务器的IP地址，使用户能够通过域名直接访问网站。

❖ **提示：**

域名解析后，可能需要等待几分钟至48小时，直到全网的DNS服务器都更新完毕。解析完成后，用户输入域名即可连接到服务器。

02 将数据导入数据库系统　按图10-34和图10-35所示操作，使用phpMyAdmin来导入提前准备好的网站数据库SQL文件。

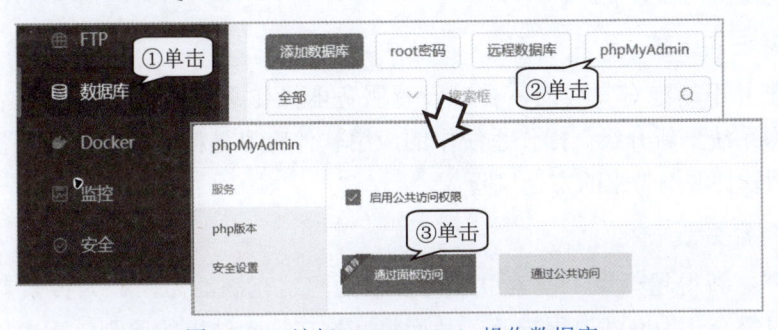

图 10-34　访问 phpMyAdmin 操作数据库

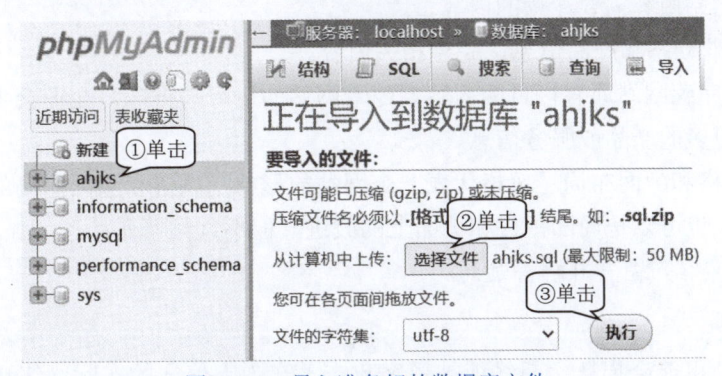

图 10-35　导入准备好的数据库文件

03 修改网站数据连接信息 导入数据到网站数据库后,必须修改网站的代码,使其能够正确连接到数据库。按图10-36所示操作,修改连接地址、账号和密码,确保能够成功读取和写入数据。

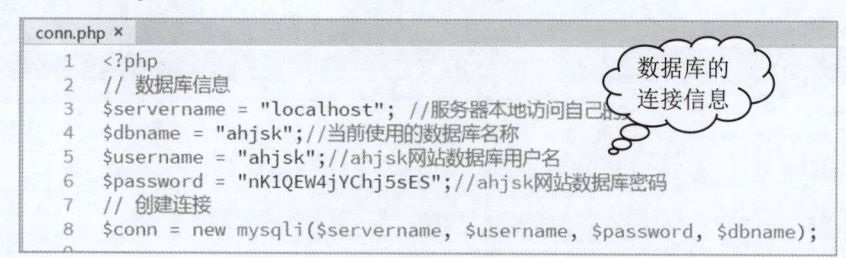

```php
conn.php ×
1  <?php
2  // 数据库信息
3  $servername = "localhost"; //服务器本地访问自己
4  $dbname = "ahjsk";//当前使用的数据库名称
5  $username = "ahjsk";//ahjsk网站数据库用户名
6  $password = "nK1QEW4jYChj5sES";//ahjsk网站数据库密码
7  // 创建连接
8  $conn = new mysqli($servername, $username, $password, $dbname);
```

（数据库的连接信息）

图10-36 修改网站数据库连接信息

04 测试网站 通过域名访问网站,测试页面是否能够正确加载、网站功能是否正常运行。测试完成后,即可完成网站的正式发布。

10.4.2 初期维护与监控

网站发布后,需要后期维护的事务很多,如网页版面的修改、功能改进、安全管理、数据备份和内容更新等。下面具体介绍常见的维护工作。

1. 服务器及相关硬件的维护

服务器、路由器、交换机及通信设备是网络的关键设备,对这些硬件的维护主要是监控其运行状况,并及时解决发现的问题,以确保网站24小时不间断地正常运行。租用的服务器等设备一般由代理商维护。

2. 操作系统的维护

操作系统并不是绝对安全的,合理设置服务器操作系统,可以保证网站长期良好运行。要及时将系统更新升级,操作系统中的应用软件应尽量精简,从而避免各软件之间的冲突,降低因软件漏洞带来的安全风险。

3. 网站内容更新

网站内容更新得越频繁,搜索引擎便会认为网站充满活力,在为搜索者提供信息的同时,搜索引擎会认为网站值得推荐,从而将其排在搜索结果的前列。下面以企业网站为例,介绍更新网站内容需要注意的内容。

(1) 更新企业动态和产品信息,完善相关内容。

(2) 增添与完善网站原有栏目的内容。随着网站的运行与推广,企业会考虑增添某些功能,或者添加更多的产品或服务信息。

(3) 调整风格和版面布局。风格代表一个网站的形象,风格和版面布局的调整,可以是全部改版更新,也可以是局部栏目和页面上的改进,但不宜频繁变动。

(4) 及时回复客户留言并解答疑问。

4. 数据备份

服务器硬件可能会损坏、断线或被黑客攻击,在无人值守的实际网络环境中,这种安全问题常常存在。为避免损失，应将网站数据备份。对于经常更新内容的网站来说，定期备份数据库尤为重要，这样才能"有备无患"。

10.5 优化与推广网站

在网站发布后，优化和推广网站是提升流量与用户体验的关键步骤。有效的网站优化不仅能提升页面的加载速度，还能提高搜索引擎的可见性。内容推广则是通过原创内容、社交媒体、外链建设等手段扩大网站影响力，以吸引更多精准用户。

10.5.1 优化网站与内容推广

优化网站与内容推广是确保网站长期成功的重要环节。通过系统性的优化与推广策略，不仅能提高网站的访问量，还能有效提升用户的参与度与转化率，从而推动网站的长期发展。

1. 页面加载速度优化

页面的优化能够为用户提供更好的访问体验，需要精心调整每一个细节，确保网页迅速加载，减少用户等待时间。

- 压缩图片和多媒体文件：使用图像压缩工具优化图片大小，减少页面加载时间。采用现代图片格式(如WEBP)，可以在保持画质的同时显著降低文件大小。
- 启用浏览器缓存：通过配置浏览器缓存，让用户在再次访问时无须重新加载静态资源，从而提升加载速度。可以使用HTTP头信息设置缓存策略。
- 使用内容分发网络(content delivery network，CDN)：CDN将网站内容分布到全球不同的服务器节点，减少用户访问的延迟。

2. 移动端优化

移动端的优化致力于提供无缝的浏览体验，通过响应式设计适配各类设备，旨在让用户在任何移动设备上都能流畅访问网站。

- 响应式设计：确保网站在移动设备上也能以最佳方式呈现，采用响应式设计调整网页布局和元素大小。可以使用CSS框架(如Bootstrap)或通过媒体查询自定义样式。
- 移动页面加载优化：针对移动用户优化加载速度，如减少图片尺寸、优化脚本的加载方式(如异步加载)，以确保移动设备上的流畅体验。

3. 大众传媒宣传

大众传媒宣传主要是指通过电视、户外广告、报纸杂志及其他印刷品等方式进行宣传，让客户能在短时间内加深对网站的了解。

4. 直接向客户宣传

当业务员与客户洽谈时，可以直接将公司、企业网站的网址告诉客户，或者打电话告知等。

10.5.2 提升网站流量与品牌影响力

推广网站是指通过网络技术和手段将网站推广出去，提升其知名度，从而产生经济效益。常见的推广方法有以下几种。

1. 社交媒体推广

社交媒体推广是利用各大社交平台(如微博、微信、抖音等)进行品牌宣传和与用户互动的过程。通过发布有价值的内容，吸引用户关注并转化为网站的流量，同时增强品牌影响力和用户粘性。

- 创建并优化社交媒体账户：在主要社交平台(如Facebook、Twitter、Instagram、LinkedIn等)上建立品牌账户，并确保这些账户的描述、链接和视觉一致，以充分代表网站形象。
- 内容分发与互动：定期在社交媒体上分享网站内容，通过贴文、视频、图片等多种形式吸引用户关注。此外，积极与用户互动，回复评论，参与行业话题讨论，增强用户的参与感。

2. 搜索引擎推广

搜索引擎推广是通过提升网站在搜索引擎中的排名来增加网站曝光度和点击率的方法，旨在让目标用户在搜索相关关键词时，能够更容易地找到并访问网站。

- 关键词优化：研究目标用户常用的搜索关键词，并在网页的标题、描述、正文、图像替代文本(alt文本)等处合理地植入这些关键词。同时，避免关键词堆砌，以免影响用户体验或被搜索引擎惩罚。
- 结构化数据标记：通过使用结构化数据(如Schema.org标记)，帮助搜索引擎更好地理解页面内容，从而提高网站在搜索结果中的展示效果(如展示为富文本结果)。
- 创建并提交站点地图：通过XML站点地图，向搜索引擎提交网站所有重要页面，帮助爬虫更快地抓取和索引网站内容。这可以通过Google Search Console等工具实现。

3. 电子邮件推广

电子邮件推广是通过向用户发送邮件，传递品牌信息、促销活动等内容的营销方式。通过精准的用户定位和个性化的邮件内容，提高邮件的打开率和转化率，从而为网站带来稳定的流量和订单。

- 创建邮件订阅列表：通过网站的弹出窗口或静态表单，收集用户的电子邮件，并根据用户兴趣创建内容推送邮件。确保邮件内容具有吸引力，并能提供独特的价值，如独家信息、折扣或新功能通知。
- 定期发送新闻简报：保持与用户的持续沟通，通过电子邮件定期发送新闻简报，推送新内容、产品更新或促销活动，帮助网站维系用户。

4. 外链建设(Backlinks)

外链建设是通过在其他网站上发布链接，指向自己的网站，从而提高网站在搜索引擎中的权重和排名。高质量的外链能够增加网站的信任度和权威性，进而为网站带来更多的自然流量和潜在用户。

- 建立合作伙伴关系：通过与其他网站、博主或行业影响力人物的合作，互相推广内容，增加高质量的外链。外链不仅能带来直接的流量，还能提高网站在搜索引擎中的权重。
- 客座文章与投稿：客座文章撰写与发布是一种提升网站知名度的有效方式。通过为相关行业网站或博客贡献有深度的文章内容，并在文中合理融入指向本网站的链接，可以有效增强网站的曝光度与可信度。此策略不仅有助于吸引更多潜在用户的关注，还能促进与行业伙伴的交流与合作，共同推动网站的发展与进步。

10.6 小结和习题

10.6.1 本章小结

本章从网站域名的申请、服务器空间租用、服务环境的配置、测试网站、上传站点及发布网站等方面，系统、详细地介绍了网站建设和发布的过程。此外，本章对发布后的网站如何进行维护和推广，也进行了详尽的介绍。具体包括以下主要内容。

- 准备网站基础设施：主要介绍了网站空间的申请方法和域名的注册方法，以及域名注册时需要提供的相关实证材料等。
- 配置网站运行环境：着重介绍了服务器端的操作系统安装、网站管理平台的安装、数据库管理系统的安装和运行，以及相关服务软件的安装和注意事项等。
- 测试与上传网站内容：主要介绍了网站测试的方法，通过修改代码，使网站兼容常用浏览器，对错误的链接进行修复。
- 发布和维护网站：详细介绍了网站发布的一般过程、数据库连接的基本方式，以及网站维护的内容和方法。
- 优化与推广网站：着重介绍了网站宣传和推广的方法和途径，以提高网站的访问量，提升网站的知名度，从而实现价值最大化。

10.6.2 本章练习

一、选择题

1. http://www.baidu.com中的百度网站域名是(　　)。
   A. com　　　　　　B. http　　　　　　C. baidu.com　　　　D. www.baidu.com
2. cuteFTP软件工具的作用是(　　)。
   A. 网站上传　　　　B. 后台开发　　　　C. 版面设计　　　　D. 动画制作

3. 网站维护工作包括了多方面的内容，其中不包括(　　)。

A. 维护网站的层次结构和既有的设计风格永远不变

B. 及时更新、整理网站的内容，保证网站内容的实效性

C. 定期清理网站包含的链接，以保证链接的有效性

D. 及时对用户意见进行反馈并做相应的改进，随时监控网站的运行状况

4. 如果你在Amazon.com网站上买过书，再次访问该网站时，网页可能会向你推荐几本你可能喜欢的书，这属于Amazon.com网站的(　　)。

A. 销售个性化　　　　　　B. 网站推广

C. 内容选择　　　　　　　D. 内容的更新

5. 网站合法运营必须进行备案，备案的部门是(　　)。

A. 财政部　　　　B. 国务院　　　C. 工业和信息化部　　　D. 商务部

6. 域名中的.cn是指(　　)。

A. 中国　　　　　B. 商业　　　　C. 政府　　　　　　　　D. 教育

7. 在企业网站系统中，最重要的是(　　)。

A. 系统　　　　　B. 文件　　　　C. 硬件　　　　　　　　D. 数据

8. 在接入互联网并为社会提供服务的计算机网络系统中，对网络运转起到关键控制作用的设备是(　　)。

A. WWW服务器　　　B. 主机　　　　C. 路由器　　　　　　　D. 交换机

9. 网站改版是指(　　)。

A. 重新设计后台代码　　　B. 变换网站版面风格

C. 更新网站内容　　　　　D. 改变网站颜色

10. 中小学信息科技教育网的域名是www.ahjks.cn，其中主机名是(　　)。

A. sina　　　　　B. com　　　　　C. cn　　　　　　　　　D. www

二、判断题

1. 运行在互联网上的网站所采用的域名是唯一的。(　　)

2. 中国互联网地址资源注册管理机构是中国信息产业协会(联网信息中心)。(　　)

3. 域名转发的功能是将域名或域名下的二级域名转发到另一个指定的网址中。(　　)

4. 申请域名前，要先检查自己的域名是否已经被注册。(　　)

5. 免费空间与收费空间具有相同的功能。(　　)

6. 域名申请成功后，要添加一条B记录，将域名指向空间的IP地址。(　　)

7. 数据备份是为了保障系统和相关数据出现故障、损坏或遗失时对其进行恢复和还原。(　　)

8. 网站内容经过审核、公司领导签字批准后，就进入了更新与维护的操作阶段。(　　)

9. 简单地说，网站推广就是指通过各种手段和渠道，让更多人知道并访问你的网站。(　　)

10. 电子邮件推广具有快捷、便宜的特点。(　　)

参考文献

[1] 吴仁群. Java基础教程[M]. 4版. 北京：清华大学出版社，2021.

[2] 耿祥义，张跃平. Java 2实用教程[M]. 6版. 北京：清华大学出版社，2021.

[3] 赖小平. Java程序设计[M]. 2版. 北京：清华大学出版社，2021.

[4] 辛运帏，饶一梅. Java程序设计[M]. 4版. 北京：清华大学出版社，2019.

[5] 姜桂洪. MySQL数据库应用与开发[M]. 北京：清华大学出版社，2018.

[6] Downey A B，Mayfield C. Java编程思维[M]. 袁国忠，译. 北京：人民邮电出版社，2017.

[7] 杨艳华，李梓. Java程序设计教程[M]. 北京：清华大学出版社，2015.

[8] Eckel B. Java编程思想[M]. 4版. 陈昊鹏，译. 北京：机械工业出版社，2011.

[9] Deitel H M，Deitel P J. Java程序设计教程[M]. 5版. 施平安，施惠琼，柳赐佳，译. 北京：清华大学出版社，2004.